高等职业教育机电类专业教学改革规划教材

模具设计技能训练项目教程

主　编　彭广威

副主编　林章辉　段继承

参　编　朱旭晖　尹华东

主　审　刘海渔

机 械 工 业 出 版 社

本书是按照现代模具设计岗位的核心技能要求，结合由简单到复杂、由单一到综合的典型模具，以 Pro/E 软件为设计实现工具，采用项目任务驱动式教学要求进行编写的。全书以模具设计项目任务驱动为主线，注重理论紧密结合实践，以培养学生的软件应用能力和模具结构设计能力。

全书包括冲模设计和注射模设计两大篇，其中冲模设计包括简单落料模设计、复合冲裁模设计、弯曲复合模设计、落料拉深冲孔复合模设计及多工位级进模设计等五个项目；注射模设计包括成型零件设计、二板注射模设计、斜导柱外侧抽芯注射模设计、斜推内侧抽芯三板模设计、侧分型哈夫模设计等五个项目。每个项目都通过项目知识的方式介绍了完成该项目所具备的基础理论知识。考虑到高职生的知识结构要求，理论方面突出实用，点到为止，同时让学生所掌握的项目知识能在项目实施中得以实际应用和巩固。每个项目设置了拓展练习与项目小结，既满足学生课后拓展学习的需求，又使学生形成良好的学习习惯。

本书适用于高职高专模具设计与制造、计算机辅助设计与制造、数控技术等专业作为技能训练教材，也可作为应用型本科、成人教育、电视大学、职工大学、中职学校学生的技能培训教材，以及供相关工程技术人员参考。

本教材配有电子教案，凡使用本书作为教材的教师可登录机械工业出版社教育服务网（http://www.cmpedu.com）下载，或发送电子邮件至cmpgaozhi@ sina.com 索取。咨询电话：010-88379375。

图书在版编目（CIP）数据

模具设计技能训练项目教程/彭广威主编. —北京：机械工业出版社，2015.5
高等职业教育机电类专业教学改革规划教材
ISBN 978-7-111-49681-6

Ⅰ.①模⋯ Ⅱ.①彭⋯ Ⅲ.①模具-设计-高等职业教育-教材
Ⅳ.①TG76

中国版本图书馆 CIP 数据核字（2015）第 056757 号

机械工业出版社（北京市百万庄大街 22 号 邮政编码 100037）
策划编辑：邹云鹏 边 萌 责任编辑：边 萌 责任校对：肖 琳
封面设计：鞠 杨 责任印制：李 昂
三河市宏达印刷有限公司印刷
2017 年 5 月第 1 版第 1 次印刷
184mm×260mm · 20.5 印张 · 499 千字
0001—3000 册
标准书号：ISBN 978-7-111-49681-6
定价：47.00 元

高等职业教育机电类专业教学改革规划教材
编写委员会

主任委员：成立平

副主任委员：董建国　刘茂福　谭海林　张秀玲

委　　　员：汤忠义　张若锋　张海筹　罗正斌　欧阳波仪

阳　祎　李付亮　黄新民　皮智谋　欧仕荣

钟振龙　龚文杨　钟　波　何　瑛　何恒波

蔡　毅　谭　锋　陈朝晖　谢圣权　皮　杰

熊建武

前　言

随着我国模具工业的快速发展，CAD 技术已经在模具行业中得到普遍应用，企业对符合岗位技能要求的人才需求量越来越大。培养既精通 CAD 三维软件，又熟悉各类模具结构及设计特点的应用型高技能人才，成为各高职院校模具设计与制造专业的重要任务。

本书的编写基于各高校模具设计与制造专业设计类课程改革成果，并遵循高职项目式教学要求，结合模具设计与制造业职业岗位的实际，进行课程综合化及教学模式改革。本书按照"项目任务驱动"设计教学内容和教学组织，采用"做中学、学中做"的教学模式，提升学生的核心岗位能力及学习兴趣。

全书包括冲模设计和注射模设计两大篇，其中冲模设计包括简单落料模设计、复合冲裁模设计、弯曲复合模设计、落料拉深冲孔复合模设计及多工位级进模设计等五个项目；注射模设计包括成型零件设计、二板注射模设计、斜导柱外侧抽芯注射模设计、斜推内侧抽芯三板模设计、侧分型哈夫模设计等五个项目。每个项目都通过项目知识的方式介绍了完成该项目所具备的基础理论知识。考虑到高职生的知识结构要求，理论方面突出实用，点到为止，同时让学生所掌握的项目知识能在项目实施中得以实际应用和巩固。每个项目设置了拓展练习与项目小结，既满足学生课后拓展学习的需求，又使学生形成良好的学习习惯。

本书适用于高职高专模具设计与制造、计算机辅助设计与制造、数控技术等专业作为技能训练教材，也可作为应用型本科、成人教育、电视大学、职工大学、中职学校学生的技能培训教材，以及供相关工程技术人员参考。

全书由湖南汽车工程职业学院彭广威担任主编，并完成项目 1 至项目 4、项目 7 至项目 9 的编写与全书统稿；长沙航空职业技术学院林章辉任副主编，并完成项目 10 的编写；湖南铁道职业技术学院段继承任副主编，并完成项目 5 的编写；湖南汽车工程职业学院朱旭晖和尹华东任参编，负责项目 6 的编写。全书由湖南汽车工程职业学院刘海渔主审。

本书在编写过程中得到了湖南汽车工程职业学院的领导和同行们的大力支持和帮助，湖南力源模具有限公司孙孝文高级工程师提出了不少宝贵意见，在此一并表示衷心的感谢。

由于编者水平有限，书中难免有错误及不妥之处，恳请读者批评指正。

编　者

目　录

第2篇 注射模设计

第1篇 冲模设计

项目1 轴承圆垫片简单落料模设计

1.1 项目引入

1.1.1 项目任务

如图 1-1 所示轴承圆垫片制件，材料为 Q235，料厚为 2.5mm，中小批量生产。完成模具工作零件（凸模和凹模）的刃口尺寸计算及排样设计，并利用 Pro/E 软件完成模具结构三维设计以及凸模、凹模二维零件图和模具二维装配图设计。

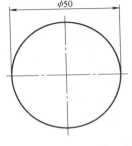

图 1-1 轴承圆垫片制件

1.1.2 项目目标

◇掌握冲模的概念和基本工序。

◇了解冲压模具的基本类型。

◇了解压力机的基本类型及选用方法。

◇了解冲裁模组成零件的结构及特点。

◇掌握排样方法及确定条料宽度的计算。

◇掌握冲裁间隙对冲裁件精度和模具的影响。

◇初步掌握确定合理冲裁间隙的方法。

◇初步掌握模具刃口的计算方法。

◇掌握冲裁力及压力中心的计算。

◇能完成简单落料模三维及二维工程图设计。

1.2 项目知识

1.2.1 冲压加工概述

冲压加工是指利用安装在压力机上的冲模对板料（通常为金属材料）施加压力，使其产生分离或变形，从而获得所需制件的一种加工方法。由于冲压加工通常在室温下进行，故常称为冷冲压。

1. 冲压工序的分类

总体来说，冲压工序可分为分离工序与成形工序两大类。分离工序是使板料沿一定的轮廓线分离而获得一定形状和尺寸的冲压件的过程，也称冲裁。分离工序主要包括冲孔、落料、切边等工序。成形工序是使材料在不破裂的条件下产生塑料变形而获得一定形状和尺寸的冲压件的过程。成形工序主要包括弯曲、拉深、翻边、胀形等。

常用的冲压工序见表 1-1。

表 1-1 常用的冲压工序

工序名称		工序简图	特点及应用
分离工序	落料		冲模沿着封闭轮廓线冲切,冲下部分是制件,用于制造各种形状的平板制件
	冲孔		冲模沿着封闭轮廓线冲切,冲下部分是废料
	切边		将成形制件的边缘修切整齐或切成一定形状
	剖切		将冲压加工的半成品切成两个或多个制件,多用于不对称制件成双或成组冲压成形之后
成形工序	弯曲		将板材沿直线弯成各种形状,可以加工形状复杂的制件
	拉深		将板材毛坯拉成各种空心开口制件,多用于加工覆盖件
	翻边		将制件的孔边缘或外边缘翻出竖立成一定角度的直边

（续）

工序名称		工序简图	特点及应用
成形工序	胀形		在管坯内部或在板坯一侧通以高压液体、气体或放入刚体瓣模，迫使管、板塑性变形，以制成制件
	起伏		在板材毛坯或制件的表面上用局部成形的方法制成各种形状的凸起或凹陷

2. 冲压模具类型

在冲压加工中，将材料加工成制件（或半成品）的一种特殊工艺装备，称为冲压模具（简称冲模）。

冲模按工序性质不同分为冲裁模（落料模、冲孔模、切边模等）、弯曲模、拉深模等；按工序组合程度不同可分为单工序模（又称简单模）、复合模、级进模（又称连续模）。

单工序模指在压力机的一次行程中只完成一道工序的模具，它结构简单，便于制造，成本低廉，但效率和冲裁精度都较低。

复合模是多工序模，指在压力机的一次行程中，在同一工位完成两道或两道以上工序的模具。复合模的特点是结构紧凑，生产率较高，并且制件精度高，特别是制件内外轮廓的精度高。但缺点是结构复杂，制作精度要求高，加工和装配都较困难，生产成本高，主要用于生产批量大、精度要求高的制件。

级进模也是多工序模，指在压力机的一次行程中，在不同的工位完成两道或两道以上工序的模具。级进模的生产率和冲裁精度都比单工序模高，并且操作方便，宜于实现自动化生产。缺点是模具结构尺寸较大，制造成本较高，一般适用于大批量的小型制件。

确定冲压工艺方案主要就是确定冲模的结构类型。在确定合理的冲压工艺方案时，应根据冲裁件的结构特点、精度要求、生产批量大小以及模具加工能力等因素综合考虑。最终选择的模具结构类型，不仅要满足冲压件精度和生产率的要求，还应满足制造容易、使用方便、操作安全、成本低廉等要求。

表1-2为单工序模、复合模和级进模的对比。

表1-2　单工序模、复合模和级进模的对比

比较项目	单工序模	复合模	级进模
制件精度等级	较低	可达 IT10~IT8	可达 IT13~IT10
制件几何公差	制件不平整，同轴度、对称度及位置度误差大（受定位误差影响大）	制件平整、同轴度、对称度和位置度误差小（无定位误差）	不太平整，同轴度、对称度和位置度误差较大（受定位误差影响小）
制件尺寸特点	尺寸不受限制	结构工艺性要求高	小型复杂形状制件
生产率	低	较高	高
安全性	差	差	好
模具制造难度及成本	结构简单，模具制造成本低	冲裁复杂制件时比级进模低	冲裁简单制件时比复合模低
适合生产批量	中小批量	中大批量	大批量

此外，冲模按上下模的导向方式分类可分为敞开模、导板模、导柱模；按成形零件材料分类可分为硬质合金模、锌基合金冲模、聚氨酯冲模；按成型零件的结构与布置分类可分为整体模、镶拼模，正（顺）装模、倒装模；按自动化程度分类可分为手工操作模、半自动模、全自动模。

3. 冲压设备及选用

在冲压生产中，对于不同的冲压工艺，应采用相应的冲压设备。压力机是用来提供动力和运动的设备，其种类很多，按传动方式分类，主要有机械压力机和液压压力机，其中曲柄压力机是应用较广的机械压力机。

（1）压力机的基本结构　图1-2为开式双柱曲柄压力机的实物照，其基本结构及冲模安装如图1-3所示。

图1-2　开式双柱曲柄压力机实物照

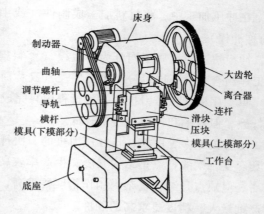

图1-3　开式双柱曲柄压力机基本结构及冲模安装示意图

（2）压力机的选用

1）压力机类型选择。

① 中小型冲裁模、拉深模、弯曲模应选用单柱、双柱开式压力机。

② 大中型冲模应选用双柱或四柱压力机。

③ 用于批量生产的、大的自动冲模应选用高速压力机或多工位自动压力机。批量小、材料较厚的大型制件的冲压，应选用液压机。

④ 对于校平、校形模应选用大吨位双柱或四柱压力机。

⑤ 大中型拉深模应选用双动或三动压力机；冷挤压模或精冲模应选用专用冷挤压机及专用精冲机。

⑥ 多孔电子仪器板件冲裁，最好采用冲模回转头压力机。

2）压力机规格的选择。

① 压力机的公称压力应大于计算压力（模具冲压力）的1.2~1.3倍。

② 压力机的行程应满足制件高度尺寸要求，并保证冲压后制件能顺利地从模具中取出，尤其是弯曲、拉深件。

③ 压力机的装模高度应大于冲模的闭合高度。

④ 压力机的工作台尺寸、滑块底面尺寸应满足模具的正确安装。漏料孔的尺寸应大于或能通过制件及废料尺寸。

⑤ 滑块模柄安装孔与模具模柄尺寸相符。

⑥ 压力机的行程次数（滑块每分钟冲压次数）应符合生产效率和材料变形速度的要求。

⑦ 压力机的结构应根据工作类别及制件冲压性质，安装特殊装置和夹具，如缓冲器、顶出装置、送料和卸料装置。

⑧ 压力机的电动机功率应大于冲压需要的功率。

⑨ 压力机应保证使用方便和安全。

1.2.2　冲裁工艺分析与计算

冲裁是利用冲模使板料的一部分沿一定的轮廓形状与另一部分分离来获得制件的工序。冲压工序中冲孔、落料等分离工序都统称为冲裁。冲裁工艺是冲压生产中的主要工艺方法之一。

1. 冲裁变形过程分析

图 1-4 所示为金属板料的无压边冲裁变形过程。它一般可分为三个阶段，即弹性变形阶段、塑性变形阶段、断裂分离阶段。

a) 弹性变形　　　　b) 塑性变形　　　　c) 断裂分离

图 1-4　冲裁变形过程

2. 冲裁断面特征

因为冲裁变形包括三个阶段，所以冲裁件的断面具有明显的区域特征，一般分为四个部分：圆角带、光亮带、断裂带和毛刺，如图 1-5 所示。

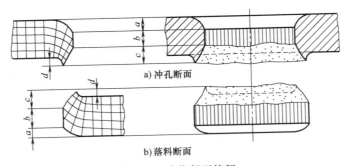

a) 冲孔断面

b) 落料断面

图 1-5　冲裁断面特征

圆角带 a：又称塌角，是板料在刚冲裁时受弯曲和拉伸作用产生塑性变形所形成的。材料塑性越好，凸、凹模间隙越大，形成的塌角也越大。

光亮带 b：板料被冲入凹模后，分别受到凸模和凹模的剧烈挤压和摩擦形成光亮带，其高度约占板料厚度的 1/3~1/2。光亮带垂直于板料的上下表面，所以是冲裁件测量的尺寸依据。从图 1-5 中可看出，冲裁后板料上的光亮带是受凸模挤压摩擦形成的，故其尺寸取决于凸模；冲下部分的光亮带是受凹模挤压摩擦形成的，其尺寸取决于凹模。材料塑性越好，凸、凹模间隙越小，光亮带越宽。

断裂带 c：是由裂纹的产生、扩展和断裂所形成的。断裂带很粗糙，并有斜角。凸、凹模间隙越大，断裂带高度及斜角越大。

毛刺 d：是由于裂纹产生的位置上下偏离凸、凹模刃口所形成的。

3. 冲裁间隙

（1）冲裁间隙的重要性　冲裁模凸模与凹模之间的间隙称为冲裁间隙，通常是指双边间隙，用 Z 表示，单边间隙用 $Z/2$ 表示。

1）冲裁间隙对冲裁件断面的影响。冲裁间隙过小时，上下裂纹延展后不能重合，在断面上产生第二光亮带，即断面中部出现裂夹层。冲裁间隙过大时，冲裁断面光亮带变窄，断裂带和断裂斜度增大，圆角带变宽，毛刺又高又厚，断面质量下降。冲裁间隙合适时，凸模和凹模刃口附近产生的裂纹扩展后重合，光亮带所占比例较大，毛刺较小，冲裁件断面质量较好。

2）冲裁间隙对冲裁件尺寸精度的影响。冲裁间隙过小时，板料在冲裁过程中除受剪切力外还受到较大的挤压力，冲裁后由于材料的弹性恢复使冲裁件尺寸向实体方向胀大，即落料件大于凹模尺寸、冲孔件将小于凸模尺寸。冲裁间隙过大时，板料在冲裁过程中除受剪切力外还受到较大的拉伸力，冲裁后由于材料的弹性恢复使冲裁件尺寸向实体方向收缩，即落料件小于凹模尺寸、冲孔件将大于凸模尺寸。冲裁间隙合适时，板料在冲裁时受较纯的剪切力作用而分离，落料件等于凹模尺寸，冲孔件等于凸模尺寸。

3）冲裁间隙对模具寿命的影响。冲裁间隙过小，模具刃口受冲压力和摩擦力都增大，容易影响刃口的变形、崩刃及磨损。因此为了减少凸、凹模的磨损，延长模具使用寿命，在保证冲裁件质量前提下，一般采用较大的间隙值。

（2）合理间隙值的确定　在冲裁生产中，主要根据冲裁件断面质量、尺寸精度和模具寿命三个因素综合考虑，给间隙规定一个范围值，这个范围的最小值称为最小合理间隙（Z_{min}）、最大值称为最大合理间隙（Z_{max}）。考虑到冲裁磨损将使间隙变大，故设计与制造新模具时一般采用最小合理间隙或偏小合理间隙。

确定合理间隙值有理论计算法、经验确定法和查表法。在实际生产中，经验确定法和查表法应用较多。

1）经验确定法（如表 1-3）。

表 1-3　经验确定法

材料	料厚 $t>3mm$	料厚 $t\leqslant 3mm$
软钢、纯铁	$Z=(6\%\sim9\%)t$	$Z=(15\%\sim19\%)t$
铜、铝合金	$Z=(6\%\sim10\%)t$	$Z=(16\%\sim21\%)t$
硬钢	$Z=(8\%\sim12\%)t$	$Z=(17\%\sim25\%)t$

2）查表法。电器、仪表等行业的产品对冲裁件的尺寸精度和断面质量要求较高，一般

选用较小间隙值（见附录A）。汽车、拖拉机等机电产品对冲裁件的尺寸精度和断面质量要求一般，应以降低冲裁力、提高模具寿命为主，可采用较大的间隙值（见附录B）。

4. 模具刃口计算

模具刃口计算是模具设计的重要部分，为凸模和凹模零件的加工提供尺寸、精度依据。凸模和凹模的加工方法主要有两种：分开加工法和配作加工法。

分开加工法即凸模和凹模分别按图样进行加工，在设计时需要同时有凸模和凹模的刃口尺寸及制造精度，其特点是制造周期短、互换性好、便于成批生产，但Z_{min}不易保证，故加工困难。设计时需校核间隙，一般适合于圆形或形状简单的工件和成批制造。

配作加工法是以先加工的好凸模（或凹模）作为基准件，然后根据这个基准件的实际尺寸配做凹模（或凸模），其特点是Z_{min}在配制中保证，使加工容易，但凸模、凹模不能互换。适合于形状复杂或薄板冲裁的工件。

对于不同的加工方法，模具刃口计算方法也不同。

（1）分开加工刃口计算法（适合圆形或方形等规则、简单形状的冲裁）

1）以冲裁类型确定基准件，冲孔以凸模为基准，先计算凸模公称尺寸；落料以凹模为基准，先计算凹模公称尺寸。

冲孔凸模：$D_{CT} = (D_{max} - x\Delta)$

落料凹模：$D_{LA} = (D_{min} + x\Delta)$

式中，D_{CT}、D_{LA}分别为冲孔凸模、落料凹模的公称尺寸；D_{max}、D_{min}分别为冲孔件的最大尺寸和落料件的最小尺寸；x为磨损系数；Δ为冲裁件对应尺寸的公差。

磨损系数x根据材料厚度、冲裁轮廓形状及冲裁件公差查表1-4得到。

表1-4　磨损系数x表

材料厚度 t/mm	x（非圆形）			x（圆形）	
	1	0.75	0.5	0.75	0.5
	冲裁件公差 Δ/mm				
<1	≤0.16	0.17~0.35	≥0.36	<0.16	≥0.16
1~2	≤0.20	0.21~0.41	≥0.42	<0.20	≥0.20
2~4	≤0.24	0.25~0.44	≥0.50	<0.24	≥0.24
>4	≤0.30	0.31~0.59	≥0.60	<0.30	≥0.30

2）根据冲裁件材料及厚度，查合理间隙表，确定Z_{max}和Z_{min}，并取$Z = Z_{min}$或$Z_{min} \leq Z \leq Z_{max}$。

3）以基准件计算另一个成形零件（冲孔凹模D_{CA}或落料凸模D_{LT}）的公称尺寸。

冲孔凹模：$D_{CA} = D_{CT} + Z$

落料凸模：$D_{LT} = D_{LA} - Z$

4）根据冲裁件的形状及凸、凹模公称尺寸，查表1-5得凸模和凹模的制造公差δ_T和δ_A。

5）校核凸模和凹模的公差是否满足要求。

分开加工时，为保证模具加工后的冲裁间隙值在合理间隙范围内，凸模和凹模的制造公差要满足以下关系式：

表 1-5　规则形状冲裁时凸模、凹模的刃口制造公差 （单位：mm）

公称尺寸	凸模公差 δ_T	凹模公差 δ_A	公称尺寸	凸模公差 δ_T	凹模公差 δ_A
≤18	0.020	0.020	>180~260	0.030	0.045
>18~30	0.020	0.025	>260~360	0.035	0.050
>30~80	0.020	0.030	>360~500	0.040	0.060
>80~120	0.025	0.035	>500	0.050	0.070
>120~180	0.030	0.040	—	—	—

$$|\delta_T| + |\delta_A| \leq Z_{max} - Z_{min}$$

如查表所得公差不满足间隙要求，则将凸模和凹模制造公差分别调整为

$$\delta_T = 0.4 \ (Z_{max} - Z_{min}) \qquad \delta_A = 0.6 \ (Z_{max} - Z_{min})$$

6）根据"入体"原则标注凸模和凹模刃口尺寸公差（标注尺寸公差时向材料实体方向单向标注，中心距对称标注）。

（2）配作加工刃口计算法（适合复杂形状的冲裁）　较复杂形状的冲裁如果用分开加工方法制造，模具的加工难度很大，而且不经济，故一般采用配作加工法。

1）将冲孔件或落料件的各尺寸偏差按磨损方向单向标注（与"入体"原则类似，冲孔件和落料件的标注刚好相反）。即磨损后变小的尺寸上偏差为零，下偏差为负，标为 $D_{-\Delta}^{\ 0}$（记为 A 类）；磨损后尺寸变大的上偏差为正，下偏差为零，标为 $D_{\ 0}^{+\Delta}$（记为 B 类）；磨损后尺寸不变的上下偏差各一半，标为 $D \pm 0.5\Delta$（记为 C 类）。未注偏差的尺寸按精度等级要求查公差表（见附录 C）获得并换算为对应的偏差形式。

2）以冲裁类型确定基准件，冲孔以凸模为基准，先计算凸模公称尺寸，落料以凹模为基准，先计算凹模公称尺寸。

工件的三类磨损尺寸对应的模具刃口尺寸计算方法为

A 类尺寸 $D_{-\Delta}^{\ 0}$：　　　D_{CT} 或 $D_{LA} = D - x\Delta$

B 类尺寸 $D_{\ 0}^{+\Delta}$：　　　D_{CT} 或 $D_{LA} = D + x\Delta$

C 类尺寸 $D \pm 0.5\Delta$：　D_{CT} 或 $D_{LA} = D$

式中，D_{CT}、D_{LA} 分别为冲孔凸模和落料凹模的各公称尺寸；x 为磨损系数；Δ 为冲裁件对应尺寸的公差。

3）冲孔凸模或落料凹模各尺寸的制造公差取冲裁件对应尺寸公差的 1/4，并按"入体"原则标注模具刃口尺寸（C 类尺寸的模具刃口公差对称标注）。

4）冲孔凹模或落料凸模按已加工好的基准件（即冲孔凸模或落料凹模）的实际尺寸配作，保证双边间隙在（$Z_{max} \sim Z_{min}$）之间。

5. 冲压力与压力中心计算

（1）冲压力的计算　冲压力是指压力机完成一次冲压所需的压力，通常包括冲裁力（或弯曲力、拉深力）、卸料力、推件力和顶件力等。

1）冲裁力的计算。用普通平刃口模具冲裁时，冲裁力：$F = KLt\tau_b$

式中，F 为冲裁力（N）；K 为修正系数，取 $K=1.3$；L 为冲裁周边长度（mm）；t 为材料厚度（mm）；τ_b 为材料抗剪强度（MPa）。

为计算简便，通常用估算公式：$F = LtR_m$　　（R_m 为抗拉强度 MPa）

2）卸料力、推件力和顶件力的计算。卸料力：$F_X = K_X F$；推件力：$F_T = nK_T F$；顶件力：$F_D = K_D F$

式中，F 为冲裁力（N）；K_X、K_T、K_D 分别为卸料力、推件力、顶件力系数；n 为卡在凹模刃口内的落料件或废料个数。

3）压力机公称压力的确定。冲裁时，压力机的公称压力必须大于或等于总冲压力 F_Z。

当模具采用弹性卸料和下出件时：$F_Z = F + F_X + F_T$

当模具采用弹性卸料和上出件时：$F_Z = F + F_X + F_D$

当模具采用刚性卸料和下出件时：$F_Z = F + F_T$

（2）压力中心的计算　模具的压力中心就是冲压力合力的作用点，计算压力中心是为了确定模柄的轴线安装位置，以保证模具的压力中心与压力机滑块中心重合，减少压力机滑块和模具导向零件的磨损。

1）理论解析法。解析法计算压力中心的依据是：各分力对某坐标轴的力矩之代数和等于诸力的合力对该坐标轴的力矩。求出的合力作用点的位置 O_0（x_0，y_0），即为所求模具的压力中心，如图 1-6 所示。确定多凸模模具的压力中心，是将各凸模的压力中心确定后，再计算模具的压力中心。复杂形状制件模具压力中心的计算原理与多凸模压力中心的计算原理相同。

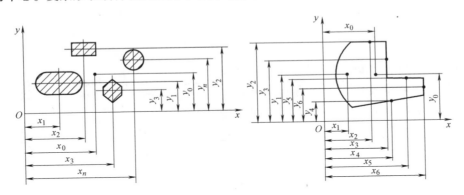

a) 多凸模冲压压力中心　　　　　　b) 复杂形状制件冲压压力中心

图 1-6　解析法求压力中心

其计算公式为

$$x_0 = \frac{\sum_{i=1}^{n} L_i x_i}{\sum_{i=1}^{n} L_i}; \qquad y_0 = \frac{\sum_{i=1}^{n} L_i y_i}{\sum_{i=1}^{n} L_i}$$

式中，L_i 为各线段的长度；x_i、y_i 为各线段中点的坐标。

2）软件计算法。由上述计算原理可知，求轮廓各部分冲裁力合力的作用点即压力中心，就可以转化为求各轮廓线的重心。而 Pro/E 软件具有计算三维模型质量特性的功能，其中就包含求物体的重心。但是只有实体才有重心，而线和面是没有重心的。所以，只要将冲裁轮廓转换成实体，就可以准确地求出其重心的坐标位置，即为冲裁压力中心。

操作方法如下。

首先在 Pro/E 中新建零件文件，单击【拉伸】工具 ，选择拉伸曲面，以【FRONT】参照面作为草绘平面（因为系统默认【FRONT】面为 X-Y 平面），绘出冲裁轮廓线形状和尺寸草绘图，如图 1-7 所示。

然后利用双侧拉伸生成曲面（拉伸高度可自定，为了直观，可选较小的值如 2mm）。再将曲面进行双侧加厚（可保证曲面在加厚实体的中心层），可根据轮廓线尺寸选择尽可能小的厚度如 0.02mm，从而得到薄板实体模型，如图 1-8 所示。

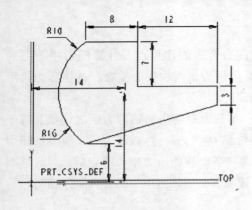

图 1-7　草绘冲裁轮廓图

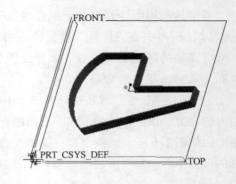

图 1-8　由轮廓线生成的薄板

再利用菜单栏【分析 | 质量属性】对该实体模型进行模型质量属性计算而得到其重心坐标位置。$X = 14.86$、$Y = 14.02$，即为该冲裁轮廓的压力中心的精确位置，如图 1-9 所示。通过用解析法计算验证可知与 Pro/E 计算结果符合。如要更换参考坐标，只需在所需位置建立

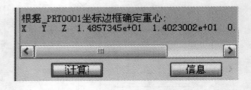

图 1-9　模型分析计算结果

新的参考坐标并将其选为模型质量属性计算参照坐标，即可得到在新坐标系中的压力中心位置。

1.2.3　落料冲裁模典型结构

1. 无导向简单落料模

无导向简单落料模结构如图 1-10 所示。模具上模部分由模柄、凸模组成，下模部分由凹模、刚性卸料板、定位板（或挡料销）和下模座组成。其特点是模具结构简单、尺寸小、重量轻、制造容易、成本低，但模具间隙均匀性由冲床滑块导向精度决定，故不易保证，模具调试困难，冲裁件精度差，模具寿命低。该模具主要适用于精度要求不高，形状简单、批量小的冲裁件。

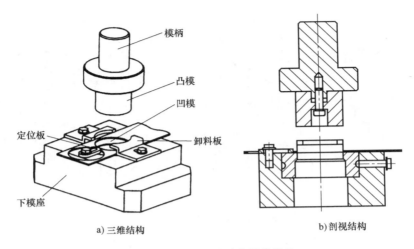

a) 三维结构   b) 剖视结构

图 1-10   无导向简单落料模结构

2. 导板式落料模

导板式落料模结构如图 1-11 所示。利用上模的凸模与下模的导板之间的小间隙配合起导向作用。导板与凸模之间的间隙值小于凸、凹模的间隙，在开模时，凸模不脱离导板。与无导向简单落料模相比，因为上下模有导向，故精度较高、寿命较长，但成本相对也较高。

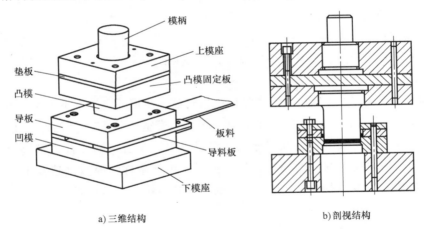

a) 三维结构   b) 剖视结构

图 1-11   导板式落料模结构

3. 导柱式落料模

对于精度要求较高、生产批量较大的冲裁件，多采用导柱式落料模。导柱式落料模结构如图 1-12 所示。凸、凹模刃口由模架上的导套和导柱进行精确导向。同时该模具采用弹性卸料，在冲裁时可同时起压料作用，使冲出的工件较平整，适用于较薄制件的冲压。

4. 冲裁模的组成

根据零部件在模具中的作用，冲裁模一般由以下部分组成。

（1）工作零件　工作零件是指实现冲裁变形、使板料分离、保证冲裁件形状的零件，包括凸模、凹模、凸凹模。工作零件直接影响冲裁件的质量，并且影响模具寿命、冲裁力和

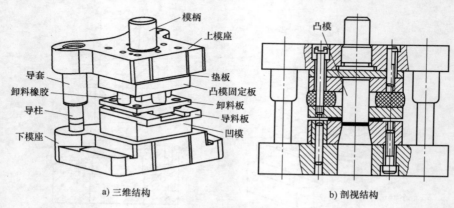

a) 三维结构　　　　　　　　　　　　b) 剖视结构

图 1-12　导柱式落料模结构

卸料力等。

（2）定位零件　定位零件是指保证条料或毛坯在模具中的位置正确的零件，包括导料板、挡料销、导正销、侧刃、固定板（半成品的定位）等。

（3）卸料及推件零件　卸料及推件零件是指将冲裁后由于弹性回复而卡在凹模孔口内或紧箍在凸模上的制件或废料脱卸下来的零件。

1）紧箍在凸模上的制件或废料，用卸料板（刚性卸料或弹性卸料）脱卸。

2）卡在凹模孔口内的制件或废料，用推件装置或顶件装置脱卸。

（4）导向零件　导向零件是指保证上模和下模正确位置和运动导向的零件。一般由导柱和导套组成。采用导向装置可保证冲裁时，凸模和凹模之间间隙均匀，有利于提高制件质量和模具寿命。

（5）连接固定类零件　连接固定类零件是指将凸、凹模固定于上下模座以及将上下模座固定在压力机上的零件，如固定板（凸模、凹模），上模座，下模座，模柄，推板，紧固件等。

典型冲裁模结构一般由上述五部分零件组成，但不是所有的冲裁模都包含这五部分零件。冲裁模的结构取决于制件的要求、生产批量、生产条件和模具制造技术水平等诸多因素，因此模具结构是多种多样的，作用相同的零件其形状也不尽相同。

1.2.4　冲裁排样设计

制件在条料、带料或板料上的布置方法叫排样。合理排样对于提高材料利用率、降低成本，保证制件质量及提高模具寿命具有十分重要的意义，是模具设计的重要内容之一。

1. 排样方式分类

根据材料的合理利用情况，条料排样方法可分为三种：有废料排样、少废料排样、无废料排样，如图 1-13 所示。

采用少、无废料的排样虽然可以提高材料利用率，并能减低冲裁力和简化冲裁模结构，但是因受条料本身的公差以及条料导向与定位所产生的误差影响，使制件的质量和精度较低。同时，由于模具受力不均匀，磨损加剧，从而降低模具寿命以及制件的断面质量。因此，对设计时应如何排样，必须统筹兼顾、全面考虑。

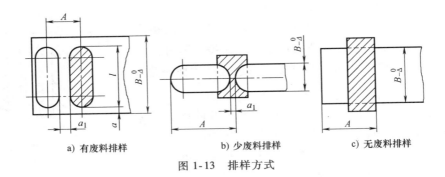

a) 有废料排样　　　　　　b) 少废料排样　　　　　　c) 无废料排样

图 1-13　排样方式

无论是有废料或少、无废料排样，根据制件的形状有多种形式的排列方法，如表 1-6 所示。

表 1-6　排样形式分类

排样形式	有废料排样	少、无废料排样	适用范围
直排			圆形、方形、矩形等简单几何形状制件
斜排			椭圆形、T 形、L 形、S 形制件
直对排			梯形、三角形、圆形、T 形、M 形、N 形制件
斜对排			T 形、L 形制件
混合排			材料与厚度相同的两种以上的制件
多行排			大批生产中尺寸不大的圆形、六角形、方形、矩形制件
冲裁搭边			宽度均匀的细长制件

2. 排样搭边与条料宽度

排样时制件之间以及制件与条料侧边之间留下的连接部分称为搭边。搭边的作用是补偿定位误差，保持条料有一定的刚度，以保证制件质量和送料方便。搭边包括侧面搭边 a 和工件间搭边 a_1，如图 1-14 所示。

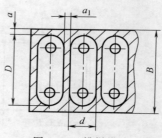

图 1-14　排样搭边

（1）搭边值 a 和 a_1 的确定　搭边值主要由材料厚度及制件形状决定。冲裁排样最小搭边经验值见附录 D。

（2）送料步距 A 的计算　条料在模具上每次送进的距离称为送料步距，每次只冲一个制件的步距 $A = d + a_1$。

（3）条料宽度 B 计算

1）无侧刃时，料宽 $B = D + 2a$。

2）有侧刃时，料宽 $B = D + 2a + nb$　（其中 n 为侧刃个数，b 为侧刃切料宽度）。

1.3　项目实施

1.3.1　工件冲裁工艺分析

圆片制件外形简单，精度要求不高，仅需一次冲裁加工即可成形，且为小批量生产。为简化模具制造过程，降低模具生产成本，可设计为单工序、无导向简单落料模（参考图 1-10）。本项目利用 Pro/E 设计，基本步骤为制件及排样条料设计→模具刃口计算及造型设计→模具主要零件造型及装配→紧固件的装配→装配工程图及工作零件工程图设计。

1.3.2　工件及排样条料设计

第一步：设置工作目录

在计算机硬盘中创建一个文件夹，命名为"圆片简单落料模设计"，打开 Pro/E 软件后，将工作目录设置至该文件夹。

第二步：创建圆片工件

新建 Pro/E 文件，选择"零件"类型，输入文件名称"yuanpian"，去除【使用缺省模板】的勾选，在弹出的模板对话框中选用【mmns_ prt_ solid】公制模板零件文件。（注：后面都选用公制模板。）单击拉伸特征，选择 TOP 基准面，草绘 $\phi 50$mm 的圆进行拉伸，拉伸厚度为 2.5mm，如图 1-1 所示。完成工件造型后保存至工作目录。

第三步：创建排样条料

圆片形状简单，采用直排方式，在条料中画出两个制件的落料缺口。查附录 D 得到最小搭边值 $a = 2.2$mm，$a_1 = 1.8$mm。

新建"tiaoliao"零件文件，单击拉伸特征，选择 TOP 基准面草绘如图 1-15 所示条料截面，拉伸厚度为 2.5mm，创建的三维条料如图 1-16 所示，完成后保存至工作目录。

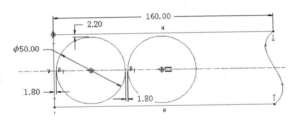

图 1-15　条料截面草绘

图 1-16　条料造型

1.3.3　模具刃口计算及造型设计

第一步：刃口计算

1）制件未注公差一般按 IT14 精度等级处理，查标准公差表（附录 C）按入体原则标注制件尺寸为 $\phi 50^{\ 0}_{-0.62}$ mm。

2）采用分开加工法，落料件以凹模为基准。凹模公称尺寸 $D_A = 50 - x0.62$。

查表 1-4 得磨损系数 $x = 0.5$，　故 $D_A = 49.69$ mm。

3）查模具间隙表（附录 A）得 $Z_{min} = 0.36$ mm，$Z_{max} = 0.50$ mm。

凸模公称尺寸 $D_T = D_A - 0.36 = 49.33$ mm。

4）查表 1-5 得：凹模公差 $\delta_A = 0.030$ mm，凸模公差 $\delta_T = 0.020$ mm。

$\delta_A + \delta_T = 0.050$ mm $< Z_{max} - Z_{min} = 0.14$ mm，模具公差满足间隙要求。

得　$D_T = 49.33^{\ 0}_{-0.020}$ mm，　　$D_A = 49.69^{+0.030}_{\ 0}$ mm。

第二步：凸模造型设计

新建"tumo"零件文件，采用旋转特征创建凸模，旋转截面草绘如图 1-17 所示。完成后保存至工作目录。

第三步：凹模造型设计

新建"aomo"零件文件，采用旋转特征创建凹模，旋转截面草绘如图 1-18 所示。完成后保存至工作目录。

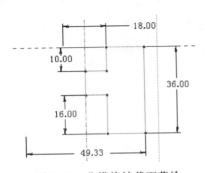

图 1-17　凸模旋转截面草绘

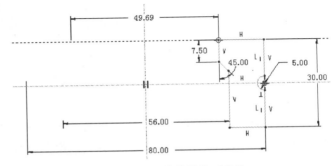

图 1-18　凹模旋转截面草绘

（提示：为了提高绘图效率，要灵活应用着色、线框等显示模式。为了草绘时窗口简洁方便，要熟练应用绘图窗口各基准的显示开关。）

1.3.4 模具零件造型及装配

第一步：创建组件文件

新建 Pro/E 文件，选择"组件"类型，输入文件名称"YPLLM"（圆片落料模），选用【mmns_ asm_ design】公制模板。

第二步：调入凹模零件

单击工具栏上装配工具 <img_1>，打开"aomo.prt"零件，采用零件的三个基准面（TOP、FRONT、RIGHT）分别与组件的三个基准面（【ASM_ TOP】、【ASM_ FRONT】、【ASM_ RIGHT】）一一对齐的方式完全约束，如图 1-19 所示。

第三步：创建下模座

1）在组件中创建下模座元件。单击工具栏创建工具 <img_2>，在弹出的"元件创建"对话框中输入元件名称"xiamozuo"后单击【确定】，在【创建选项】选择【创建特征】后单击【确定】。这时模型树中添加了"xiamozuo. prt"元件，并处于激活状态。

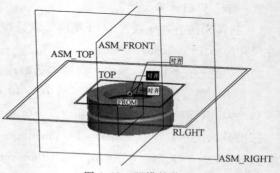

图 1-19 凹模的装配

2）创建下模座主体拉伸特征。单击拉伸工具，以【ASM_ FRONT】基准面为草绘平面，绘制如图 1-20 所示截面。采取两侧对称拉伸，拉伸高度为 150mm，如图 1-21 所示，完成后单击 ✔。

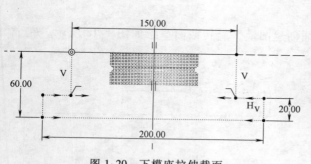

图 1-20 下模座拉伸截面

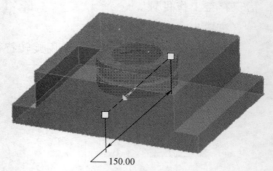

图 1-21 下模座拉伸方向与高度

3）切出凹模安装孔和漏料孔。单击旋转工具，以【ASM_ FRONT】基准面为草绘平面，绘制如图 1-22 所示截面（注：用线框模式，并选取凹模边线为参照）。完成草绘后在操控栏中单击【去除材料】工具，完成后单击 ✔。

4）底板倒角，下模座底板倒角 C10mm。完成后的下模座零件如图 1-23 所示。

（提示：为了在组件模式下能方便地对各元件特征进行修改和编辑，必须将各元件的特

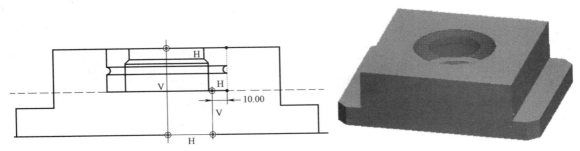

图 1-22　下模座旋转切口截面　　　　图 1-23　完成造型的下模座

征显示在【模型树】窗口中。设置方法：单击【模型树】窗口上方的【设置】按钮，选择【树过滤器】，弹出【模型树项目】窗口，在该窗口中勾选【特征】后单击【确定】。设置后，【模型树】中将显示各元件的特征。）

第四步：创建卸料板

本模具中采用刚性卸料板，同时也起导料作用。

1）在组件中创建卸料板元件。激活组件回到组件模式下，单击工具栏"创建"工具 ，在弹出的【元件创建】对话框中输入元件名称"xieliaoban"后，单击【确定】，在【创建选项】选择【创建特征】单击【确定】。这时模型树中添加了"xieliaoban.prt"元件，并处于激活状态。

2）创建卸料板主体拉伸特征。单击拉伸工具，以【ASM_ FRONT】基准面为草绘平面，绘制如图 1-24 所示截面（注：中间导料槽比条料宽 1mm）。采取两侧对称拉伸，拉伸高度为 70mm，如图 1-25 所示，完成后单击 。

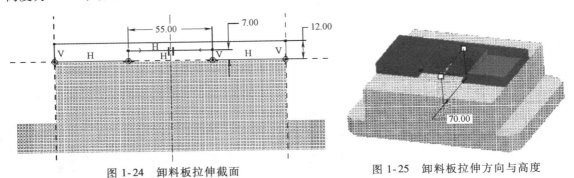

图 1-24　卸料板拉伸截面　　　　图 1-25　卸料板拉伸方向与高度

3）创建凸模通孔。采用拉伸去除材料，在卸料板中心切出 φ51mm 的圆孔（比凸模稍大）。完成后的卸料板如图 1-26 所示。

第五步：装配凸模

单击工具栏上装配工具 ，打开"tumo.prt"零件。装配约束关系为凸模的下端面与下模座的上端面偏距匹配，偏距值为 30mm；凸模中心轴与凹模中心轴对齐（注：采用插入约束也可），如图 1-27 所示。

图 1-26 完成造型后的卸料板

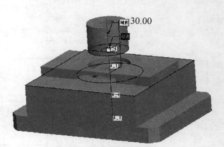

图 1-27 凸模的装配约束

第六步：创建模柄

1）在组件中创建模柄元件。单击工具栏上创建工具 ，输入元件名称"mobing"，选择【创建特征】。这时模型树中添加了"mobing.prt"元件，并处于激活状态。

2）创建模柄旋转主体。单击旋转工具，以【ASM_FRONT】基准面为草绘平面，绘制如图 1-28 所示的截面，创建旋转特征。

3）模柄倒角。模柄上方倒角 $C3mm$。完成后的模柄如图 1-29 所示。

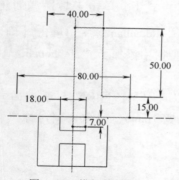

图 1-28 模柄旋转截面

图 1-29 完成造型的模柄

第七步：装配条料

单击工具栏上装配工具 ，打开"tiaoliao.prt"零件。装配约束关系为条料的下平面与模座的上平面重合匹配，第二个圆孔的中心轴与凹模孔中心轴对齐，侧端面与卸料板或模座的侧端面定向对齐（注：必须去除控制栏【放置】中【允许假设】的勾选），如图 1-30 所示。

第八步：创建定位板

1）在组件中创建定位板元件。单击工具栏创建工具 ，输入元件名称"dingweiban"，选择【创建特征】，该元件处于激活状态。

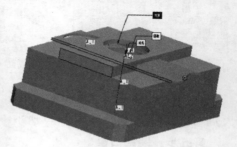

图 1-30 条料的装配约束

2）创建定位板主体特征。先隐藏卸料板，单击拉伸工具，以下模座的上平面为草绘平面，绘制如图 1-31 所示环形截面（注：选择第一个孔边线为参照，使截面左端大圆弧与此孔边线相内切），向上模方向拉伸，拉伸高度为3mm，如图1-32所示。

1.3.5 紧固件的装配

模具中的紧固螺钉可以手动造型和装配，但比较繁琐。一般可以调用Pro/E外挂EMX或PDX中的螺钉进行装配，这样更快速和简便。

第一步：装配卸料板紧固螺钉

1）草绘螺钉安装基准点。单击基准点草绘工具 ⊠ ，以卸料板上平面为草绘平面，草绘如图1-33所示两个基准点。

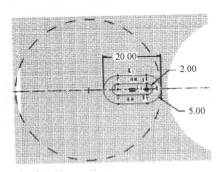

图1-31 定位板截面草绘

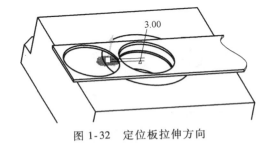

图1-32 定位板拉伸方向

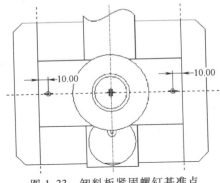

图1-33 卸料板紧固螺钉基准点

图1-34 螺钉装配定位曲面

2）EMX设置螺钉。单击菜单栏【EMX4.1｜螺钉｜定义｜在现有点上】，根据信息栏提示选取上一步所绘制基准点，再分别选取卸料板上平面为"上部分（螺钉头）曲面"，卸料板下平面为"下部分（螺纹）曲面"，如图1-34所示。在弹出的螺钉定义窗口中选取如图1-35所示螺钉类型及参数，单击【确定】完成该两处紧固螺钉的装配。

3）EMX装配螺钉。单击菜单栏【EMX4.1｜模具基体｜装配元件】，在弹出的【装配元件】对话框中勾选【螺钉】，单击【确定】，如图1-36所示。安装的卸料板紧固螺钉如图1-37所示。

第二步：装配凹模紧固螺钉

1）草绘螺钉安装基准点。单击基准点草绘工具 ⊠ ，以下模座前端面为草绘平面，草绘

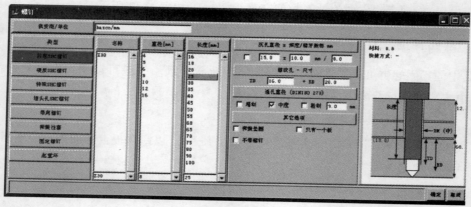

图 1-35　卸料板紧固螺钉参数定义

如图 1-38 所示一个基准点。

图 1-36　EMX 螺钉装配

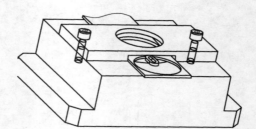

图 1-37　卸料板紧固螺钉

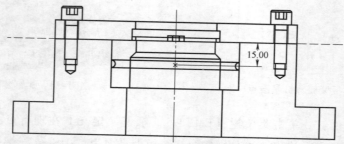

图 1-38　凹模紧固螺钉基准点

　　2）EMX 设置和装配螺钉。单击菜单栏【EMX｜螺钉｜定义｜在现有点上】，根据信息栏提示选取上一步所绘制的基准点，再选择下模座前端面（基准点的草绘平面）为"上部分曲面"和"下部分曲面"（选取两次）。在弹出的【螺钉】定义窗口中选取如图 1-39 所示螺钉类型及参数，完成后单击【确定】，创建的凹模紧固螺钉如图 1-40 所示。

　　第三步：装配定位板紧固螺钉

　　1）草绘螺钉安装基准点。单击基准点草绘工具▦，以下模座上平面为草绘平面，草绘

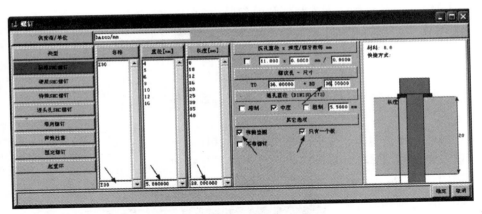

图1-39　凹模紧固螺钉参数定义

如图1-41所示一个基准点（基准点即为定位板左内环圆弧中心）。

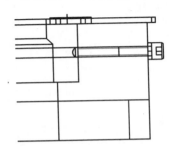

图1-40　凹模紧固螺钉

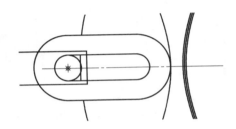

图1-41　定位板紧固螺钉基准点

2）EMX装配螺钉。单击菜单栏【EMX | 螺钉 | 定义 | 在现有点上】，选取上一步所绘制基准点，再选取定位板上平面（基准点的草绘平面）为"上部分（螺钉头）曲面"，选取下模座上平面为"下部分（螺纹）曲面"（选取两次）。在弹出的【螺钉】定义窗口中选取如图1-42所示螺钉类型及参数，单击【确定】，装配的定位板紧固螺钉如图1-43所示。

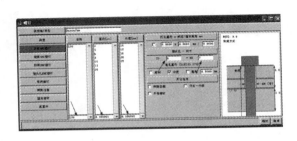

图1-42　定位板紧固螺钉参数定义

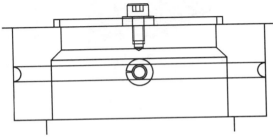

图1-43　定位板紧固螺钉

第四步：装配凸模紧固螺钉

1）草绘螺钉安装基准点。隐藏下模所有元件，单击草绘工具 ，以凸模的中心底面为草绘平面，草绘一个基准点（即为凸模圆弧参照边的中心点）。

2）EMX 装配螺钉。以基准点草绘面为"上部分（螺钉头）曲面"，模柄凸台下平面为"下部分（螺纹）曲面"，如图 1-44 所示。EMX 凸模紧固螺钉参数设置如图 1-45 所示。

至此，完成了轴承圆垫片简单落料模的三维设计。可将各元件设置为不同的颜色，总装效果及分解效果分别如图 1-46 和图 1-47 所示。

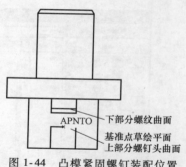

图 1-44　凸模紧固螺钉装配位置

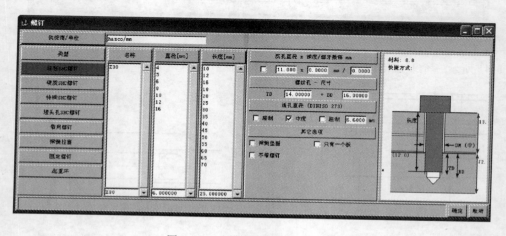

图 1-45　凸模紧固螺钉参数设置

图 1-46　模具着色总装效果

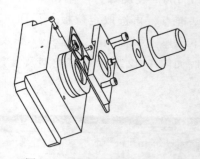

图 1-47　模具线框分解效果

1.3.6　二维工程图设计

第一步：凸模工程图设计

1）创建凸模零件剖切面。单独打开零件"tumo. prt"，单击菜单栏【视图 | 视图管理器 | X 截面 | 新建】，输入截面名称"A"后回车，选择【平面】方式并单击完成，选择零件的【FRONT】基准面为剖切面。

2）创建零件工程图。新建绘图文件，并命名为"tumo"。在工程图中创建【FRONT】方向的普通视图，并添加"A"剖切面。然后完成各尺寸、公差及精度标注，完成后的工程图如图1-48所示。

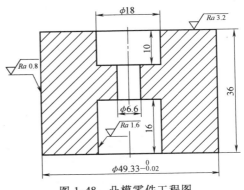

图1-48 凸模零件工程图

第二步：凹模工程图设计

1）创建凹模零件剖面。单独打开零件"aomo.prt"，单击菜单栏【视图 | 视图管理器 | X截面 | 新建】，输入截面名称"A"后回车，选择【平面】方式并单击完成，选择零件的【FRONT】基准面为剖切面。

2）创建同轴度几何公差基准。在零件模式下，单击基准轴工具 ✐，以凹模外圆柱为参照创建基准轴。在模型树中右击基准轴【属性】，将其属性设置为如图1-49所示模式，并选择凹模外圆柱尺寸为基准【放置尺寸】，完成后单击【确定】。

3）创建零件工程图。新建绘图文件，并命名为"aomo"。在工程图中创建【FRONT】方向的普通视图，并添加"A"剖切面。然后完成各尺寸、公差及几何精度的创建和编辑，完成后的工程图如图1-50所示。

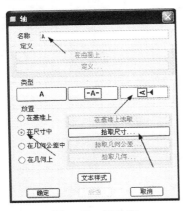

图1-49 同轴度

几何公差基准轴的设置

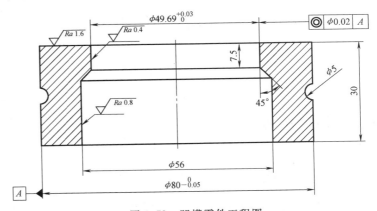

图1-50 凹模零件工程图

（提示：因为Pro/E工程图中一些图标符号与国标不符，故建议在Pro/E中创建视图和基本尺寸后保存DWG文件副本，再利用AutoCAD进行二维工程图的编辑和修改，使之符合国标要求。）

第三步：装配工程图设计

1）创建模具组件剖切面。打开组件"ypllm.asm"，分别以【FRONT_ASM】和【RIGHT_ASM】两个基准面创建剖切面A和剖切面B。

2）创建组件工程图。新建Pro/E【绘图】类型文件，并命名为"ypllm"。在工程图中创建A、B全剖视图及俯视图。然后修改各剖视图的剖面线，并添加排样及零件模型视图，完成后的组件工程图如图 1-51 所示（略去标题栏及零件明细表）。

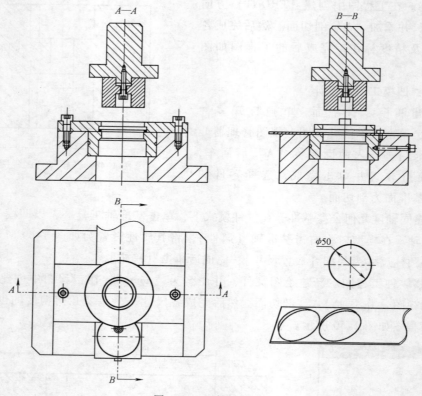

图 1-51　组件工程图

1.4　拓展练习

1.4.1　复合冲裁压力中心计算

图 1-52 所示为盖板制件，采用复合冲裁，利用 Pro/E 软件进行压力中心的计算，并用解析法进行验证。

关键步骤操作提示如下。

第一步：创建制件外形轮廓曲面

新建零件文件后，选择拉伸曲面，以【FRONT】面为草绘平面，绘制如图 1-52 所示冲裁轮廓的拉伸草绘（注意草绘图形的位置，将基准坐标系原点设置在图形左端边线的中点

图 1-52　盖板制件

上），拉伸高度为 1，并采用对称拉伸，拉伸后的曲面如图 1-53 所示。

第二步：加厚轮廓曲面，分析测量其重心

将拉伸后的曲面采用双侧加厚 0.2mm（只要不超出软件设置加厚范围，其厚度越小，

计算精度越高），再通过模型分析测量模型重心。

1.4.2　山形片导板落料模设计

图 1-54 所示为山形片，材料为 08 钢，料厚为 2.0mm，中等批量生产。完成模具工作零件（凸模和凹模）的刃口尺寸计算、排样设计，并利用 Pro/E 软件完成模具结构三维设计，以及凸模、凹模二维零件图和模具二维装配图设计。

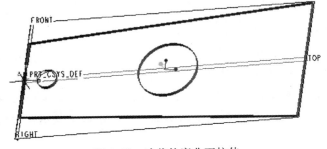

图 1-53　冲裁轮廓曲面拉伸

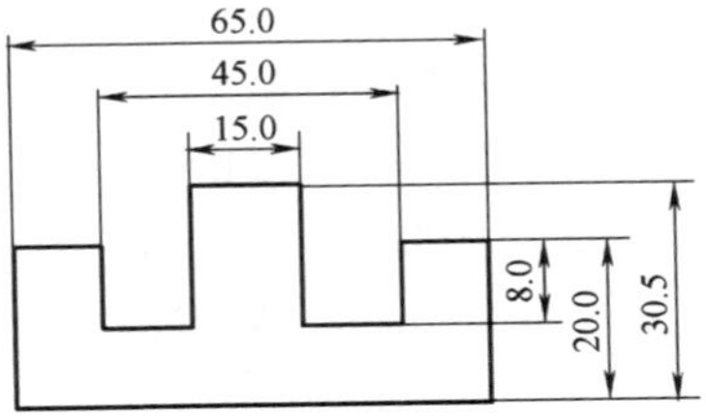

图 1-54　山形片

关键步骤操作提示如下。

第一步：排样设计

为提高材料利用率，结合山形片形状特点，落料排样如图 1-55 所示。

第二步：模具刃口的计算

采用配作加工法进行模具刃口的计算，以凹模为基准，配作凸模。

图 1-55　山形片落料排样

第三步：模具结构

本模具采用导板模结构，如图 1-56 所示。

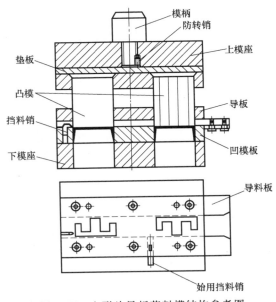

图 1-56　山形片导板落料模结构参考图

1.5　项目小结

1）充分利用软件功能，用于辅助设计，提升设计效率，缩短模具开发周期。

2）进行 Pro/E 模具设计前，要设置好工作目录，使所有相关文件在同一文件夹中，并养成随时保存的习惯。

3）所有 Pro/E 文件全部使用公制模板。

4）必须熟练掌握 Pro/E 装配的基本约束关系及其操作方法。

5）在组件中进行创建或修改零件特征时，草绘参照选择很重要，尽量不要选择与该零件特征无关的其他零件作为参照，而是选择组件默认基准面为参照。

6）在 Pro/E 组件设计中，零件可以单独设计再进行装配，也可直接在组件中参照其他零件直接创建。在组件中直接创建时，尽量选择组件的基准为参照，一般不使用其他零件的基准或特征为参照，除非两者之间存在尺寸或形状的相关性。

项目2 电器固定片复合冲裁模设计

2.1 项目引入

2.1.1 项目任务

图 2-1 所示为电器固定片制件，材料为 08F，料厚为 1.5mm，未注尺寸公差为 IT14，圆角 $R1mm$。制件大批量生产。完成模具工作零件（凸模和凹模）的刃口尺寸计算，并利用 Pro/E 软件完成模具结构三维设计以及凸模、凹模及凸凹模的二维零件图和模具二维装配图设计。

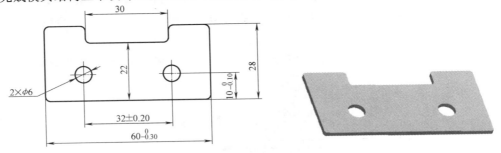

图 2-1　电器固定片制件

2.1.2 项目目标

◇掌握复合冲裁模的基本类型和结构。
◇掌握复合冲裁模工作零件的结构类型及设计方法。
◇掌握复合冲裁模其他零部件的结构类型及设计方法。
◇熟练掌握冲裁刃口的计算方法。
◇能应用软件进行压力中心的计算。
◇掌握 Pro/E 标准模架的调用。
◇掌握复合冲裁模零部件的一般设计步骤。
◇能按要求完成电器固定片复合冲裁模的三维设计。

2.2 项目知识

2.2.1 复合冲裁模的典型结构

复合模是在压力机的一次工作行程中，在模具同一部位同时完成数道工序的模具。按组合方式可分为落料冲孔复合模、落料弯曲复合模、落料拉深复合模、落料冲孔拉深翻边复合模等，一般是不超过四道工序的组合。

落料冲孔复合模是典型的复合冲裁模，应用较广，其特点是具有一个凸凹模，它既是落料的凸模，也是冲孔的凹模，如图 2-2 所示。

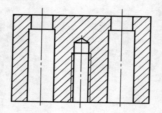

图 2-2　凸凹模

复合冲裁模按凸凹模安装位置的不同，分为倒装复合模和正装（顺装）复合模。当凸凹模安装在下模时，称为倒装复合模；当凸凹模安装在上模时，称为正装复合模。

1. 正装复合模

正装复合模的典型结构如图 2-3 所示。凸凹模装在上模，冲孔凸模和落料凹模装在下模。

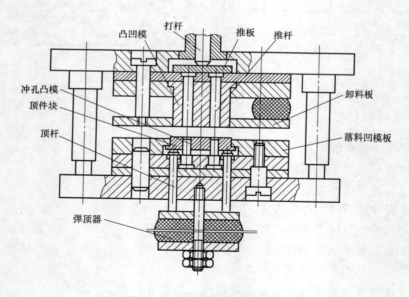

图 2-3　正装复合模典型结构

完成一次冲裁后，板料会卡在落料凸模（即凸凹模）上，故在上模设置卸料板，复合模一般采用弹性卸料，卸料板可同时起压料作用。冲裁后的制件在下模，卡在冲孔凸模和落料凹模中间，故必须设置顶件装置，一般由装在下模座底下的弹顶器推动顶杆和顶件块，将制件顶回至工作台面。卡在凸凹模内的冲孔废料由上模的刚性推料装置推出。推料装置由打杆、推板、推杆组成，当模具上行至上死点时，由压力机上的挡块挡住打杆，由打杆、推板、推杆将废料推出。

正装复合模的特点：因为有推废料装置，所以凸凹模内不会积存废料，等于减小凸凹模的壁厚，故正装复合模适于冲制孔边距较小的制件。同时由于制件是由弹性顶件装置顶出，故冲制料厚较小的薄件时，平整度和尺寸精度较高。正装复合模的两套推件装置，结构相对较复杂，在冲裁时要确认冲孔废料排除后才可进行第二次冲压，故其生产率比倒装复合模低。

2. 倒装复合模

倒装复合模的典型结构如图 2-4 所示。凸凹模装在下模，冲孔凸模和落料凹模在上模。

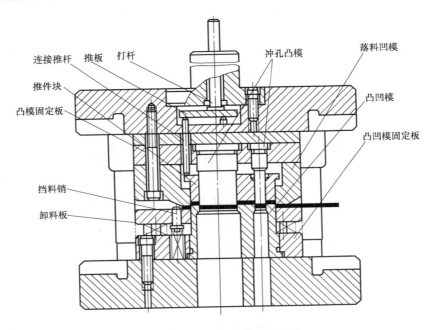

图 2-4　倒装复合模典型结构

凸凹模在下模，故卸料装置也在下模。冲裁后的制件在上模，卡在冲孔凸模和落料凹模中间，由上模的刚性推件装置（包括打杆、推板、连接推杆、推件块）将制件推下。冲孔的废料由模具下方的漏料孔落下，无需另外的推料装置。

倒装复合模的特点：倒装复合模的刚性推件装置不起压平作用，故制件平整度不如正装式复合模高，而且凸凹模内有积存废料，胀力较大，当凸凹模壁厚值较小时，容易被胀裂，不宜冲制孔边距较小的制件。但倒装复合模下模无顶件装置，结构更简单，操作方便，生产率也较高，广泛应用于板料的复合冲裁中。

3. 正装与倒装复合模的选择

复合模正、倒装结构的选择，需要综合考虑以下问题。

1）为使操作方便安全，要求冲孔废料不出现在模具的工作区域，此时应采用倒装结构，以使冲孔废料通过凸凹模孔向下漏出。

2）当制件孔边距较小，凸凹模强度难以保证时，考虑采用正装结构。

3）当凹模的外形尺寸较大时，若上模能容纳凹模，则应优先采用倒装结构。只有当上模不能容纳凹模时，才考虑采用正装结构。

4）当对制件有较高的平整度要求时，采用正装结构可获得较好的效果。但在倒装复合模中同样也可采用弹性推件装置，可获得同样的效果。所以还是应该优先考虑采用倒装结构。

总之，在保证凸凹模的强度和制件使用要求的前提下，应首选倒装结构。

2.2.2　冲裁模工作零件结构设计

冲裁模的工作零件（包括凸模、凹模、凸凹模）又称为成形零件，是冲裁模的关键零件。

1. 凸模设计

（1）凸模的结构形式　凸模按其工作截面的形式可分为圆形凸模和非圆形凸模，按结构形式分为台阶式、带护套式和镶拼式。

圆形凸模的结构形式如图 2-5 所示。

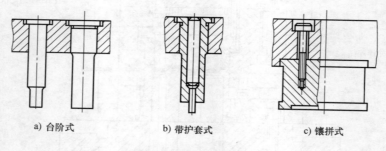

a) 台阶式　　　　b) 带护套式　　　　c) 镶拼式

图 2-5　圆形凸模的结构形式

台阶式：用于一般尺寸普通圆孔冲裁，其中图 2-5a 左用于较小直径，图 2-5a 右用于较大直径。

带护套式：用于直径与料厚相近的小孔冲裁。

镶拼式：用于大直径的冲裁，采用螺钉吊装固定。为减少磨削面积，其外径和端面都做成凹形。

非圆形凸模的结构形式如图 2-6 所示。

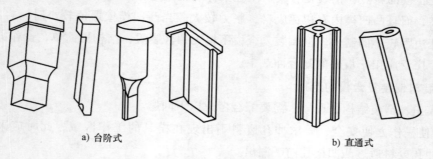

a) 台阶式　　　　　　　　　　　b) 直通式

图 2-6　非圆形凸模的结构形式

　　台阶式：根据工作截面的大致形状，将固定部分设计成圆形或矩形。固定部分为圆形时，必须在固定端加防转销。

　　直通式：便于采用线切割加工或成形铣削、成形磨削加工，适用于复杂截面的凸模。

　　（2）凸模的固定方法

　　1）台肩固定法。如图 2-7 所示，用于台阶式的圆形或非圆形凸模。一般固定顶在垫板上，有时为了便于拆卸更换，在模座上用螺栓（堵头）固定。

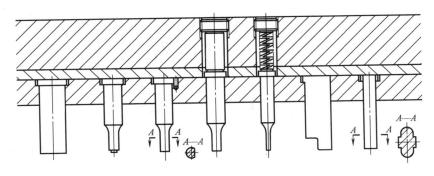

图 2-7　台肩固定法

　　2）螺钉固定法。如图 2-8 所示，多用于固定尺寸较大的直通式凸模或安装在模具边缘的凸模。

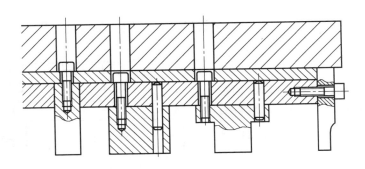

图 2-8　螺钉固定法

　　3）压板固定法。如图 2-9 所示，多用于固定尺寸较小的直通式凸模，便于拆卸更换。

　　此外，还有铆接固定法、黏结固定法、过盈固定法等。

　　（3）凸模长度的确定

　　凸模长度 $L = L_{固定板} + L_{卸料板} + (10 \sim 20)\,\text{mm}$

　　2. 凹模设计

　　（1）凹模结构及其固定方法　凹模的类型按结构可分为整体式、镶拼式、组合式。

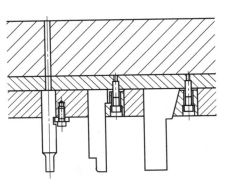

图 2-9　压板固定法

1）整体式凹模如图2-10所示，工作部分和安装部分做成整体，用螺钉和销钉整体固定在模具上。整体式凹模结构简单，但局部损坏就得整体更换，材料与热处理成本高，一般用于工位少的单工序冲裁模和复合冲裁模。

2）镶拼式凹模如图2-11所示，将凹模工作部分做成单独的镶件安装在凹模固定板内，其外形一般设计成圆形或矩形，分为带台肩和不带台肩两种结构形式，不带台肩的圆形凹模采用过盈配合压入固定板中，或用沉头螺钉固定在垫板上。镶拼式凹模便于修理和更换，材料与热处理成本较低，适用于工位多的大型模具。

3）组合式凹模如图2-12所示。将凹模工作部分中形状复杂或易于磨损的局部做成单独的镶件，其他部分做成整体式。组合式凹模适用于悬臂、狭槽冲裁以及形状复杂的冲压件，可降低凹模型孔的加工难度，同时镶件部分容易更换。

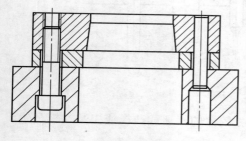

图 2-10　整体式凹模

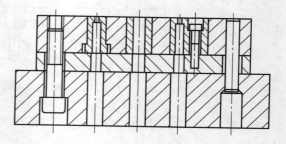

图 2-11　镶拼式凹模

（2）凹模刃口结构形式　凹模刃口结构形式分为直筒式和锥筒式。

1）直筒式凹模刃口　如图2-13所示。该形式的凹模刃口强度高，加工方便，刃口的尺寸和间隙不会因修磨而变化，其缺点是凹模孔内的废料不易排除，凹模胀力大。其中，有台阶出料孔的凹模应用较广，直出料孔的一般用于带有顶件装置的复合冲裁模，锥形出料孔的常用于单工序冲模或级进模。

2）锥筒式凹模刃口　如图2-14所示。该刃口形式的凹模强度较差，使用中由于刃口磨损会使间隙增大，但由于刃口成锥形，故工件或废料易于排出，凸模对孔壁的摩擦较小，可以增加凹模寿命。该种凹模刃口多用于冲裁形状简单，精度要求不高的制件。

（3）凹模轮廓尺寸的确定

凹模厚度：$H = Kb$　（≥15mm）

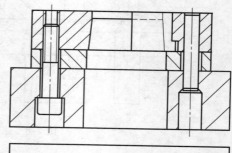

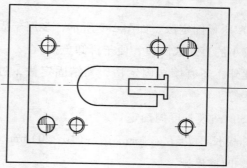

图 2-12　组合式凹模

凹模壁厚：$C = (1.5 \sim 2)H$　（$\geqslant 30\text{mm}$）

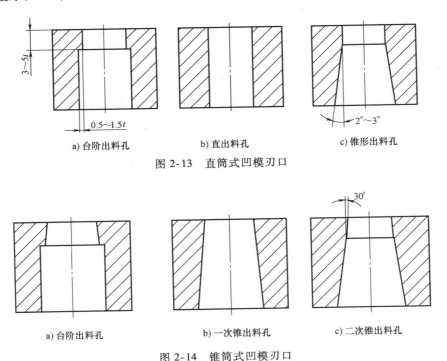

a) 台阶出料孔　　　　　b) 直出料孔　　　　　c) 锥形出料孔

图 2-13　直筒式凹模刃口

a) 台阶出料孔　　　　b) 一次锥出料孔　　　　c) 二次锥出料孔

图 2-14　锥筒式凹模刃口

式中，b 为凹模刃口的最大尺寸；K 为凹模厚度系数，其值见表 2-1。

表 2-1　凹模厚度系数 K

刃口最大尺寸 b/mm ＼ 料厚 t/mm	0.5	1	2	3	>3
<50	0.3	0.35	0.42	0.5	0.6
50~100	0.2	0.22	0.28	0.35	0.42
100~200	0.15	0.18	0.2	0.24	0.3
>200	0.1	0.12	0.15	0.18	0.22

3. 凸凹模设计

（1）凸凹模的结构形式及固定方法　凸凹模的外缘轮廓为落料凸模，内孔为冲孔凹模。凸凹模的结构形式与固定方法如图 2-15 所示。

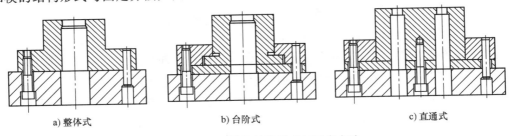

a) 整体式　　　　　b) 台阶式　　　　　c) 直通式

图 2-15　凸凹模的结构形式与固定方法

（2）凸凹模的壁厚　凸凹模的截面与制件相似，故内外缘之间的壁厚取决于制件的尺寸。从强度方面考虑，凸凹模的壁厚受限制。在正装复合模中，凸凹模装在上模，孔内不积存废料，最小壁厚可以小一些；倒装复合模的凸凹模积存废料，最小壁厚值相对较大，其经验数值见表 2-2。

表 2-2　倒装复合模凸凹模的最小壁厚　　　　　　　　（单位：mm）

材料厚度 t	0.4	0.6	0.8	1.0	1.2	1.4	1.6	1.8	2.0	2.2	2.5
最小壁厚 a	1.4	1.8	2.3	2.7	3.2	3.6	4.0	4.4	4.9	5.2	5.8
材料厚度 t	2.8	3.0	3.2	3.5	3.8	4.0	4.2	4.4	4.6	4.8	5.0
最小壁厚 a	6.4	6.7	7.1	7.6	8.1	8.5	8.8	9.1	9.4	9.7	10.0

2.2.3　冲裁模其他零件设计

1. 定位零件的设计

定位零件保证条料在模具中的两个方向的位置：送料方向及与条料侧向。

（1）送料方向的定位零件　送料方向的定位零件主要有挡料销、侧刃和导正销（主要用于级进模，在项目三中介绍）。根据工作特点及作用，挡料销分为固定挡料销和活动挡料销。

固定挡料销结构如图 2-16 所示。

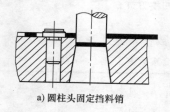 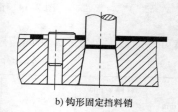

a) 圆柱头固定挡料销　　　　　　　　　b) 钩形固定挡料销

图 2-16　固定挡料销结构

圆柱头固定挡料销结构简单，制造容易，广泛用于冲裁中小型制件，但销孔离凹模刃口较近，削弱了凹模的强度；钩形固定挡料销可离刃口远一些。

活动挡料销结构如图 2-17 所示。

弹顶式活动挡料销在冲压时被压入凹模。对于回带式活动挡料销，条料送进时不需抬起条料，在送进后需回带，适合狭窄制件的冲裁。

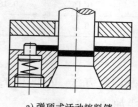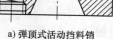 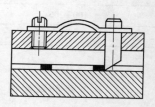

a) 弹顶式活动挡料销　　　　　b) 回带式活动挡料销

图 2-17　活动挡料销结构

（2）条料侧向的定位零件　条料侧向的定位零件主要有导料销、导料板。

导料销导向定位就是在条料一侧设置两个导料销，条料送进时靠紧导料销，以免偏斜，常用于简单冲裁模和复合冲裁模。

　　导料板也称导尺，有整体式和分离式，如图 2-18 所示。整体式导料板将导料与卸料合为一体，常用于简单冲裁模。分离式导料板一般用于级进模。

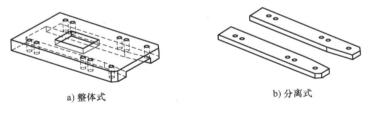

a) 整体式　　　　　　　　　　　　　b) 分离式

图 2-18　导料板

2. 卸料装置的设计

　　卸料装置可将卡在凸模（或凸凹模）上的板料卸下，按其结构不同，可分为刚性卸料和弹性卸料两种。

　　（1）刚性卸料装置　刚性卸料板有封闭式、悬臂式和钩形三种结构，如图 2-19 所示。封闭式适用于冲压厚度在 0.5mm 以上的条料；悬臂式适用于窄而长的毛坯；钩形适用于简单的弯曲模和拉深模。

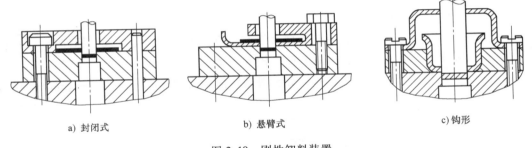

a) 封闭式　　　　　　　　　b) 悬臂式　　　　　　　　　c) 钩形

图 2-19　刚性卸料装置

　　刚性卸料装置一般安装在下模上，其结构简单，卸料力大，卸料可靠。采用刚性卸料装置时，如果板料较薄，会引起板料翘曲，使制件不平，严重时还会损坏模具。因此，刚性卸料装置不宜于冲裁材料较软、料厚小于 0.8mm 的制件。

　　（2）弹性卸料装置　弹性卸料装置如图 2-20 所示，由卸料板、卸料螺钉及弹性元件（弹簧或橡胶）组成。

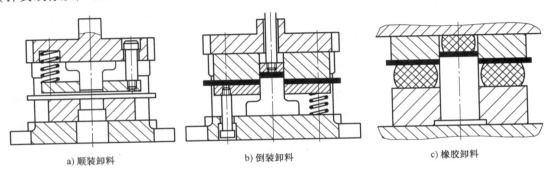

a) 顺装卸料　　　　　　　　b) 倒装卸料　　　　　　　　c) 橡胶卸料

图 2-20　弹性卸料装置

弹性卸料装置冲压前对毛坯有压紧作用，冲压后又使制件平稳卸料，从而使制件较为平整，适合应用于质量要求较高的制件及薄板冲裁。卸料板与凸模之间的单边间隙取 0.05～0.20mm，开模状态卸料板超出凸模端面 0.2～0.5mm。

3. 推件装置的设计

推件装置可将卡在凹模内的冲件或废料推下或顶出，主要有刚性推件和弹性推件两种方式，如图 2-21 所示。

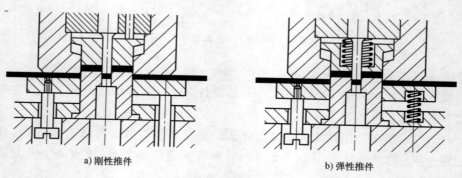

a) 刚性推件   b) 弹性推件

图 2-21　推件装置

4. 模架的设计及选用

模架一般由上模座、下模座、导柱和导套组成。模架及其组成零件现已标准化，一般冲模可根据模具要求按国标规定进行选用，简单模和大型级进模一般采用自制模架。

模架根据导柱与导套导向方式不同，分为滑动导向和滚动导向，导柱、导套的导向方式如图 2-22 所示。

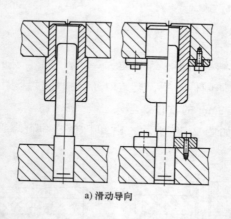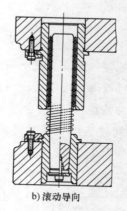

a) 滑动导向   b) 滚动导向

图 2-22　导柱、导套的导向方式

滑动导向模架的导柱、导套结构简单，加工装配方便，应用非常广泛；滚动导向模架导向精度高，运动平稳，使用寿命长，常用于高精度、高寿命的硬质合金模及高速精密级进模。

滑动导向模架的结构形式如图 2-23 所示。

对角导柱模架：冲裁受力均衡，常用于一般精度的冲裁模和级进模。

后侧导柱模架：能实现纵向与横向送料，适用于一般精度中小件的冲裁模。

后侧导柱窄形模架：适用于窄长制件的冲裁模。

中间导柱模架：受力均衡，常用于复合模。

中间导柱圆形模架：适用于圆形制件的冲裁模。

四角导柱模架：受力均衡，导向精度高，模具刚性好，适用于大型模具。

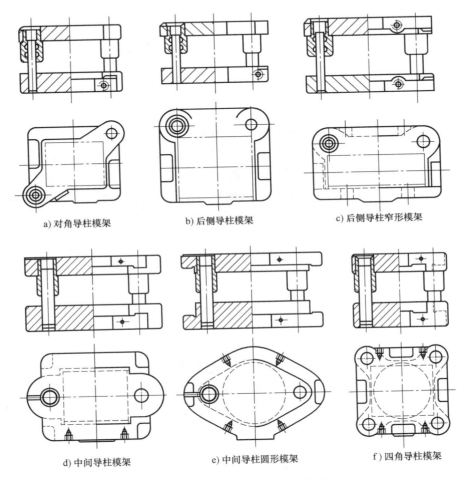

a) 对角导柱模架　　　　b) 后侧导柱模架　　　　c) 后侧导柱窄形模架

d) 中间导柱模架　　　　e) 中间导柱圆形模架　　　　f) 四角导柱模架

图 2-23　滑动导向模架的结构形式

5. 模柄设计

中小型模具一般都是通过模柄将上模固定在压力机滑块上，因此模柄的直径和长度应与选用压力机的滑块尺寸一致。常见的标准模柄形式如图 2-24 所示。

旋入式模柄：通过螺纹与上模座联接，拆装方便，但模柄与上模座的垂直度差，常用于有导柱的中、小型冲模。

压入式模柄：与模座孔采用过渡配合，适用于各种中、小型冲模，生产中最常见。

凸缘式模柄：通过凸模与模座沉孔过渡配合，并采用螺钉固定，多用于大型模具。

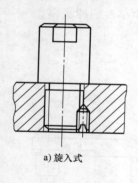
a) 旋入式

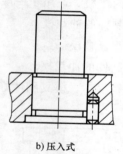
b) 压入式

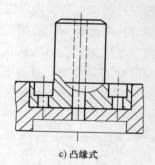
c) 凸缘式

图 2-24　标准模柄形式

6. 支撑零件与紧固件设计

（1）固定板　固定板可将凸模或凹模连接固定在模具的正确位置上。凸模固定板厚度一般为凹模厚度的 0.6~0.8 倍，凹模固定板取凹模厚度的 0.8~0.9 倍。

（2）垫板　垫板的作用是抵挡工作零件对模座的直接冲击，垫板外形尺寸多与固定板周界一致，其厚度根据压力的大小设计，一般取 5~20mm，硬度为 52~56HRC。

（3）紧固件　模具上的紧固件包括定位销钉和联接螺钉。销钉常采用圆柱销，一般在模具对角上使用两个。螺钉一般采用内六角螺钉，螺钉头沉入模板内，螺钉规格根据凹模厚度大小确定，一般采用 M5~M10 的螺钉。

2.3　项目实施

2.3.1　冲压工艺分析

电器固定片制件包含冲孔和落料两道工序，孔的位置精度要求较高，且为大批量生产，孔边距的尺寸能满足凸凹模强度要求，故可设计成倒装复合冲裁模。本项目利用 Pro/E 设计的基本步骤为：制件造型及排样条料设计→模具刃口计算及造型设计→标准模架的调用→模具主要零件造型及装配→紧固件的装配→装配工程图及工作零件工程图设计。

2.3.2　工件造型及排样条料设计

第一步：设置工作目录

在计算机硬盘中创建一个文件夹，命名为"固定片复合冲裁模设计"，打开 Pro/E 软件后，将工作目录设置至该文件夹。

第二步：应用 Pro/E 计算压力中心

首先计算好压力中心的位置，可以在冲压件及模具零件造型时将原点设定在压力中心，从而保证压力中心与模具的几何中心重合。Pro/E 计算压力中心的方法在项目一中进行了详细介绍。

首先在 Pro/E 中新建零件文件，命名为"YLZXJS"，选用公制模板。单击拉伸，选择拉伸曲面，并设系统的【FRONT】面作为草绘平面，绘制如图 2-25 所示草绘（记住原点位

置），然后选择双侧拉伸，高度为1mm，再将曲面进行双侧加厚0.1mm，从而得到薄板实体模型，如图2-26所示；然后单击菜单栏【分析 | 模型 | 质量属性】，在弹出的【质量属性】对话框中单击【浏览】工具 ，得到其重心坐标位置，$X=0$，$Y=3.12$，如图2-27所示。

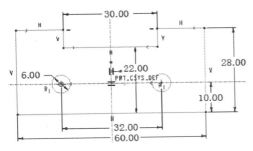

图2-25　压力中心计算草绘

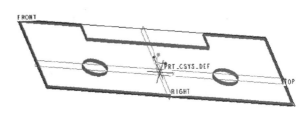

图2-26　薄板实体模型

图2-27　质量属性分析重心位置

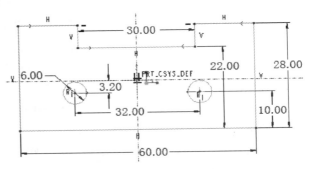

图2-28　制件拉伸草绘

第三步：制件造型设计

在 Pro/E 中新建零件文件，命名为"gudingpian"，选用公制模板。如图2-28所示为制件拉伸草绘，注意将草绘原点设置在压力中心位置。单侧拉伸高度为1.5mm。再将各尖角倒0.1mm圆角。完成制件造型后保存至工作目录。

第四步：创建排样条料

将"gudingpian"文件保存副本，新建名称为"tiaoliao"文件并保存。再打开"tiaoliao.prt"文件，对草绘进行修改编辑（注：采用保存副本创建新制件的方法可以避免重复一些草绘或特征，可节省时间和精力）。

由于该制件外形较简单，采用直排方式，查附录D得到最小搭边值 $a=1.8$mm，$a_1=1.5$mm。在制件草绘的基础上绘制条料拉伸草绘，如图2-29所示（注：在修改草绘时，先将制件的外轮廓所有尺寸锁定，避免尺寸变动；第二个制件冲裁轮廓可由第一个复制后，再通过约束确定其位置）。

2.3.3　模具刃口计算及造型设计

第一步：刃口计算

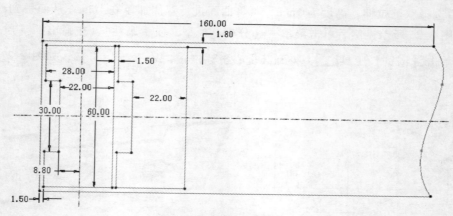

图 2-29 条料拉伸草绘

1）查公差表，将未注公差尺寸按入体标注为 $\phi 6^{+0.30}_{0}$ mm、$30^{+0.52}_{0}$ mm、$28^{0}_{-0.52}$ mm、$22^{0}_{-0.52}$ mm。

2）先算冲孔刃口尺寸。孔形状简单，按分开加工计算，冲孔以凸模为基准：

凸模尺寸 $D_T = 6 - 0.30x$，查磨损系数表得 $x = 0.5$，所以 $D_T = 6.15$mm。

查冲裁间隙表得 $Z_{max} = 0.24$mm，$Z_{min} = 0.13$mm，取 $Z = 0.15$mm。

凹模尺寸 $D_A = D_T + 0.15 = 6.30$mm。

查模具刃口公差 $\delta_T = 0.020$mm，$\delta_A = 0.020$mm。

验证 $\delta_T + \delta_A = 0.040mm< Z_{max} - Z_{min}$，故公差符合间隙要求。

所以 $D_T = 6.15^{0}_{-0.020}$mm，$D_A = 6.30^{+0.020}_{0}$mm。

3）计算落料刃口。落料形状复杂，按配作加工计算，以凹模为基准：

$D_{A60} = 60 - 0.30x$，查 $x = 0.75$，$D_{A60} = 59.78$mm。

$D_{A30} = 30 + 0.52x$，查 $x = 0.5$，$D_{A30} = 30.26$mm。

$D_{A28} = 28 - 0.52x$，查 $x = 0.5$，$D_{A28} = 27.74$mm。

$D_{A10} = 10 - 0.10x$，查 $x = 1$，$D_{A10} = 9.9$mm。

$D_{A22} = 22 - 0.52x$，查 $x = 0.5$，$D_{A22} = 21.74$mm。

模具刃口公差取工件公差的 1/4，

所以 $D_{A60} = 59.78^{+0.075}_{0}$ mm，$D_{A30} = 30.26^{0}_{-0.130}$ mm，$D_{A28} = 27.74^{+0.130}_{0}$ mm，$D_{A22} = 21.74^{+0.130}_{0}$mm。

落料凸模（即凸凹模外轮廓）尺寸按凹模实际尺寸配作，保证双边间隙在 0.13 ~ 0.24mm 之间（造型设计取 0.15mm）。

4）凸凹模孔间距及孔边距计算。

$D_{32} = 32 \pm 0.05$mm，$D_{10} = D_{A10} - 0.15 = 9.75^{0}_{-0.025}$mm。

第二步：凹模造型设计

1）凹模厚度：$H_{凹模板} = Kb = 0.25 \times 60mm= 15$mm。

凹模板壁厚：$C = 2H = 30$mm，外轮廓尺寸 $L = (60 + 2 \times 30)$mm$= 120$mm。

2）将"gudingpian"文件保存副本，新建名称为"aomo"的文件并保存。再打开"aomo.prt"进行编辑修改，绘制凹模板拉伸草绘如图2-30所示，拉深高度为15mm。

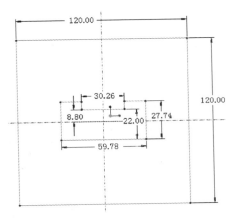

图2-30　凹模板拉伸草绘

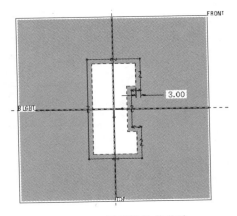

图2-31　漏料孔拉伸草绘

3）切出推件块安装台阶。计算刃口高度：$h = 3t = 4.5mm$，因为是倒装复合模，凹模不会积存制件，为了加强刃口强度，选$h = 6mm$。选择拉伸工具，以凹模板底面为草绘平面，进入草绘后将刃口轮廓环向外偏离3mm，绘制漏料孔拉伸草绘如图2-31所示，切除材料拉伸高度为$15mm - 6mm = 9mm$。

4）将凹模刃口及台阶孔各棱边倒$R1mm$的圆角。完成凹模设计后将零件保存至工作目录。

第三步：凸模造型设计

1）计算凸模长度。凸模在上模，$L_{凸} = H_{固定板} + H_{凹模板} + t$，$H_{固定板}$为$(0.6 \sim 0.9) H_{凹模板}$，取$H_{固定板} = 10mm$。所以，$L_{凸} = 26.5mm$。

2）新建零件文件，命名为"tumo"。选择【旋转】工具，以【FRONT】为草绘面，绘制如图2-32所示的凸模旋转截面。

3）创建旋转特征后完成凸模设计，保存至工作目录。

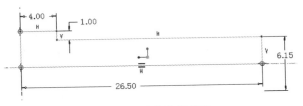

图2-32　凸模旋转草绘

第四步：凸凹模设计

1）计算凸凹模厚度。凸凹模在下模，$H_{凸凹模} = H_{固定板} + H_{卸料板} + (10 \sim 20)mm$（弹性元件高度）。取$H_{固定板} = 12mm$，$H_{卸料板} = 10mm$。故取$H_{凸凹模} = 37mm$。

2）将"gudingpian"文件保存一个名为"tuaomo"的副本，再打开进行编辑修改。凸凹模拉伸草绘如图2-33所示，拉深高度为37mm。

3）切出漏料孔。刃口高度：$h = 3t = 4.5mm$。以凸凹模底面为草绘平面，进入草绘后将冲孔刃口轮廓环向外偏离1mm。凸凹模漏料孔草绘如图2-34所示，拉伸切除材料，高度为$37mm - 4.5mm = 32.5mm$。

4）将完成造型设计后的凸凹模保存至工作目录。

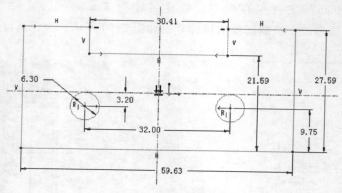

图 2-33   凸凹模拉伸草绘

2.3.4   标准模架的调用

本模具从 Pro/E 标准冲压模架库中调用合适模架。

第一步：确定模架尺寸及类型

本模具适合采用后侧双导柱模架，凹模板尺寸为 120mm×120mm。模架尺寸≥凹模板尺寸。

第二步：调取标准模架保存副本

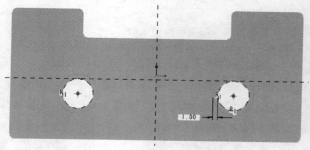

图 2-34   凸凹模漏料孔草绘

1）打开"冷冲模标准双导模架-diebase"文件夹中的"125×125<diebase>.asm"模架。进入组件窗口后，单击菜单栏【文件丨保存副本】，新建组件名称为"fuhemo_ gudingpian"，保存路径为"固定片复合冲裁模设计"文件夹，如图 2-35 所示，单击【确定】按钮。

2）在弹出的【组件保存为一个副本】对话框中，单击全选工具 ▤ →单击【生成新名称】→在右侧窗口中输入组件各元件的新名称，如图 2-36 所示，然后单击【确定】按钮。

提示：这一步是必须的，否则只将组件调入，而模架的四个组成元件即上模座、下模

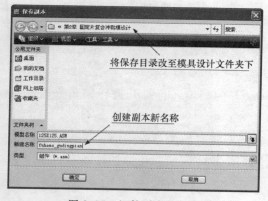

图 2-35   组件副本的保存

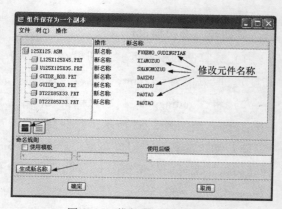

图 2-36   模架各元件的调取

座、导柱、导套没有复制到设计文件夹,将会导致组件不可用。

3)完成模架的调用。关闭打开的"125×125<diebase>.asm"组件文件(注:最好用【拭除当前】的方式关闭),重新将目录设置到"固定片复合冲裁模设计"文件夹。在此目录下出现了"fuhemo_ gudingpian.asm"及其组成的各元件的零件文件。后面的操作全部在这一组件的基础上进行。

第三步:将模架设置为开模状态

调用的模架为合模状态,为了便于其他零部件造型与装配,将模架设置为开模状态。具体操作方法:打开"fuhemo_ gudingpian.asm"组件,编辑组件中上模座的装配关系,将它与下模座的偏距匹配距离改为"180",如图2-37所示。

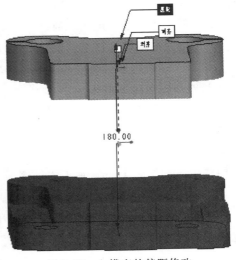

图2-37 上模座的偏距修改

2.3.5 下模各零件的造型及装配

第一步:创建下垫板

在模具组件模式下,创建"xiadianban"零件后,单击拉伸工具,以下模座的上平面为草绘平面,绘制120mm×120mm的矩形(注意关于基准面对称),下垫板草绘如图2-38所示,拉伸厚度为8mm。

第二步:装配凸凹模

激活组件回到组件装配模式下,调入凸凹模进行装配。装配关系为凸凹模底面与下垫板上平面匹配,凸凹模另两个方向的基准面与模架两个方向的基准面对齐或匹配,其装配位置关系如图2-39所示。

提示:以凸凹模的刃口和漏料孔位置判断凸凹模的上下位置,刃口在上,漏料孔在下。

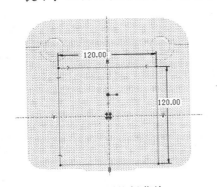

图2-38 下垫板草绘

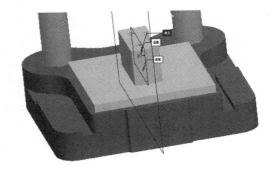

图2-39 凸凹模的装配

第三步:创建凸凹模固定板

1)在模具组件模式下,创建"tuaomogudingban"零件后,单击拉伸工具,以下垫板的上平面为草绘平面，绘制 120mm×120mm 的矩形（注意关于基准面对称），拉伸厚度为 10mm。

2）创建凸凹模固定孔。通过草绘复制凸凹模外轮廓边线，拉伸切出凸凹模固定通孔。

3）将固定板单独打开，设置颜色以便于区分其他零部件。

提示：每创建一个新零件，最好将其设置为不同颜色，后面不再提示。

第四步：创建卸料板

1）在模具组件模式下，创建"xieliaoban"零件后，单击拉伸工具，以凸凹模上端面为草绘平面，绘制卸料板草绘如图 2-40 所示（注：中间为凸凹模轮廓环向外偏距 0.5mm，即为卸料板与凸凹模的间隙，另有四个 φ5.5mm 的卸料螺钉安装底孔）。拉伸总厚度为 8mm，其中往上方一侧为 1mm，往下方一侧为 7mm。

提示：开模状态下，卸料板比落料凸模即凸凹模高出 1mm，以保证卸料的可靠性。

2）创建卸料螺钉孔螺纹。单独打开卸料板零件，将四个螺钉底孔创建 M6 的内螺纹。完成创建的卸料板位置如图 2-41 所示。

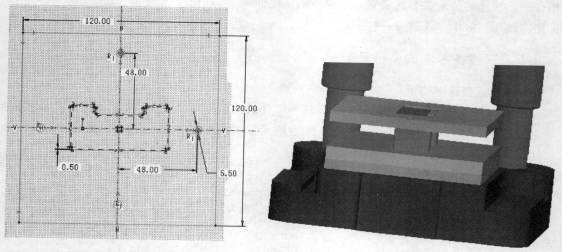

图 2-40　卸料板草绘

图 2-41　卸料板的位置

第五步：创建并装配卸料螺钉

1）单独新建"screw_ xieliao"零件文件，创建如图 2-42 所示卸料螺钉草绘截面的旋转特征。（注：螺钉尾部长度为卸料板厚度，中间部分长度为下垫板下平面至卸料板下平面的距离。）

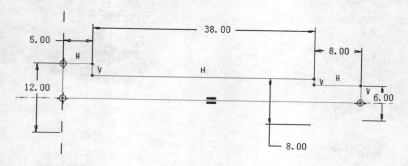

图 2-42　卸料螺钉草绘

2）创建螺钉尾部，外螺纹直径为5.5mm。

图2-43 卸料螺钉

3）通过拉伸切除材料创建边长为3mm，深度为4mm的内六角孔。

4）尾部倒边角$C0.25$，完成的卸料螺钉如图2-43所示。

5）安装卸料螺钉。激活组件，隐藏下模座，将卸料螺钉安装到四个卸料板螺钉孔内（约束关系为螺钉插入卸料板螺钉孔、螺钉头部台阶面与下垫板下平面匹配），完成四个卸料螺钉的安装。（注：完成一个螺钉装配后，可复制装配其他三个。）

第六步：创建卸料橡胶

在模具组件模式下，创建"xiangjiao"零件后，以卸料螺钉中心轴为旋转中心创建如图2-44所示橡胶草绘截面的旋转特征。完成后将其设置为黄色半透明并保存。再在其他三处装配橡胶，安装位置如图2-45所示。

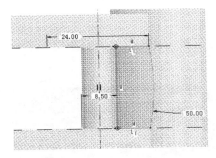

图2-44 橡胶草绘截面

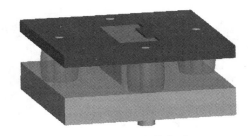

图2-45 橡胶安装位置

第七步：创建下模紧固螺钉及定位销

1）草绘螺钉安装基准点。单击基准点草绘工具，以下模座底平面为草绘平面，草绘如图2-46所示四个基准点（关于中间两个基准面对称）。

2）EMX设置螺钉。单击菜单栏【EMX｜螺钉｜定义｜在现有点上】，根据信息栏提示选取上一步所绘制基准点，再分别选取下模座底平面为"上部分（螺钉头）曲面"，下模座上平面（即下垫板下平面）为"下部分（螺纹）曲面"。在弹出的【螺钉】定义对话框中选取如图2-47所示螺钉类型及参数，单击【确定】按钮完成该四处紧固螺钉的装配。

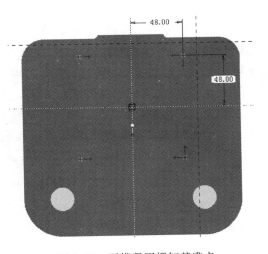

图2-46 下模紧固螺钉基准点

（提示：在组件模式下选取被遮住的平面或元件时，可将鼠标先在该平面或元件所在位置进行预选，然后单击右键进行切换，直到选中所需要的对象为止。）

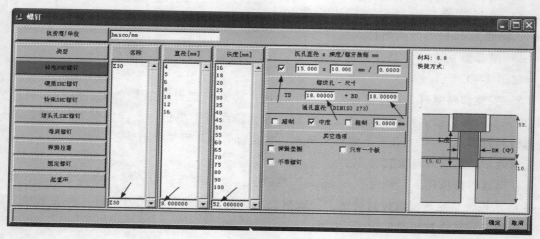

图 2-47　下模紧固螺钉类型及参数

3）草绘定位销基准点。单击基准点草绘工具 ⊠，以下模座底平面为草绘平面，草绘如图 2-48 所示两个基准点（分布于对角，起定位作用）。

4）EMX 设置定位销。单击菜单栏【EMX｜定位销｜定义｜在现有点上】，根据提示选取上一步所绘制基准点，选取下模座上平面（即下垫板下平面）为【参照平面】，在弹出的【定位销】对话框中选取如图 2-49 所示定位销类型及参数，单击【确定】按钮完成该两处销钉的创建。再单击菜单栏【EMX｜模具基体｜装配元件】，在弹出的【装配元件】对话框中勾选【定位销】，单击【确定】按钮即完成定位销的装配。（注：定位销参数窗口中，T1 长度为定位销向下模座方向的长度，比下模座的厚度略小，另一侧是定位销向凸凹模固定板方向的长度，下垫板厚度+凸凹固定板厚度=

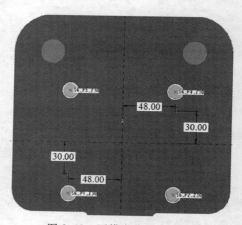

图 2-48　下模定位销基准点

18mm，为保证定位销穿透这两块板，将这一侧方向的长度设设置为 19mm，故总长度为 42+19=63mm。）

5）创建凸凹模紧固螺钉。单击基准点草绘工具 ⊠，以下模座底平面为草绘平面，在两中间基准参照线的交点处草绘一个基准点。

完成基准点的创建后，在该点处创建 EMX 螺钉，以下模座底平面为"螺钉头曲面"，以凸凹模底平面为"螺纹曲面"。在弹出的【螺钉】定义对话框中选取如图 2-50 所示螺钉类型及参数，单击【确定】按钮完成凸凹模紧固螺钉的装配。

第八步：在下模座创建卸料螺钉通孔

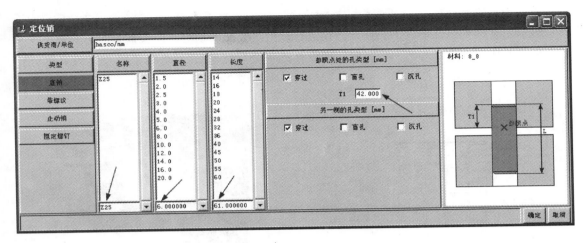

图 2-49　下模定位销类型及参数

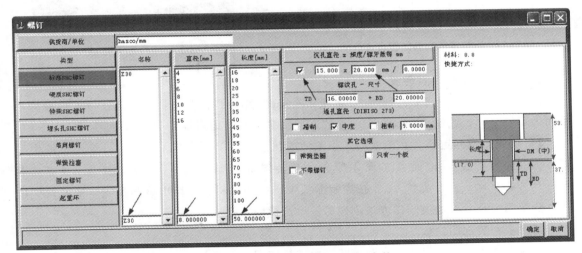

图 2-50　凸凹模紧固螺钉类型及参数

激活下模座零件，通过拉伸切除材料在四个卸料螺钉处创建如图 2-51 所示的四个 φ14mm 的通孔。（注：经测量螺钉头为 φ12mm，通孔必须与螺钉头有足够间隙，以使卸料螺钉的上下运动不受阻碍。）

第九步：在下模座和下垫板上切出漏料孔

分别在组件的下模座和下垫板上，利用拉伸切除材料创建两个 φ10mm 的漏料孔（在草绘中通过选取凸凹模漏料孔边线绘制同心圆）。

2.3.6　上模各零件的造型及装配

第一步：创建上垫板

在模具组件模式下，创建"shangdianban"零件，再单击拉伸工具，以上模座的下平面为草绘平面，绘制 120mm×120mm 的矩形（关于基准面对称），拉伸厚度为 8mm。

第二步：安装凸模

激活组件回到组件模式下，调入凸模进行装配。装配关系为凸模头部上面与上垫板下平面匹配，凸模中心轴线与凸凹模其中一凹模孔的中心轴线对齐（或用【插入】约束也可）。利用复制装配完成另一凸模的装配，装配后的凸模如图 2-52 所示。

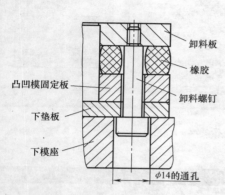

图 2-51　下模座的卸料螺钉通孔

图 2-52　凸模装配

第三步：创建凸模固定板

1）在模具组件模式下，创建"tumogudingban"零件，再单击拉伸工具，以上垫板的下平面为草绘平面，绘制 120mm×120mm 的矩形（关于基准面对称），拉伸厚度为 10mm。

2）创建凸模固定孔。在凸模固定板激活的状态下，单击旋转，以其中一个凸模的中间对称基准面为草绘平面，草绘如图 2-53 所示旋转截面。（注：选择凸模的相关边线为草绘参照，台肩孔应比凸模台肩稍大）。在控制面板中选择切除材料，切出该凸模固定通孔。完成一个凸模固定孔后，通过同样方法创建另一个凸模固定孔。

第四步：装配凹模板

激活组件回到组件模式下，调入凹模板进行装配。装配关系为凹模板的上平面与凸模固定板下平面匹配，另两个方向的中间基准面分别与组件的中间基准面对齐或匹配（注：凹模板的刃口方向要与凸凹模一致）。凹模板的装配位置如图 2-54 所示。

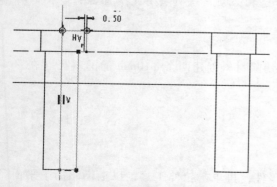

图 2-53　凸模固定孔旋转草绘

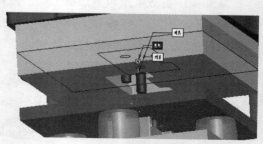

图 2-54　凹模板的装配位置

第五步：在组件中创建推件块

1）首先将除凹模板以外的所有板零件（包括凸凹模）隐藏，再单击工具栏，新建零件名称为"tuijiankuai"，选取【创建特征】。

2）创建推件块工作部分。单击工具栏拉伸工具，选取凹模板的安装台肩面为草绘平面，在草绘中通过向内偏移凹模孔刃口环，偏移距离为1mm，如图2-55所示。完成草绘后向下模方向拉伸厚度为7mm（高出凹模下底面1mm）。

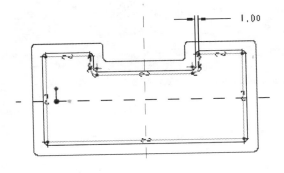

图2-55　推件块工作部分草绘

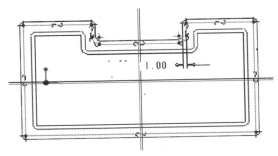

图2-56　推件块台肩草绘

3）创建推件块台肩。单击工具栏拉伸工具，选取凹模板的安装台肩面为草绘平面，草绘中通过向内偏移凹模孔台阶外环，偏移距离为1mm，如图2-56所示。完成草绘后向上模方向拉伸厚度为3mm。

4）创建凸模通孔。参照两凸模位置，拉伸切出两个 ϕ7mm 的凸模通孔。

5）推件块倒圆。单独打开推件块零件，将所有竖直边线倒 R1mm 的圆角，如图2-57所示。完成后保存零件退出。

图2-57　推件块倒圆角

第六步：在组件中创建模柄及上模座的模柄安装孔

1）创建压入式模柄。在模具组件模式下，创建"mobing"零件，再单击旋转工具，以组件【ASM_ FRONT】基准面为草绘平面，绘制如图2-58所示模柄旋转草绘，完成后添加材料并旋转完成模柄主体特征创建，再将模柄上方边线倒角 C2mm。

2）在上模座上创建模柄安装孔。激活上模座，单击工具栏旋转工具，以组件基准面【ASM_ FRONT】为草绘平面绘制如图2-59所示模柄安装孔旋转草绘，完成后通过切除材料创建模柄安装孔。

第七步：在组件中创建打杆及其他零件的打杆通孔

1）创建打杆零件。在模具组件模式下，创建"dagan"零件后，单击旋转工具，以【ASM_ FRONT】基准面为草绘平面，绘制如图2-60所示打杆旋转草绘（注：选取推件块上平面为草绘参照，即打杆底部与推件块上平面匹配），完成后加材料旋转完成打杆主体特征创建。再将打杆上方边线倒角 C1mm。

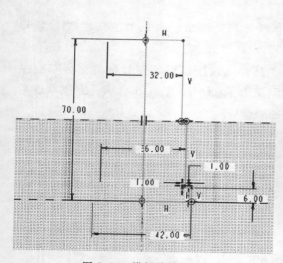

图 2-58　模柄旋转草绘

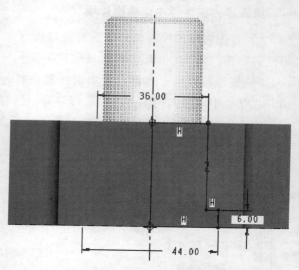

图 2-59　模柄安装孔旋转草绘

2）在相交零件上创建打杆通孔。激活组件回到组件模式下，单击工具栏旋转工具，草绘如图 2-61 所示草绘（注：打杆通过模柄、上垫板、凸模固定板等三个零件，在凸模固定板下方创建台肩孔，使打杆头部在模具工作时可缩入凸模固定板，使推件块有活动空间）。完成草绘后，在控制栏单击【相交】项，在【相交】对话框内取消【自动更新】的勾选，在【缺省显示级】选项中更改为【零件级】，再将除模柄、上垫板、凸模固定板三个零件的显示单击右键更改为"零件级"，其余的零件单击右键移除，如图 2-62 所示。

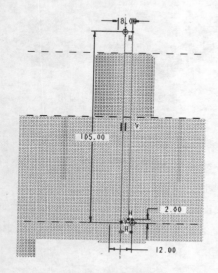

图 2-60　打杆旋转草绘

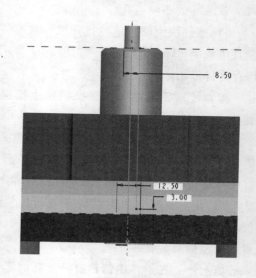

图 2-61　打杆通孔旋转草绘

提示：在组件中可直接创建各零件的切除特征，但必须在"相交"选项中修改默认的"自动更新"设置，将显示设置为"零件级"，并选择创建特征的零件。

第八步：创建上模紧固螺钉及定位销

1）创建上模紧固螺钉。首先在上模座板上平面草绘如图 2-63 所示基准点（与下模紧固螺钉基准点位置相同，选取下模四个紧固螺钉的基准点做参照绘制上模的四个基准点）。EMX 螺钉以上模座上平面为"螺钉头曲面"，上模座下平面为"螺纹曲面"，定义如图 2-64 所示螺钉参数，单击【确定】按钮完成该四处紧固螺钉的装配。

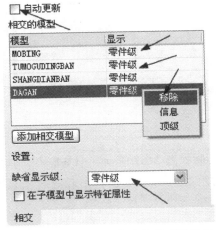

图 2-62　组件通孔"相交"选项的设置

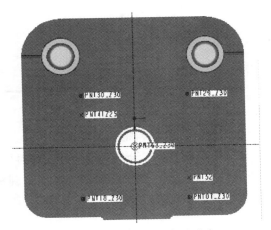

图 2-63　上模紧固螺钉基准点

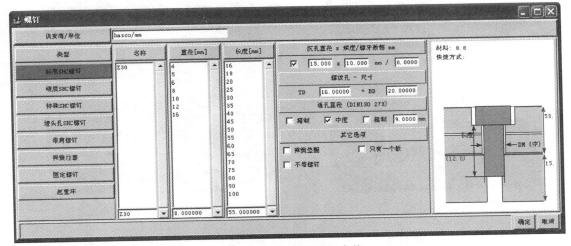

图 2-64　上模紧固螺钉参数

2）创建定位销。定位销基准点位置与下模定位基准点位置相同，选取下模两个定位销基准点作参照绘制上模定位销基准点。EMX 定位销以上模座下平面为"参照平面"，定义如图 2-65 所示定位销参数，单击【确定】按钮完成两处定位销的装配。

2.3.7　条料及定位零件的创建与装配

第一步：装配条料

在组件模式下调入条料进行装配。条料装配位置如图 2-66 所示。

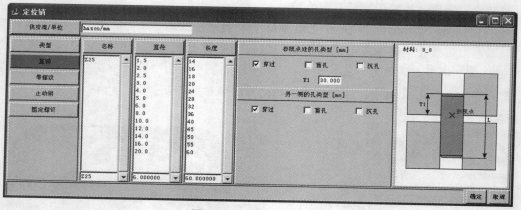

图 2-65　上模定位销参数

第二步：创建导料销和挡料销

1）先隐藏上模部分所有零件，在卸料板上平面上绘制如图 2-67 所示三个基准点，其中一个挡料销基准点、二个导料销基准点，到板料边线的距离为 4mm（挡料销和导料销直径为 8mm，销钉与板料边相切）。

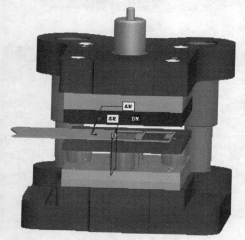

图 2-66　条料的装配位置

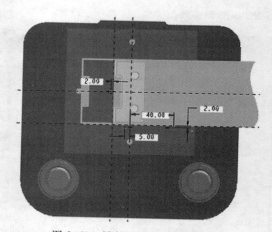

图 2-67　导料销和挡料销基准点

2）利用 EMX 定位销工具创建导料销和挡料销，销钉的参照平面为卸料板上平面，参数定义如图 2-68 所示。

至此，完成了固定片倒装冲裁复合模的三维造型及装配，复合模具三维效果如图 2-69 所示。

2.3.8　二维工程图设计

第一步：创建组件剖切面。

（1）创建正剖切面 A　在组件模式下，单击菜单栏【视图 | 视图管理器 | X 截面 | 新建】→输入截面名称"A"后回车→选择【偏距】并单击【完成】→选择上模座上平面为草绘平面，草绘如图 2-70 所示剖切符号，单击 ✓。

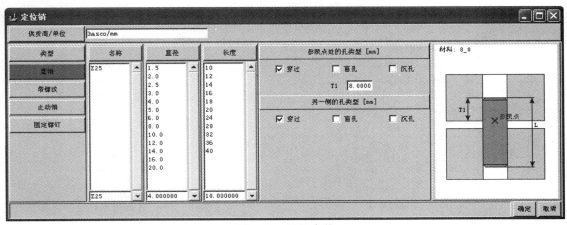

图 2-68　销钉参数

图 2-69　复合模具三维效果

（2）创建侧剖切面 B　在组件模式下，新建剖切面"B"，选择【偏距】，以上模座上平面为草绘平面草绘如图 2-71 所示剖切符号（注意选取两冲孔凸模中心为参照，剖切符号经过两凸模圆心）。

（3）创建俯视剖切面 C　先以条料上平面为参照创建一个组件基准面，再新建剖切面"C"，选择"平面"，使该基准面为剖切平面。

第二步：创建装配工程图

新建"绘图"文件，并命名为"fuhemo_ gudingpian"。在工程图中创建 A、B 全剖视图及俯视 C 剖视图。然后修改各剖视图的剖面线，并添加排样及零件模型视图，完成后的装配工程图如图 2-72 所示。

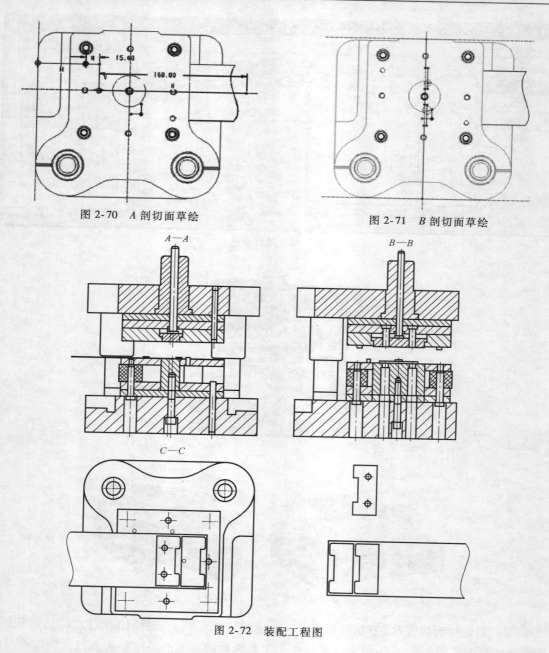

图 2-70　*A* 剖切面草绘

图 2-71　*B* 剖切面草绘

图 2-72　装配工程图

第三步：创建凸模、凹模及凸凹模的零件工程图（略）

2.4　拓展练习

2.4.1　汽车垫片复合冲裁模设计

如图 2-73 所示汽车垫片制件，材料为 08F，料厚为 2mm，制件精度 IT14 级，大批量生产。完成模具工作零件（凸模和凹模）的刃口尺寸计算，并利用 Pro/E 软件完成模具结构三维设计以及凸模、凹模及凸凹模的二维零件图和模具二维装配图设计。

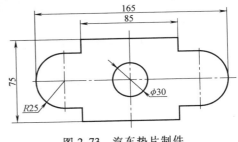

图 2-73 汽车垫片制件

关键步骤操作提示。

第一步：排样设计

从材料利用率及冲裁工艺与模具结构等方面比较横排和直排两种方案，并进行选择。

第二步：刃口计算

冲孔采用分开加工计算法，落料采用配作加工计算法。

第三步：主要零件设计

通过凹模外形尺寸计算，结合 Pro/E 后侧双侧模架库，选择调用 250mm×160mm 的标准模架；凸凹模外形尺寸较大，可设计为台肩固定式，直接用螺钉固定在下模座上。

第四步：模具整体结构设计

模具整体结构设计参考图如图 2-74 所示。

第五步：模具装配工程图及零件工程图设计

2.4.2 汽车电动机密封圈复合冲裁模设计

如图 2-75 所示汽车电动机密封圈，材料为酚醛层压布板，料厚为 1mm，制件精度 IT14 级，大批量生产。完成模具工作零件（凸模和凹模）的刃口尺寸计算，并利用 Pro/E 软件完成模具结构三维设计以及凸模、凹模及凸凹模的二维零件图和模具二维装配图设计。

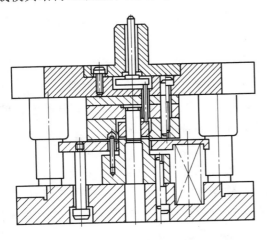

图 2-74 汽车垫片复合冲裁模结构设计参考图

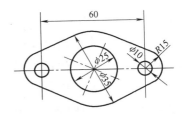

图 2-75 汽车电动机密封圈制件

关键步骤操作提示。

第一步：排样设计

根据该制件外形特点，采用斜排方式，如图 2-76 所示。

第二步：主要零件设计

凸凹模设计为台肩固定式。推件采用弹性推件方式（需校核橡胶或弹簧的推件力）。

第三步：模具总体结构设计

密封圈复合冲裁模结构如图 2-77 所示。

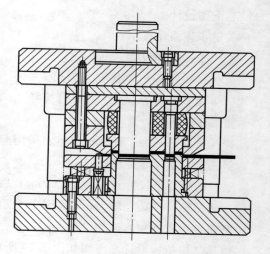

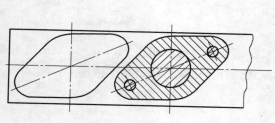

图 2-76　密封圈冲压排样

图 2-77　密封圈复合冲裁模结构

2.5　项目小结

1）顺装复合模和倒装复合模各有其应用特点，但倒装复合模因为结构相对简单，所以是设计首选。

2）凸模、凹模及凸凹模等工作零件的设计应该根据其形状和尺寸灵活选择不同的结构形式及安装方法。

3）凹模板的外形尺寸是选择模架大小的主要依据。如果所给模架库中无合适类型模架，可根据型号大小自己调用模座、导柱导套等元件创建合适尺寸的标准模架。

4）计算出压力中心后，在进行制件、工作零件造型时，应调整基准面和基准坐标的位置，尽量使零件的基准坐标与压力中心重合，以便于在模具组件装配后，压力中心处于中心位置并与模柄中心轴对齐。

5）螺钉、定位销等零件一般可都通过 Pro/E 的外挂零件库（如 EMX 或 PDX）调用，也可调用模架库中的标准件或者自己建立相关标准件零件库，以便节省标准件建模时间。

6）复合装配工程图的剖面尽量采用阶梯剖，以便在剖视图中能表示尽量多的零部件；俯视图一般设置为凹模板工作平面，以显示条料的定位及送进状态。

项目 3　管束支架座切断弯曲复合模设计

3.1　项目引入

3.1.1　项目任务

图 3-1 所示为汽车管束支架座制件，材料为 Q235，厚度为 2mm，公差等级 IT14，大批量生产。利用 Pro/E 软件完成制件钣金设计、展开尺寸计算、复合冲压模具结构三维造型及二维工程图设计。

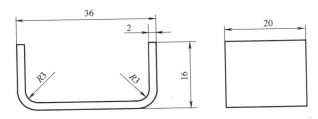

图 3-1　管束支架座制件

3.1.2　项目目标

◇了解弯曲变形的工艺特点及弯曲件质量控制。
◇掌握弯曲件结构工艺的分析与改进。
◇掌握弯曲件展开尺寸的解析计算法。
◇掌握 Pro/E 弯曲件的钣金造型及展开尺寸分析。
◇熟悉典型弯曲模的结构。
◇掌握 U 形弯曲模工作零件尺寸计算。
◇能在教师引导下独立完成本项目任务。

3.2　项目知识

3.2.1　弯曲工艺与计算

弯曲是将金属板料、型材或管材等弯曲制成一定角度和尺寸要求的成形工艺。弯曲成形的设备和方法有折弯机折弯、滚弯机滚弯、拉弯机拉弯，但最常见的是使用弯曲模在压力机上进行压弯加工，如图 3-2 所示。

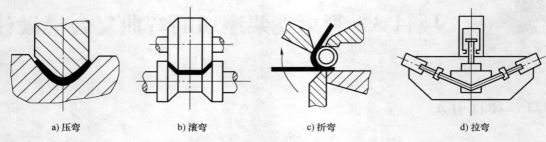

a) 压弯　　　　　　　b) 滚弯　　　　　　　c) 折弯　　　　　　　d) 拉弯

图 3-2　弯曲成形

1. 弯曲变形分析

（1）V 形弯曲变形过程　V 形弯曲是最基本的弯曲变形，其变形过程如图 3-3 所示。在开始弯曲时，毛坯的弯曲内侧半径大于凸模的圆角半径。随着凸模的下压，毛坯的直边与凹模 V 形表面逐渐靠近，弯曲内侧半径逐渐减小，凸模、毛坯和凹模三者完全压合后，弯曲过程结束。此时，若凸模不再下压，称为自由弯曲；若凸模继续下压，使毛坯产生进一步塑性变形，则为校正弯曲。

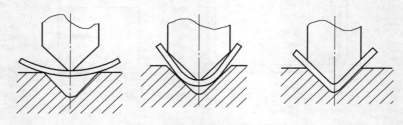

图 3-3　V 形弯曲变形过程

（2）弯曲变形的特点　通过网格法分析 V 形弯曲变形前后网格的变化（如图 3-4 所示），得到弯曲变形的特点如下：

1）弯曲圆角部分是弯曲变形的主要变形区。变形区的材料外侧伸长，内侧缩短，中性层长度不变。

2）弯曲变形区存在应变中性层。应变中性层是指在变形前后金属纤维的长度没有发生改变的那一层金属纤维。

3）变形区材料厚度变薄的现象。变形程度越大，变薄现象越严重。

4）变形区横截面的变形。变形区横截面形状尺寸发生改变称为畸变。主要影响因素为板料的相对宽度。宽板弯曲横截面几乎不变；窄板弯曲横截面变成了内宽外窄的扇形，如图 3-5 所示。

2. 弯曲件质量分析

（1）弯裂及其控制　弯曲时板料外侧受拉伸，当外侧的拉伸应力超过材料的抗拉强度以后，在板料的外侧将产生裂纹，这种现象称为弯裂。实践证明，板料是否会产生弯裂，在材料性质一定的情况下，主要与弯曲半径 r 与板料厚度 t 的比值 r/t 有关。r/t 称为相对弯曲

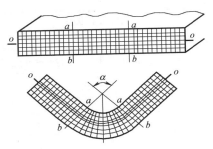

图 3-4 弯曲前后网格的变化

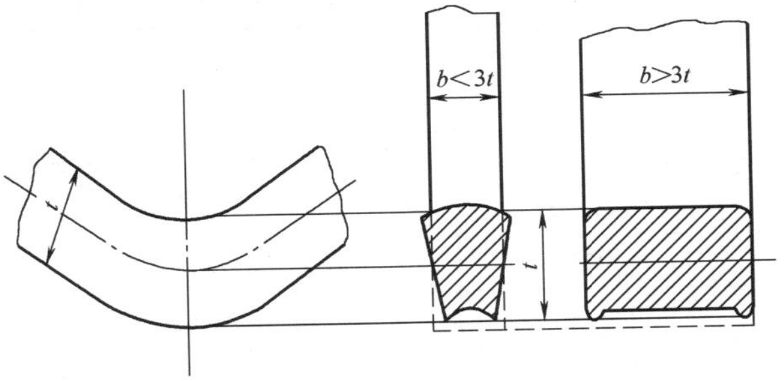

图 3-5 弯曲横截面的变化

半径，在生产中常用来表示板料的弯曲变形程度，其值越小，弯曲变形程度就越大，越容易产生裂纹。

当板料弯曲的相对弯曲半径小于极限值 r_{min}/t 时，材料外侧的拉伸应力将超过材料的抗拉强度，从而出现弯裂，r_{min}/t 为板料不产生弯裂的极限值，称为最小相对弯曲半径。

影响最小相对弯曲半径的因素主要有：

1）材料的塑性及热处理状态。材料的塑性越好，r_{min}/t 越小。经退火处理后的板料的塑性较好，r_{min}/t 较小；而加工硬化的板料的塑性较差，r_{min}/t 较大。

2）板料的表面和侧面质量。板料的表面及侧面质量较差时，容易造成应力集中并降低塑性变形的稳定性，应选用较大的相对弯曲半径。

3）弯曲方向。板料经轧制后将产生纤维组织，使板料性能出现明显的方向性，一般顺着纤维方向的力学性能好，不易拉裂。因此，当弯曲线与纤维方向垂直时，r_{min}/t 可较小，而当弯曲线与纤维方向平行时，r_{min}/t 应取较大值。所以排样时尽量避免弯曲线与纤维方向平行，当弯曲件有两个互相垂直的弯曲线时，排样应使弯曲线与板料的纤维方向呈 45° 夹角，如图 3-6 所示。

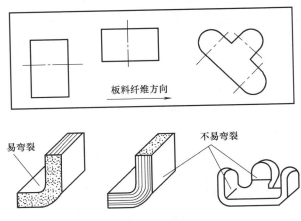

图 3-6 板料纤维方向对弯曲性能的影响

由于各种因素对 r_{min}/t 的综合影响十分复杂，所以 r_{min}/t 的数值一般用试验方法确定，各种金属材料在不同状态下的最小相对弯曲半径的数值见表 3-1。

表 3-1　最小相对弯曲半径 r_{min}/t

材料	退火状态		加工硬化状态	
	弯曲线的位置			
	垂直纤维方向	平行纤维方向	垂直纤维方向	平行纤维方向
08、10、Q195、Q215	0.1	0.4	0.4	0.8
15、20、Q235	0.1	0.5	0.5	1.0
25、30、Q255	0.2	0.6	0.6	1.2
35、40、Q275	0.3	0.8	0.8	1.5
45、50	0.5	1.0	1.0	1.7
55、60	0.7	1.3	1.3	2.0
软黄铜	0.1	0.35	0.35	0.8
铝			0.5	1.0
半硬黄铜			0.5	1.2
纯铜			1.0	2.0

　　为了控制或防止弯裂,一般情况下应采用大于最小相对弯曲半径的数值。当制件的相对弯曲半径小于表 3-1 中数值时,可采用以下措施:

　　1)经加工硬化的材料,可采用热处理的方法恢复其塑性。

　　2)对于低塑性材料或厚料,可采用加热弯曲的方法。

　　3)清除剪切面上的毛刺,改善板料表面粗糙度,提高板料的表面质量,弯曲时将切断面上的毛面一侧处于弯曲受压的内缘。

　　4)尽量保证弯曲线与板料的纤维方向垂直,避免弯曲线与纤维方向平行。

　　5)对于较厚的板料,可先在弯曲圆角内侧开槽,局部减小材料厚度,从而减小外侧弯曲拉应力。

　　(2)回弹及其控制　弯曲是一种塑性变形,变形中包含了弹性变形。当制件在模具中所形成的弯曲半径和弯曲角度在出模后发生改变的现象称为回弹。

　　影响回弹的因素包括材料的力学性能、相对弯曲半径 r/t、模具间隙、弯曲件形状等。

　　在实际生产中,完全消除制件的回弹是不可能的,但可以采取以下措施来控制或减小回弹所引起的误差,以提高制件的精度。主要措施有:

　　1)改进制件的设计。避免选用过小的相对弯曲半径,可在弯曲变形区压出加强筋或成形边翼,提高制件的刚度从而减小回弹。

　　2)尽量采用回复应变量 R_e/E 值小、力学性能稳定的材料。

　　3)采用加热弯曲的方法,或先进行退火处理。

　　4)在凸模或凹模上设计回弹补偿,如图 3-7 所示。

　　5)用校正弯曲代替自由弯曲,或将凸模设计成局部突起,使作用力集中在弯曲变形区,加大变形区的变形程度以减小回弹。

　　6)采用橡胶或聚氨酯代替刚性凹模进行软凹模弯曲。

　　(3)偏移及其控制　板料在弯曲过程中,各边受到凹模圆角处的摩擦力不相等从而沿

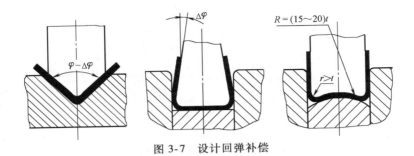

图 3-7　设计回弹补偿

长度方向产生移动，导致工件直边高度不符合要求的现象称为偏移。

产生偏移是由毛坯形状不对称、制件结构不对称、凸凹模圆角或间隙不对称等原因引起的。

控制偏移的主要措施有：

1）采用压料装置。使毛坯在压紧状态下逐渐弯曲成形，从而防止毛坯的滑动。

2）定位后再弯曲。利用定位销先插入毛坯上的孔或工艺孔定位，再进行弯曲。

3）采用成对弯曲。将不对称制件合成对称制件，弯曲后再切开。

3. 弯曲制件的结构工艺性

（1）弯曲半径　弯曲件的弯曲半径不能小于最小弯曲半径，否则将在板料外表面出现裂纹；弯曲半径也不宜过大，这样会导致弯曲回弹大不好控制。

（2）弯曲件的形状　弯曲件的形状应尽可能简单并左右对称，以保证弯曲时毛坯不产生偏移而影响精度。对于非对称弯曲件，应在模具上增加压料装置，或者在弯曲件上增加定位工艺孔，如图 3-8 所示。对于小型弯曲件还可采用成对弯曲再切断的工艺方法，如图 3-9 所示。

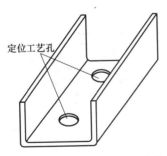

图 3-8　弯曲件的定位工艺孔

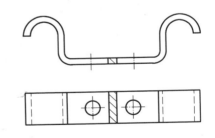

图 3-9　成对弯曲

（3）弯曲件的直边高度　弯曲件的直边高度不宜过小，应使直边高度 $h>2t$，否则无法保证弯曲件的直边平直。若 $h<2t$，则需在弯曲圆角处先压槽再弯曲，或者增加直边高度，在弯曲后再切除多余部分；当弯曲侧边带斜角时，在 $h<r+2t$ 的区域达到弯曲要求，且容易开裂，需增加直边高度，如图 3-10 所示。

（4）弯曲件孔边距　为了避免弯曲件上预先冲的孔受到弯曲影响而变形，孔必须处于弯曲变形区之外，即孔边到弯曲半径中心的距离 l 要满足：当 $t<2mm$ 时，$l \geq t$；当 $t \geq 2mm$ 时，$l \geq 2t$。如不满足要求，则可在弯曲处预先冲出工艺孔或工艺槽来吸收弯曲变形应力，

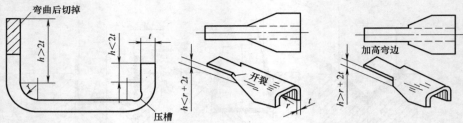

图 3-10 增加弯曲直边高度

防止结构孔变形，如图 3-11 所示。

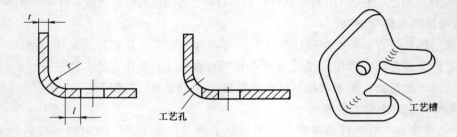

图 3-11 弯曲件上孔边距

（5）弯曲止裂槽 在局部弯曲时，为防止弯曲根部撕裂，要留一段直边，长度 $b \geq r$，否则，则应在弯曲根部预切止裂槽，如图 3-12 所示。

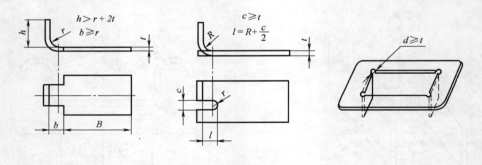

图 3-12 预切止裂槽

4. 弯曲制件展开尺寸的计算

（1）弯曲中性层位置的确定 弯曲中性层是指弯曲变形前后长度保持不变的金属层。因此，弯曲中性层的展开长度即是弯曲件的毛坯尺寸。为了计算弯曲中性层的展开尺寸，必须首先确定中性层的位置，中性层位置可用其弯曲半径 ρ 确定，如 3-13 所示。

ρ 的计算公式为 $\rho = r + xt$

式中，r 为内弯曲半径；t 为材料厚度；x 为中性层位移系数。

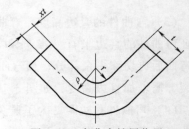

图 3-13 弯曲中性层位置

中性层位移系数主要受相对弯曲半径 r/t 的影响，其数值见表3-2。

表3-2 中性层位移系数

r/t	0.1	0.2	0.3	0.4	0.5	0.6	0.7	0.8	1.0	1.2
x	0.21	0.22	0.23	0.24	0.25	0.26	0.28	0.30	0.32	0.33
r/t	1.3	1.5	2.0	2.5	3.0	4.0	5.0	6.0	7.0	≥ 8.0
x	0.34	0.36	0.38	0.39	0.40	0.42	0.44	0.46	0.48	0.50

（2）弯曲件展开长度的计算　对于形状比较简单、尺寸精度要求不高的弯曲件，可直接采用下面介绍的方法计算坯料长度。对于形状比较复杂或精度要求高的弯曲件，在利用下述公式初步计算坯料长度后，还需反复试弯不断修正，才能最后确定坯料的形状及尺寸。

1）圆角半径 $r>0.5t$ 的弯曲件。按中性层展开的原理，坯料总长度应等于弯曲件直线部分和圆弧部分长度之和，如图3-14所示 V 形弯曲件，展开尺寸为

$$L_{总} = l_1 + l_2 + \pi\alpha\rho/180 = l_1 + l_2 + \pi\alpha(r + xt)/180$$

如图3-15所示多角度弯曲件，展开尺寸为

$$L_{总} = \sum l_i + \sum \frac{\pi\alpha_i}{180}(r_i + x_i t)$$

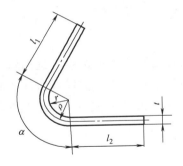

图3-14　$r/t>0.5$ 的 V 形弯曲件

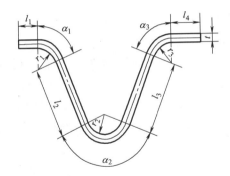

图3-15　$r/t>0.5$ 的多角度弯曲件

2）圆角半径 $r<0.5t$ 的弯曲件。对于 $r<0.5t$ 的弯曲件，由于弯曲变形程度大，圆角变形区及其相邻的直边部分产生了变薄，故应按变形前后体积不变条件来确定坯料长度，通常采用表3-3所列经验公式计算。

表3-3 $r<0.5t$ 的弯曲件展开长度计算公式

简　图	计算公式	简　图	计算公式
	$L_{总} = l_1 + l_2 + 0.4t$		$L_{总} = l_1 + l_2 + l_3 + 0.6t$（一次同时弯曲两个角）
	$L_{总} = l_1 + l_2 + 0.43t$		$L_{总} = l_1 + 2l_2 + 2l_3 + t$（一次同时弯曲四个角） $L_{总} = l_1 + 2l_2 + 2l_3 + 1.2t$（分两次弯曲四个角）

（3）Pro/E 钣金弯曲展开计算　弯曲件的展开尺寸可以应用 Pro/E 软件的钣金件自动展开进行计算。如图 3-1 所示管束支架座弯曲件，可利用 Pro/E 三维建模并转化为钣金件，设置合适参数后将其展开再进行分析测量便可得到弯曲件的展开尺寸。

具体操作如下。

1）创建弯曲件钣金模型。首先在 Pro/E 中新建子类型为"钣金件"的零件文件（选用公制模板），单击【拉伸】，选择"FRONT"面，绘制如图 3-16 所示的钣金件草绘，完成后选择钣金向内厚度为 2mm，对称拉伸高度 20mm。

2）设置弯曲偏移参数。单击菜单栏"编辑"→"设置"→在弹出的菜单管理器的"钣金件设置"中选择"折弯许可"→"K 因子"→"输入"→给 K_ FACTOR 输入新值"0.36"（$r/t = 1.5$，查表 3-2 得中性层位移系数 $x = 0.36$）→改变折弯 K 因子将引起整个零件再生，选择"是"→单击【完成】按钮。

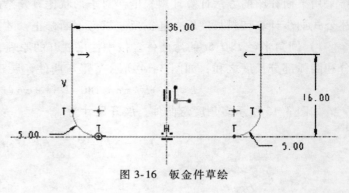

图 3-16　钣金件草绘

3）展平钣金弯曲件。单击工具栏展平工具→在弹出的管理器"展平选项"选用默认的"规则"并单击"完成"→在弹出的"规则类型"对话框根据信息栏提示选择弯曲件的底面为"展平固定平面"→在菜单管理器中选择"展平全部"并单击"完成"→单击"规则类型"对话框的"确定"，钣金件即展开，如图 3-17 所示。

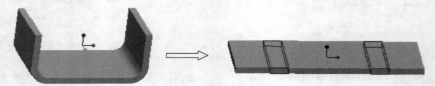

图 3-17　展平钣金弯曲件

4）测量距离。单击菜单栏"分析"→"测量"→"距离"，测出两端面的距离为 59.68mm。

5）理论计算验证。由于 $r/t = 1.5$，查表 3-2 得中性层位移系数 $x = 0.36$，由坯料展开计算公式得：$L = \sum l_i + \sum \dfrac{\pi \alpha_i}{180}(r_i + x_i t) = \left[(36 - 5 \times 2) + 2 \times (16 - 5) + 2 \times \dfrac{90\pi}{180}(3 + 0.36 \times 2) \right]$ mm $= 59.68$mm。

3.2.2　弯曲模典型结构

1. V 形件弯曲模

V 形件弯曲模的一般结构如图 3-18 所示。该模具的优点是结构简单，在压力机上安装及调整方便，制件在冲程终了时可得到不同程度的校正，因而回弹较小。顶杆顶料机构起顶料和压料作用，可防止板料偏移。

2. U形件弯曲模

U形件弯曲模的一般结构如图3-19所示。材料沿着凹模圆角滑动进入凸、凹模的间隙并弯曲成形，凸模回升时，顶料板将工件顶出，由于材料的弹性，工件一般不会包在凸模上。

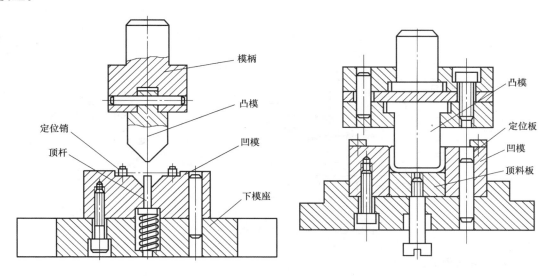

图3-18　V形件弯曲模　　　　　　　　　图3-19　U形件弯曲模

3. Z形件弯曲模

Z形件可通过两次V形弯曲获得，也可一次弯曲成形。Z形件一次成形弯曲模结构如图3-20所示。先弯曲Z形件左端还是右端取决于橡胶的弹力与顶板下方弹顶装置的弹力大小。因为有压料与弹顶装置，板料弯曲时可以得到校正。

4. ⊔形件弯曲模

⊔形件可以一次弯曲成形，也可以两次弯曲成形。⊔形件一次弯曲成形如图3-21所示。在弯曲过程中，由于凸模肩部妨碍了坯料的转动，增加了坯料通过凹模圆角的摩擦力，使弯曲件侧壁容易擦伤和变薄，成形后工件两肩部与底面不平行。

⊔形件一次复合成形弯曲模如图3-22所示，弯曲时，凸凹模下行，先使坯料在凹模弯曲成U形，然后凸凹模继续下行与活动凸模作用将U形弯曲成⊔形。

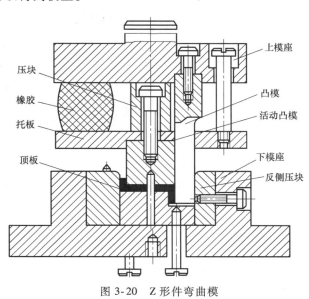

图3-20　Z形件弯曲模

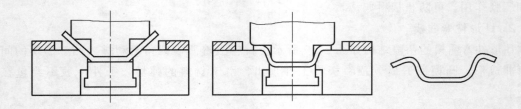

图 3-21 ㄣ形件一次成形弯曲模

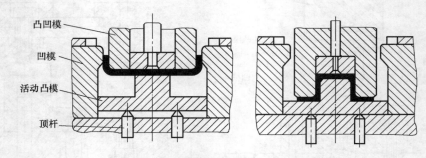

图 3-22 ㄣ形件一次复合成形弯曲模

5. 复合弯曲模典型结构

对于尺寸不大的弯曲件，还可采用复合弯曲模，即在压力机一次行程内，在模具同一位置完成落料、弯曲、冲孔等几种不同的工序。图 3-23 所示为切断、弯曲复合模；图 3-24 所示为落料、弯曲、冲孔复合模。该类模具结构紧凑，工件精度高，但凸凹模修磨困难。

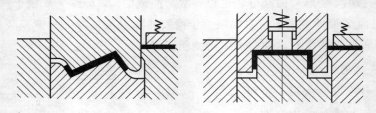

图 3-23 切断、弯曲复合模

6. 通用弯曲模

对于多品种、小批量生产的弯曲件，可采用通用弯曲模，如图 3-25 所示。它由两块组成，具有四个工作面，以供弯曲多种角度，凸模则按工件弯曲角和圆角半径大小更换。采用通用弯曲模不仅能生产出一般的 V 形件、U 形件，还可以通过多次弯曲生产出精度要求不高的复杂工件。

3.2.3 弯曲模工作部分设计

弯曲模工作部分主要是指凸模、凹模的圆角半径和凹模的深度。对于 U 形件弯曲模还有凸模、凹模间隙和模具横向尺寸等，如图 3-26 所示。

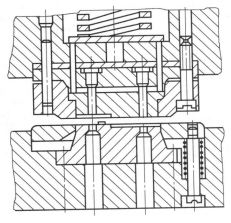

图 3-24 落料、弯曲、冲孔复合模

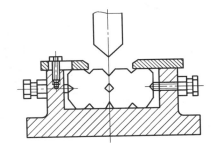

图 3-25 通用 V 形弯曲模

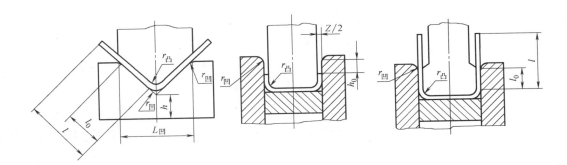

图 3-26 弯曲模工作部分尺寸

1. 凸模、凹模圆角半径

（1）凸模圆角半径 $r_凸$ 　当弯曲件的相对弯曲半径 r/t 较小时，$r_凸$ 等于或略小于弯曲件内侧的圆角半径 r，但不能小于最小弯曲半径；当弯曲件的相对弯曲半径 r/t 较大（$r/t >$ 10），精度要求较高时，可根据回弹值的大小对凸模圆角半径 $r_凸$ 进行修正。

（2）凹模圆角半径 $r_凹$ 　凹模圆角半径 $r_凹$ 的大小对弯曲力及弯曲件的质量都有影响。实际生产中，当 $t \leqslant 2mm$ 时，$r_凹 = (3 \sim 6)t$；当 $t = 2 \sim 4mm$ 时，$r_凹 = (2 \sim 3)t$；当 $t > 4mm$ 时，$r_凹 = 2t$。

2. 凹模深度

凹模深度过小时，弯曲件两端自由部分太长，则制件回弹大、不平直；若深度过大，则凹模增高，模具材料使用多，并需要较大的压力机工作行程。

V 形件弯曲凹模参数见表 3-4，注意凹模开口宽度 $L_凹$ 的值不大于弯曲坯料展开长度的 0.8 倍。

对于 U 形件弯曲模，若直边高度不大或要求两边平直，则凹模深度应大于制件的高度；若弯曲件直边较长，且平直度要求不高，则凹模深度可以小于制件的高度，其值见表 3-5。

表 3-4　V 形件弯曲凹模深度 l_0 及底部最小厚度 h　　　　（单位：mm）

弯曲件边长 l	$t \leqslant 2$		$t = 2 \sim 4$		$t > 4$	
	l_0	h	l_0	h	l_0	h
10 ~ 25	10 ~ 15	20	15	22	—	—
25 ~ 50	15 ~ 20	22	25	27	30	32
50 ~ 75	20 ~ 25	27	30	32	35	37
75 ~ 100	25 ~ 30	32	35	37	40	42
100 ~ 150	30 ~ 35	37	40	42	50	47

表 3-5　U 形件弯曲凹模深度　　　　（单位：mm）

弯曲件边长 l	$t \leqslant 1$	$t = 1 \sim 2$	$t = 2 \sim 4$	$t = 4 \sim 6$	$t = 6 \sim 10$
<50	15	20	25	30	35
50 ~ 75	20	25	30	35	40
75 ~ 100	25	30	35	40	40
100 ~ 150	30	35	40	50	50
150 ~ 200	40	45	55	65	65

3. 凸模、凹模间隙

V 形件弯曲模的凸模、凹模间隙是靠调整压力机的闭合高度来控制的，与模具无关。

U 形件弯曲模的凸模、凹模必须选择合适的间隙。间隙过小，弯曲力增大、制件弯边厚度变薄、凹模寿命降低；间隙过大，则制件回弹增大，制件精度降低。合理间隙一般按下式计算：$Z/2 = t_{max} + ct$（其中 t 为厚度基本尺寸，t_{max} 为厚度最大值，c 为间隙系数，其值见表 3-6）。

表 3-6　U 形件弯曲凸模、凹模间隙系数 c　　　　（单位：mm）

弯曲件高度 H	弯曲件宽度 $B \leqslant 2H$				弯曲件宽度 $B > 2H$				
	材料厚度 t								
	<0.5	0.6 ~ 2	2.1 ~ 4	4.1 ~ 5	<0.5	0.6 ~ 2	2.1 ~ 4	4.1 ~ 5	>5
10	0.05	0.05	0.04	—	0.10	0.10	0.08	—	—
20	0.05	0.05	0.04	0.03	0.10	0.10	0.08	0.06	0.06
35	0.07	0.05	0.04	0.03	0.15	0.10	0.08	0.06	0.06
50	0.10	0.07	0.05	0.04	0.20	0.15	0.10	0.06	0.06
70	0.10	0.07	0.05	0.05	0.20	0.15	0.10	0.06	0.08
100	—	0.07	0.05	0.05	—	0.15	0.10	0.08	0.08
150	—	0.10	0.07	0.05	—	0.20	0.15	0.10	0.10
200	—	0.10	0.07	0.07	—	0.20	0.15	0.15	0.10

4. 凸模与凹模横向尺寸及公差

U 形件弯曲凸模、凹模横向尺寸及公差应根据工件的尺寸、公差、回弹情况以及模具磨损规律而定。根据弯曲件尺寸标注形式的不同，一般分为以下两种计算方法。

（1）标注外形尺寸的弯曲件　如图 3-27 所示，弯曲件标注为外形尺寸，模具制造时应以凹模为基准，间隙取决于凸模尺寸。

当弯曲件为双向对称偏差时，凹模尺寸为 $L_A = (L - 0.25\Delta)^{+\delta_A}_{\ 0}$。

当弯曲件为单向偏差时，凹模尺寸为 $L_A = (L - 0.75\Delta)^{+\delta_A}_{\ 0}$。

凸模尺寸为 $L_T = (L_A - Z)^{\ 0}_{-\delta_T}$。

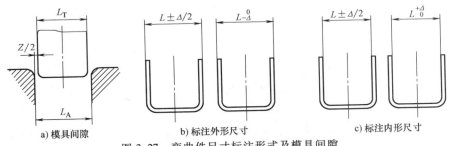

a) 模具间隙　　　　　　b) 标注外形尺寸　　　　　　c) 标注内形尺寸

图 3-27　弯曲件尺寸标注形式及模具间隙

（2）标注内形尺寸的弯曲件　弯曲件标注为内形尺寸，应以凸模为基准件，间隙取决于凹模尺寸。

当弯曲件为双向对称偏差时，凸模尺寸为 $L_T = (L + 0.25\Delta)^{\ 0}_{-\delta_T}$。

当弯曲件为单向偏差时，凸模尺寸为 $L_T = (L + 0.75\Delta)^{\ 0}_{-\delta_T}$。

凹模尺寸为 $L_A = (L_T + Z)^{+\delta_A}_{\ 0}$。

公式中的 Δ 为材料厚度 t 的尺寸公差。

凸模、凹模的制造公差 δ_T、δ_A 一般选取 IT7～IT9 级精度，且凸模比凹模精度高 1 级。

3.3　项目实施

3.3.1　弯曲件工艺的分析与计算

第一步：弯曲工艺分析

该支架座材料为 Q235 钢，属于软钢，弯曲性能较好，制件的相对弯曲半径 $r/t = 1.5$。查表 3-1 得该材料退火状态下的 $r_{min}/t = 0.1$（垂直于纤维方向）或 0.5（平行于纤维方向）。所以，该制件的弯曲线不论是否与材料纤维垂直，均不采取其他措施即可弯曲。

该制件的直边高度为 11mm，远大于 $2t = 4mm$，满足弯曲直边的高度要求。制件的弯曲线尺寸精度和角度精度无特殊要求，满足一般弯曲要求。

第二步：坯料尺寸计算

该制件经理论计算与 Pro/E 钣金展开分析所得结果吻合，都为 59.68mm，故取坯料展开尺寸为 60mm。

第三步：凸模、凹模工作部分的尺寸计算

凹模圆角半径：由 $t = 2mm$，$r_A = (3\sim6)t$，取 $r_A = 3t = 6mm$。

凹模深度：因制件高度尺寸不大，故选取凹模深度稍大于制件高度，取深度 $l = 18mm$。

凸模、凹模间隙：$Z/2 = t + \Delta + ct$，查标准公差表（附录 C 中 IT13 级），$\Delta = 0.14mm$，由表 3-6 查得 $c = 0.05mm$，$Z/2 = (2 + 0.14 + 0.05 \times 2)\ mm = 2.24mm$。

凹模宽度：制件按外形尺寸标注，无公差标注（附录 C 中 IT14 级），查标准公差表得 $\Delta = 0.62mm$，取为双向偏差。取 $\delta_A = 0.062mm$（取 IT9 级），$\delta_T = 0.039mm$（取 IT8 级）。

则 $L_A = (L - 0.25\Delta)^{+\delta_A}_{0} = 35.86^{+0.062}_{0}mm$，$L_T = (L_A - Z)^{0}_{-\delta_T} = 31.38^{0}_{-0.039}mm$。

3.3.2 标准模架调用

第一步：确定模架尺寸

制件展开尺寸为 60mm×20mm，故模架选择 160mm×125mm 的标准模架。

第二步：调入标准模架

1）打开"冷冲模标准双导模架—diebase"文件夹中的"160×125.asm"模架。进入组件窗口后，单击菜单栏【文件丨保存副本】，新建组件名称为"fuhemo_ zhijia"，保存路径为本项目的设计文件夹，单击【确定】按钮。

2）在弹出的【组件保存为一个副本】对话框中，单击全选工具▤→单击【生成新名称】→在右侧窗口中输入组件各元件的新名称然后单击【确定】按钮。

3）完成了模架的调用。关闭打开的"160×125.asm"组件文件，重新将目录设置到本项目的设计文件夹。在此目录下出现了"fuhemo_ zhijia.asm"及其组成的各元件的零件文件，调用的 160mm×125mm 的标准模架如图 3-28 所示。

图 3-28 160mm×125mm 的标准模架

3.3.3 下模零件的造型与装配

第一步：创建切断凹模

1）拉伸创建凹模主体。在模具组件模式下，创建"qieduanaomo"零件后，单击拉伸工具，以组件的【ASM_ FRONT】基准面为草绘平面，绘制如图 3-29 所示凹模主体拉伸草绘，对称拉伸 120mm。

2）拉伸创建切断刃口。在零件模式下，再单击拉伸工具，以组件的【ASM_ FRONT】面为草绘平面，绘制如图 3-30 所示凹模刃口草绘，选择切除材料，对称拉伸 25mm。

第二步：创建弯曲凸模

激活组件回到组件模式下，创建"wanqutumo"零件后，单击拉伸工具，以组件的【ASM_ FRONT】面为草绘平面，绘制如图 3-31 所示弯曲凸模草绘，对称拉伸 24mm。完成拉伸后，将凸模上方工作圆角处倒 $R3mm$ 的圆角，完成后的弯曲凸模如图 3-32 所示。

第三步：创建导料板

1）导料板主体拉伸。激活组件回到组件模式下，创建"daoliaoban"零件后，单击拉伸工具，以组件的【ASM_ FRONT】面为草绘平面，绘制如图 3-33 所示导料板主体拉伸草绘

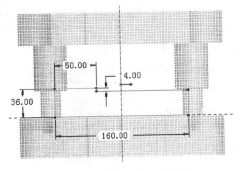

图 3-29　凹模主体拉伸草绘

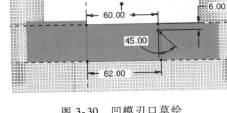

图 3-30　凹模刃口草绘

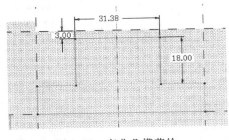

图 3-31　弯曲凸模草绘

图 3-32　弯曲凸模

（注：以切断凹模的右端面和上平面为草绘参照），对称拉伸，高度为 31mm。

2）导尺拉伸。在零件模式下，以导料板的上平面为草绘平面，绘制如图 3-34 所示导尺拉伸草绘，往上模方向拉伸，高度为 3mm。

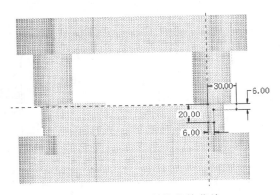

图 3-33　导料板主体拉伸草绘

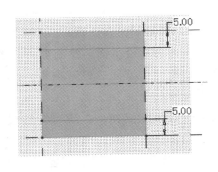

图 3-34　导尺拉伸草绘

3）倒圆角。在前端进料处倒圆角 R2mm，完成后的导料板如图 3-35 所示。

第四步：下模定位销钉装配

1）创建基准点。以下模座的上平面为草绘平面，绘制如图 3-36 所示两个定位销基准点。

2）EMX 定位销装配。EMX 定位销以基准点草绘面为参照，其参数定义如图 3-37 所示。

图 3-35　导料板

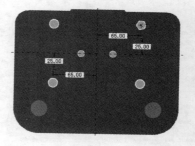

图 3-36　下模定位销基准点

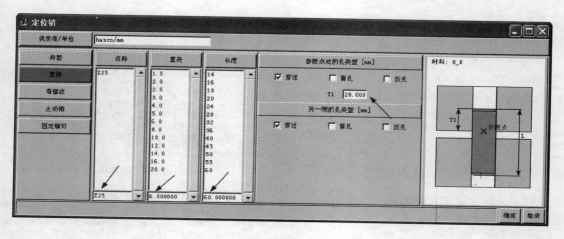

图 3-37　下模定位销参数

第五步：下模紧固螺钉装配

1）切断凹模紧固螺钉装配。以下模座的下平面为草绘平面，绘制如图 3-38 所示四个切断凹模紧固螺钉基准点。EMX 螺钉以下模座的下平面为螺钉头平面，下模座的上平面为螺纹曲面，螺钉参数设置如图 3-39 所示。

2）弯曲凸模紧固螺钉装配。以下模座的下平面为草绘平面，绘制如图 3-40 所示两个弯曲凸模紧固螺钉基准点。EMX 螺钉以下模座的下平面为螺钉头平面，弯曲凸模的下平面为螺纹曲面，螺钉参数设置如图 3-41 所示。

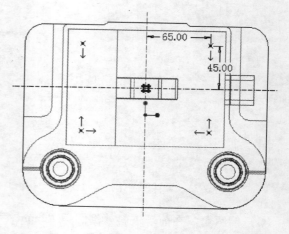

图 3-38　切断凹模紧固螺钉基准点

3）导料板紧固螺钉装配。以导料板的左端面为草绘平面，绘制如图 3-42 所示两个导料板紧固螺钉基准点。EMX 螺钉以导料板的左端面为螺钉头平面，切断凹模的左端面为螺纹曲面，导料板紧固螺钉参数设置如图 3-43 所示。

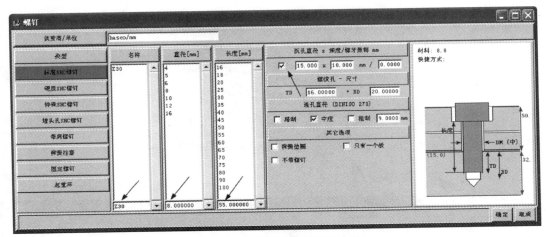

图 3-39　切断凹模紧固螺钉参数

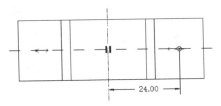

图 3-40　弯曲凸模紧固螺钉基准点

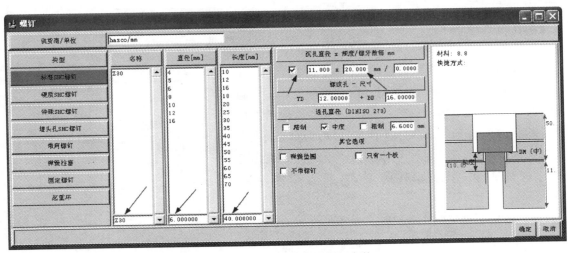

图 3-41　弯曲凸模紧固螺钉参数

3.3.4　上模零件的造型与装配

第一步：创建上垫板

在模具组件模式下，创建"shangdianban"零件后，单击拉伸工具，以上模座的下平面为草绘平面，绘制如图 3-44 所示上垫板拉伸草绘，向下拉伸，厚度为 8mm。

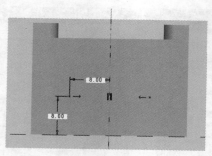

图 3-42　导料板紧固螺钉基准点

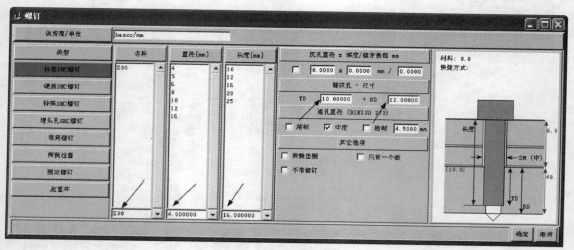

图 3-43　导料板紧固螺钉参数

第二步：创建切断拉伸凸凹模

1）创建主体拉伸。激活组件回到组件模式下，隐藏下模座和切断凹模，创建"tuaomo"零件，单击拉伸工具，以组件的【ASM_ FRONT】面为草绘平面，绘制如图 3-45 所示凸凹模主体拉伸草绘（注意选择下模的弯曲凸模边为参照），完成后前后对称拉伸 21mm。

2）旋转切出压料块台肩孔。在零件模式下，单击旋转工具，以【ASM_ FRONT】面为草绘平面，绘制如图 3-46 所示台阶孔旋转草绘，完成后选择切除材料，旋转 360°。

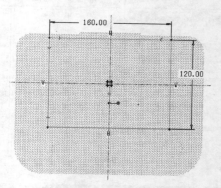

图 3-44　上垫板拉伸草绘

3）倒凹模圆角。将凹模的两入口棱边倒 $R6$mm 的圆角，完成后的切断拉伸凸凹模如图 3-47 所示。

第三步：创建凸凹模固定板

1）创建主体拉伸特征。在模具组件模式下，创建"tamgdb"零件后，单击拉伸特征，

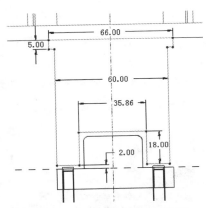

图 3-45 凸凹模主体拉伸草绘

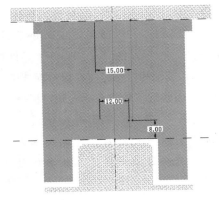

图 3-46 台肩孔旋转草绘

以上垫板的下平面为草绘平面，创建如图 3-44 所示上垫板拉伸草绘（固定板与上垫板外长宽尺寸一致），完成后往下方拉伸，厚度为 12mm。

2）切出凸凹模安装固定孔。单击拉伸特征，以【ASM_FRONT】面为草绘平面，绘制如图 3-48 所示安装孔拉伸草绘，完成后选择前后对称拉伸切除材料，高度为 21mm。

图 3-47 切断拉伸凸凹模

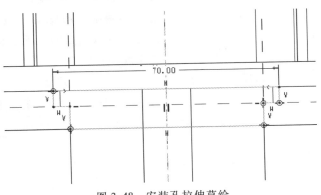

图 3-48 安装孔拉伸草绘

第四步：创建压料板

激活组件回到组件模式下，隐藏上模各元件，创建"yaliaoban"零件。首先以凹模板上平面为参照往上平移距离 2mm 创建一个草绘基准面，再单击拉伸工具，以创建的基准面为草绘平面，绘制如图 3-49 所示压料板拉伸草绘（注意压料板创建在导料板一侧），完成后向上拉伸，厚度为 10mm。

第五步：调用并安装卸料（压料）螺钉

1）调用标准卸料螺钉。打开标准模

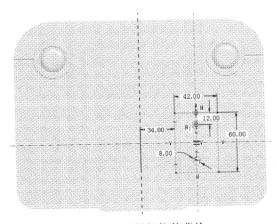

图 3-49 压料板拉伸草绘

架库中的"sb10X65<stripper_ bolt>.PRT"（卸料螺钉），再单击菜单栏【文件｜保存副本】→将副本文件命名为"screw_ xieliao"，将保存路径改至本项目的设计文件夹，保存副本零件后将打开的"sb10X65"零件拭除，回到模具组件。

2）装配卸料螺钉。在组件模式下装配"screw_ xieliao"，装配关系为卸料螺钉下台肩与卸料板上平面匹配、螺纹头插入卸料板螺钉孔，如图3-50所示。再复制装配另一侧卸料螺钉。

（提示：EMX中没有合适的卸料螺钉，可通过模架库调用，也可如项目1中所示单独创建，在调用或创建之前，先通过测量模具各板之间的距离确定螺钉的长度及直径尺寸。）

3）在上模座上切出卸料螺钉头的通孔。激活上模座零件，通过拉伸切除材料创建两个 $\phi16mm$ 的螺钉头通孔（与两个卸料螺钉同轴）。

4）在上垫板和固定板上切出通孔。激活组件，在组件模式下，单击菜单栏【编辑｜元件操作｜切除】，根据提示选择上垫板和固定板为【执行切除处理的零件】，单

图3-50　卸料螺钉装配关系

击【确定】按钮，再根据提示选择两个卸料螺钉为【参照零件】，单击【确定】按钮。然后再连续单击四次【完成】按钮，则分别在两块板上切出了两个螺钉通孔。

第六步：创建并安装压料弹簧

1）创建压料弹簧的螺旋扫描特征。新建零件文件，命名为"spring_ 1"。单击菜单栏【插入｜螺纹扫描｜伸出项】，在【FRONT】面上的螺旋扫引轨迹，如图3-51所示，螺距设置为4mm，扫描截面如图3-52所示。

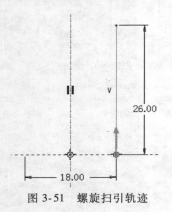

图3-51　螺旋扫引轨迹

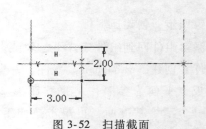

图3-52　扫描截面

2）切平弹簧两端。以弹簧底面的【TOP】面为参照面，向上平移26mm创建【DTM1】基准面。选中【DTM1】基准面，再单击菜单栏【编辑｜实体化】，将弹簧上顶部切平；以同样的方法用【TOP】面将弹簧底面切平（注意选择正确的切除方向）。完成后保存该零件至工作目录文件夹。

3）装配弹簧。激活组件，在组件下装配弹簧，弹簧的装配关系为弹簧下端面与压料板上平面匹配；卸料螺钉外柱面与弹簧内旋曲面相切。再复制装配另一个弹簧。两个压料弹簧

的装配效果如图 3-53 所示。

第七步：创建中间压料块

在组件模式下新建零件"yaliaokuai"，单击旋转工具，以【ASM_ FRONT】为草绘平面，绘制如图 3-54 所示中间压料块旋转草绘（在切断弯曲凸凹模的中心台肩孔处），完成后旋转 360°完成压料块创建。

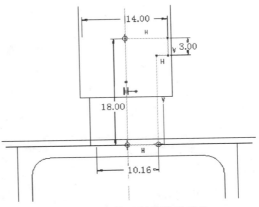

图 3-53　两个压料弹簧装配效果　　　　　图 3-54　中间压料块旋转草绘

第八步：创建并安装中间压料弹簧

1）创建弹簧。打开第六步中创建的"spring_ 1. prt"文件，保存副本名称为"spring_ 2"。再打开"spring_ 2. prt"文件，将螺旋扫描的扫引轨迹的直径修改为 14mm，长度修改为 33mm（即测量压料块上平面到上垫板的距离）。再将【DTM1】平面的平移距离改为 33mm。完成后保存。

2）装配中间压料弹簧。激活组件回到组件模式下，隐藏凸凹模和固定板，调入"spring_ 2. prt"进行装配，装配关系为弹簧下端面与压料块上平面匹配，其他两个方向的中间基准面与组件的中间基准面对齐，如图 3-55 所示。

第九步：创建模柄及螺钉固定

1）创建模柄。在组件模式下，新建零件"mobing"，单击旋转特征，以【ASM_ FRONT】为基准面，绘制如图 3-56 所示模柄旋转草绘。创建旋转特征后，将上方倒角 C2mm。

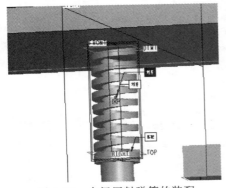

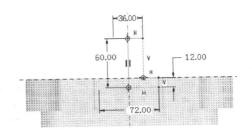

图 3-55　中间压料弹簧的装配　　　　　图 3-56　模柄旋转草绘

2）在上模座上创建模柄安装孔。激活上模座，在模座中心通过拉伸切除材料，创建直径为 $\phi72mm$、深度为 12mm 的模柄安装孔。

3）安装模柄固定螺钉。模柄螺钉基准点草绘如图 3-57 所示。EMX 螺钉安装的螺钉头曲面为模柄台肩上平面，螺纹曲面为模柄台肩下平面。模柄螺钉参数定义如图 3-58 所示。

第十步：上模定位销及紧固螺钉的装配

1）上模定位销装配。定位销基准点草绘在上模座的下平面，其位置与下模定位销位置相同。定位销装配以基准点草绘面为参照平面，其参数定义如图 3-59 所示。

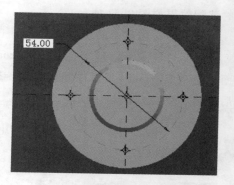

图 3-57　模柄螺钉基准点草绘

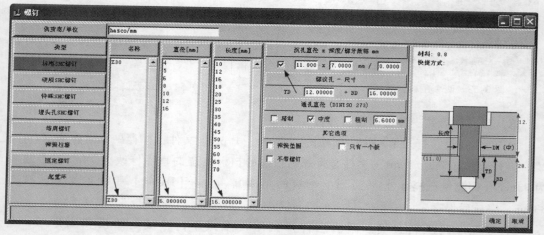

图 3-58　模柄螺钉参数定义

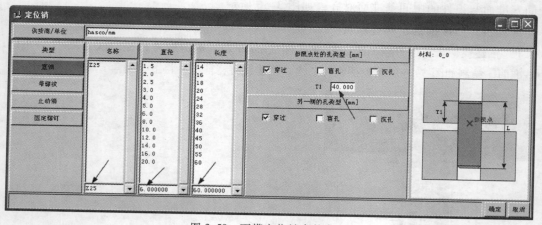

图 3-59　下模定位销参数定义

2）上模紧固螺钉的装配。紧固螺钉基准点草绘在上模座的上平面，其位置与下模紧固螺钉位置相同。紧固螺钉装配以基准点草绘面为参照平面，其参数定义如图 3-60 所示。

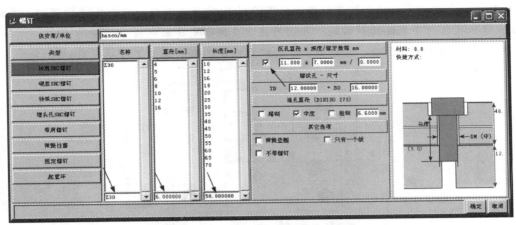

图 3-60 上模紧固螺钉参数定义

完成后的整体模具三维效果如图 3-61所示。

3.3.5 组件及零件二维工程图设计

第一步：创建组件正视剖切面

采用【偏距】创建阶梯剖切面"A"，剖切线草绘如图 3-62 所示。

第二步：创建组件侧视剖切面

采用【偏距】创建阶梯剖切面"B"，剖切线草绘如图 3-63 所示。

第三步：创建模具装配工程图

创建模具装配工程图，如图 3-64 所示。

图 3-61 整体模具三维效果

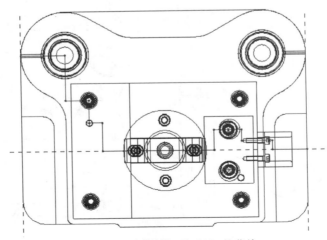

图 3-62 阶梯剖切面"A"的草绘

（提示：创建好装配工程图各视图后，需要对其剖面线的角度及距离进行调整，并删除导柱、螺钉及销钉等零件的剖面线，并利用显示及拭除创建必要的中心线。）

第四步：创建弯曲凸模、切断弯曲凸凹模及切断凹模的零件工程图（略）

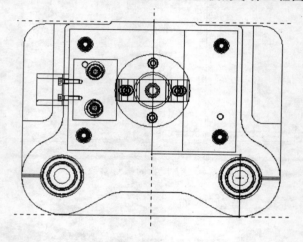

图 3-63　阶梯剖切面 "*B*" 的草绘

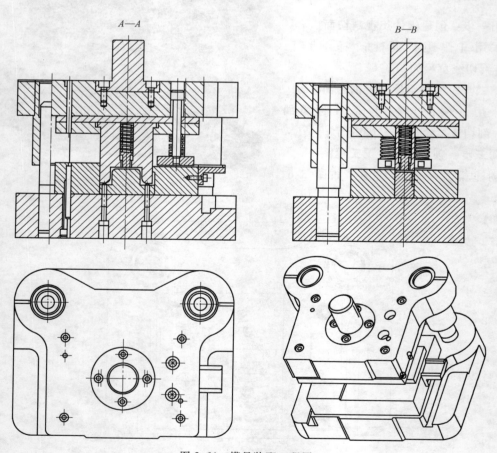

图 3-64　模具装配工程图

3.4　拓展练习

3.4.1　Z形支架板切断弯曲复合模设计

图 3-65 所示 Z 形支架板制件，材料为 Q235，料厚为 1.5mm，制件精度 IT14 级，大批量生产。完成模具工作零件（凸模和凹模）的刃口尺寸计算，并利用 Pro/E 软件完成模具结构三维设计，以及工作零件二维零件图和模具二维装配图设计。

关键步骤操作提示如下。

第一步：冲压件工艺分析

该制件只有切断和弯曲两个工序，材料 Q235 为低碳钢，塑性较好。在弯曲时应有一定的凸模、凹模间隙。制件的尺寸全部为自由公差，可看作 IT14 级，尺寸精度较低，普通弯曲就能满足要求。

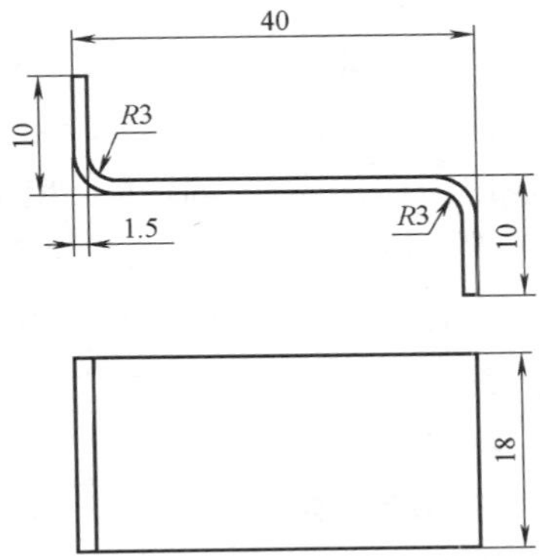

第二步：冲压方案的确定

该制件包括切断和弯曲两个工序，可以有以下几种方案。

方案一：先切断，后弯曲。采用单工序模生产。

方案二：切断—弯曲复合冲压。采用复合模生产。

方案一模具结构简单，但需要两道工序两副模具，生产率低，难以满足该工件大批量生产要求；方案二需要一副模具，生产率高，尽管模具结构较方案一复杂，但由于零件几何形状简单，模具制造并不困难。通过对上述方案的分析比较，该工件的冲压生产采用方案二为佳。

第三步：工艺计算

工艺计算主要包括毛坯尺寸计算、排样计算、冲压力计算等。

第四步：弯曲模工作部分尺寸计算

弯曲模工作部分尺寸计算内容包括：凸模圆角半径、凹模圆角半径、凹模深度、模具间隙、凸模及凹模的横向尺寸及公差等。

第五步：模具类型选择及整体结构的设计

模具整体结构设计可参考图 3-66。

第六步：模具装配工程图及工作零件工程图的设计

图 3-65　Z 形支架板制件

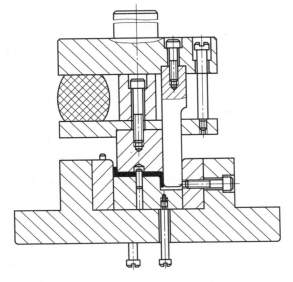

图 3-66　Z 形支架板切断弯曲复合模结构参考图

3.4.2 机身盖板落料冲孔弯曲复合模设计

图 3-67 所示为机身盖板制件，材料为 Q235A，料厚为 3mm，大批量生产。完成模具工作零件（凸模和凹模）的刃口尺寸计算，并利用 Pro/E 软件完成模具结构三维设计以及工作零件二维零件图和模具二维装配图设计。

关键步骤操作提示如下。

第一步：冲压件工艺分析

对于这样的制件，通常采用先落料、冲孔再弯曲的加工方法。由于该制件的生产批量大，如果把三道工序合在一起，可以大大提高工作效率，并减轻工作量，节约能源，降低成本，而且可以避免原有的加工方法中须将手伸入模具的问题，对保护操作者的安全也很有利。

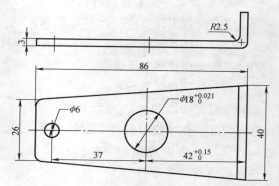

图 3-67 机身盖板制件

第二步：冲压方案的确定

将三道工序复合在一起，可以有以下两个不同的方案。

方案一：先落料，然后在同一工步冲孔和弯曲。

方案二：落料、冲孔为同一工步首先完成，然后再进行弯曲。

采用方案一加工，不易保证长度尺寸 $42_{0}^{+0.15}$ mm 的精度，而且易使内孔冲头磨损，降低模具寿命。经分析、比较，最后确定方案二。对于弯曲的回弹，可以用减小间隙的方法来避免或减小回弹。

该制件的形状较为简单，弯曲部分有 $R2.5$ mm 的圆角过渡。除孔 $\phi18_{0}^{+0.021}$ mm 和 $42_{0}^{+0.15}$ mm 有精度要求外，其余尺寸精度要求不高。材料为 Q235A 钢，其冲压性能较好，孔与外缘的壁厚较大，复合模中的凸凹模壁厚部分具有足够的强度。因此该制件可选用落料、冲孔及弯曲复合模。

第三步：工艺计算

工艺计算主要包括毛坯尺寸计算、排样计算、冲压力计算等。

第四步：弯曲工作部分尺寸的计算

弯曲工作部分尺寸计算内容包括：凸模圆角半径、凹模圆角半径、凹模深度、模具间隙、凸模及凹模的横向尺寸及公差等。

第五步：模具类型选择及整体结构设计

模具整体结构设计可参考图 3-68。由于该模具是落料、冲孔、弯曲复合模，因此落料凸模有一部分为弯曲模。考虑到弯曲成形要滞后于落料、冲孔工序，而且必须保证 $42_{0}^{+0.15}$ mm 的尺寸精度，为此设计了一个活动凸模和滚轮滑块结构。活动凸模下面需安装复位弹簧，凸模下表面与滑块上表面设计成约 10°的斜面，便于抽动和复位。转动板当滚轮离开转动板的上缘时，使转动板带动滑块恰好回复到初始位置。

复合模的动作过程是：当上模下行完成落料、冲孔工序后，安装在落料凹模外侧的滚轮接触转动板，抽动滑块脱离活动凸模，使上模继续下行时，不阻碍活动凸模向下运动，弯曲凹模接触材料并完成弯曲工序。上模回升时，零件由上模中设置的打料杆打出。在回程过程中，滚轮接触转动板，推动滑块复原，为再次冲压做好准备。

第六步：模具装配工程图及零件工程图设计

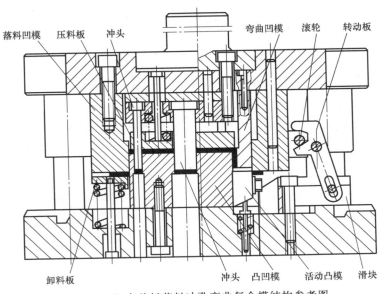

图 3-68　机身盖板落料冲孔弯曲复合模结构参考图

3.5　项目小结

1）弯曲变形区主要在弯曲件的圆角部分，其内层受压缩，外层受拉伸。衡量弯曲程度的主要参数是相对弯曲半径 r/t，其值越小，说明弯曲程度越大。r_{min}/t 为板料不产生弯裂的极限值，称为最小相对弯曲半径，其值越小，则弯曲工艺性能越好。

2）零件图对弯曲件的结构形状、尺寸大小、精度要求及有关技术条件做出了明确的规定，它是制定弯曲工艺过程的主要依据。

3）弯曲中心层是计算弯曲件展开的主要依据，可通过三维软件进行弯曲件钣金设计及展开，提高工作效率。

4）对于形状简单的弯曲件，如 V 形、U 形、Z 形工件等，可以一次弯曲成形，对于形状复杂的弯曲件，一般需要采用两次或多次弯曲成形。

5）常用弯曲模的结构与冲裁模相似，分为上、下两部分。根据工序组合方式不同，一般分为单工序弯曲模、连续弯曲模和复合弯曲模。单工序弯曲模一般用于大型件和批量不大的中小型件，而小件的大批量生产则趋向于采用高效率的一次成形复合弯曲模、连续弯曲模或多工位级进弯曲模。

项目 4　车轴盖落料拉深冲孔复合模设计

4.1　项目引入

4.1.1　项目任务

图 4-1 为车轴盖制件，材料为软钢 08F，厚度为 2 mm，公差等级 IT14，大批量生产。利用 Pro/E 软件完成落料冲孔及拉深工艺计算、冲压排样设计及复合冲压模具结构三维造型及二维工程图设计。

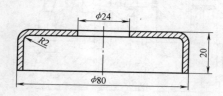

图 4-1　车轴盖制件

4.1.2　项目目标

◇了解拉深变形的过程及特点。

◇熟悉拉深件的冲压工艺性。

◇掌握圆筒件拉深的工艺计算。

◇掌握拉深模的典型结构。

◇掌握拉深模工作零件的设计方法。

◇能够完成落料拉深冲孔复合模的三维及二维设计。

◇进一步掌握冲压模具的 3D 造型及设计方法。

4.2　项目知识

4.2.1　拉深工艺分析

拉深是利用拉深模具将冲裁好的平板毛坯压制成各种开口的空心件，或将已制成的开口空心件加工成其他形状空心件的一种冲压加工方法，是冲压的主要变形工序之一。

拉深制造的冲压件按外形和工艺一般分为三类：旋转体件（如搪瓷杯、车灯壳、喇叭等）、盒形件（如饭盒、水槽、电容器外壳等）、不对称复杂件（如汽车覆盖件等），如图4-2所示。

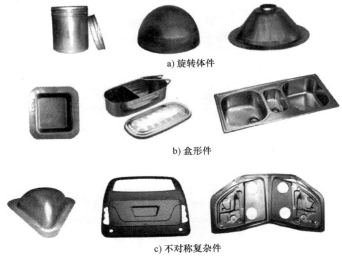

a) 旋转体件

b) 盒形件

c) 不对称复杂件

图 4-2　拉深件

1. 拉深件变形过程及特点

如图4-3所示为圆筒形件的拉深过程，板料毛坯在拉深力的作用下，通过凸模和凹模的间隙，产生塑性变形而形成开口空心筒形工件。

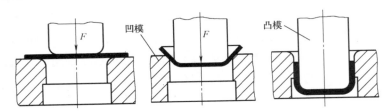

图 4-3　圆筒形件的拉深过程

如果通过焊接将平板毛坯变成筒形件，可按图4-4所示方法，将平板毛坯的三角形阴影部分切除，剩余直边沿圆周折弯，再将各折弯直边的每条缝焊接，就可以获得筒形件。在实际的拉深过程中，三角形材料并未切除，这部分材料在拉深过程中产生塑性流动而进行了转移。通过检测，拉深后工件的材料厚度及硬度发生了变化，如图4-5所示。

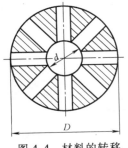

图 4-4　材料的转移

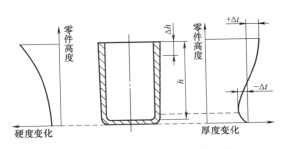

图 4-5　拉深件硬度与厚度的变化

为了了解拉深时材料的流动情况,拉深前在圆形毛坯上画出由等间距为 a 和等分度的辐射线组成的网格。拉深后,网格的变化情况如图 4-6 所示,即圆筒底部网格基本上保持原形;圆筒直壁部分网格发生了很大变化:原来直径不等的同心圆变成了筒壁上等直径的截线,间距 a 由下而上逐渐增大,原来等分的射线变成了筒壁上等距的垂直平行线。

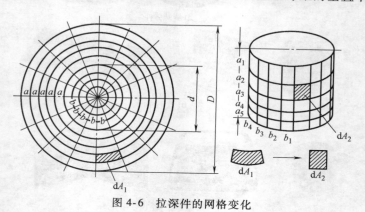

图 4-6 拉深件的网格变化

从筒壁上取下一个网格单元进行观察,发现拉深前的扇形网格在拉深后变成了矩形网格。它是扇形网格单元切向受压缩、径向受拉伸的结果,多余的材料向上移动,形成零件的筒壁。

板料圆筒拉深变形过程特点归纳如下。

1)筒底部分基本不变形,筒壁部分是主要变形区,且越往上变形越大。

2)变形区受切向压应力和径向拉应力作用,产生切向压缩和径向伸长变形。

3)筒壁厚度不均,口部增厚,底部壁厚略有减薄,靠近凸模圆角处变薄最严重。

4)筒壁硬度不均,口部变形最大,加工硬化严重,底部变形最小,加工硬化最小。

2. 拉深件的起皱与破裂

(1)起皱 拉深时变形区材料受切向压缩应力,当压应力达到一定程度时板料切向将失稳而拱起,在圆筒凸缘四周沿切向产生波浪形的连续弯曲,这种现象称为起皱,如图 4-7 所示。

起皱是拉深工艺中严重的问题之一。若皱纹很小,在通过凸、凹模间隙时皱纹会被烫平,若皱纹严重,不仅不能烫平,而且会因皱纹在通过凸、凹模间隙时的阻力过大使拉深件产生断裂纹,即使皱纹通过了模具间隙,也会因为皱纹不能被烫平而使制件报废。

在生产中防止起皱的方法通常有:

1)采用压料拉深,如图 4-8 所示。通过压边圈的压边力作用,使毛坯不易拱起而达到防皱的目的。

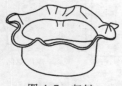

图 4-7 起皱

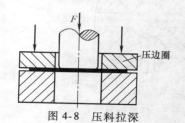

图 4-8 压料拉深

2）采用锥形凹模，如图4-9所示。采用锥面有助于板料的切向压缩变形，与平面拉深相比，具有更强的抗失稳能力。

3）加大材料厚度或减少变形程度，这样也可降低起皱倾向。

（2）破裂　在拉深过程中，筒壁变形区承受切向拉应力，当切向拉应力超过材料的抗拉强度时，拉深件即产生破裂。通常最容易发生破裂的部位是制件的下端与外圆角相接处，称为危险截面，如图4-10所示。因为此处既受拉应力，还受到弯曲应力，材料拉伸变形量大，变薄严重。

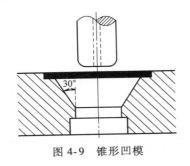

图4-9　锥形凹模

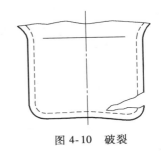

图4-10　破裂

拉深变形程度越大，材料变薄越严重，当超过一定值之后，就会产生破裂。防止破裂的方法有：

1）计算每次拉深的极限变形程度，使每次拉深变形程度小于极限值。

2）适当增大凹模圆角半径，或在凹模圆角处施加润滑剂，以减小板料所受摩擦力。

3）适当增大凸模的表面粗糙度，增大凸模与板料的摩擦力，使板料趋向均匀变薄，避免危险截面严重变薄。

4）使用塑性好、屈强比 R_e/R_m 小的材料，可获得较大的变形程度。

4.2.2　拉深工艺计算

1. 回转体拉深件板料尺寸的计算

一般采用等面积法作为计算板料尺寸的依据，即设定拉深件的表面积与板料面积相等。由于板料的性能、模具工作条件等方面存在差异，拉深后板料边缘形成的制件口部或凸缘周边不齐，通常需要进行切边加工。因此，在计算板料尺寸时，要在拉深件的高度方向或带凸缘制件的凸缘半径上加一定修边余量，如图4-11所示。

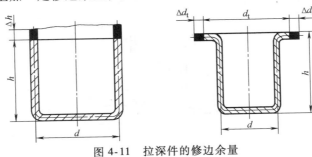

图4-11　拉深件的修边余量

无凸缘与有凸缘圆筒件的修边余量分别见表 4-1 和表 4-2。

表 4-1　无凸缘筒形件的修边余量 $\triangle h$　　　　（单位：mm）

制件高度 h	制件相对高度 h/d			
	>0.5~0.8	>0.8~1.6	>1.6~2.5	>2.5~4
≤10	1.0	1.2	1.5	2
>10~20	1.2	1.6	2	2.5
>20~50	2	2.5	3.3	4
>50~100	3	3.8	5	6
>100~150	4	5	6.5	8
>150~200	5	6.3	8	10
>200~250	6	7.5	9	11
>250	7	8.5	10	12

表 4-2　有凸缘筒形件的修边余量 $\triangle d_t$　　　　（单位：mm）

凸缘直径 d_t	制件相对直径 d_t/d			
	≤1.5	>1.5~2	>2~2.5	>2.5
≤25	1.8	1.6	1.4	1.2
>25~50	2.5	2	1.8	1.6
>50~100	3.5	3	2.5	2.2
>100~150	4.3	3.6	3	2.5
>150~200	5	4.2	3.5	2.7
>200~250	5.5	4.6	3.8	2.8
>250	6	5	4	3

以等面积为依据，计算板料尺寸的方法有分解相加法和软件绘图分析法。

（1）分解相加法　分解相加法就是将制件（包括切边余量）分解成若干个简单几何形状，然后叠加起来，求出制件面积，再求出毛坯的直径。

如，求解如图 4-12 所示圆筒件的毛坯尺寸时，先将其分成三部分，分别利用简单几何体面积公式求出各部分的表面积，再相加得到毛坯的总面积，即 $S=A_1+A_2+A_3$，则圆形毛坯直径 $D=\sqrt{4S/\pi}$。在计算中，工件的直径按厚度中线计算。

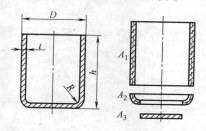

图 4-12　用分解相加法求毛坯面积

对于一些常见的回转体拉深件，可按表4-3列出的公式直接求得毛坯直径。

表4-3　常见回转体拉深件毛坯直径计算公式

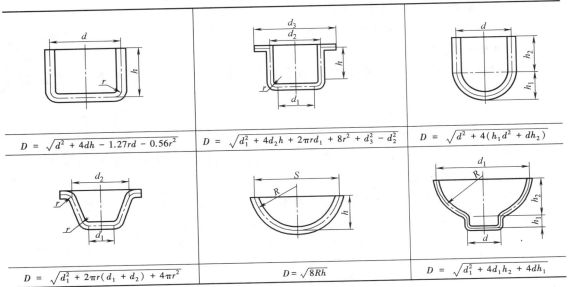

$D = \sqrt{d^2 + 4dh - 1.27rd - 0.56r^2}$	$D = \sqrt{d_1^2 + 4d_2h + 2\pi rd_1 + 8r^2 + d_3^2 - d_2^2}$	$D = \sqrt{d^2 + 4(h_1 d^2 + dh_2)}$
$D = \sqrt{d_1^2 + 2\pi r(d_1 + d_2) + 4\pi r^2}$	$D = \sqrt{8Rh}$	$D = \sqrt{d_1^2 + 4d_1h_2 + 4dh_1}$

（2）软件绘图分析法　对于复杂拉深件毛坯尺寸的计算，还可以应用 Pro/E 曲面造型分析。首先利用软件进行拉深件中间层曲面造型（加入修边余量），再通过 Pro/E 的分析测量得到工件中间层曲面的各区域面积，从而求得拉深件的总面积，再经计算得出毛坯的直径。

2. 圆筒件拉深工序的计算

当拉深件由板料拉深成制件时，往往一次拉深不能够使板料达到制件所要求的尺寸和形状，否则制件会因为变形太大而产生破裂或起皱。如果制件必须经过多次拉深，每次拉深变形都应在允许范围之内，才能制成合格的制件。因此，在制定拉深件的工艺过程和设计拉深模时，必须首先确定所需要的拉深次数。为了用最少的拉深次数，每次拉深变形程度在许可范围内应尽可能大些。

（1）拉深系数与极限拉深系数　对于圆筒件，首次拉深时，拉深系数定义为本次拉深形成的筒部直径 d_1 与板料直径 D 之比，即 $m_1 = d_1/D$；当多次拉深时，拉深系数为本次拉深后筒部直径与本次拉深前筒部直径之比，即 $m_i = d_i/d_{i-1}$（第 i 次拉深系数），如图 4-13 所示。

如果制件通过 n 次拉深成形，则总的拉深系数 $m_{总} = d_n/D = m_1 m_2 \cdots m_{n-1} m_n$。

由此可见，拉深系数总小于 1，且

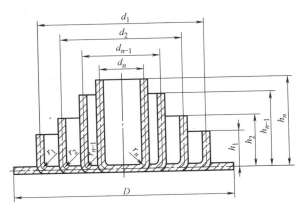

图 4-13　拉深系数定义

其值越小，表示变形程度越大，故每次拉深系数有个极限最小值，称为极限拉深系数，用 $[m_i]$ 表示。设计拉深工序时，如果拉深系数小于极限拉深系数，则制件会被拉断。

极限拉深系数值的主要影响因素包括：

1）板料的力学性能。材料的屈强比 R_e/R_m 值越小，伸长率 A 值越大，则每次变形量可越大，即有越小的极限拉深系数。

2）板料的相对厚度 t/D。板料越厚，抵抗起皱和断裂的能力越强，故相对厚度值越大，极限拉深系数越小。

3）拉深次数。板料经第一次拉深后，产生了加工硬化，塑性降低。所以第一次的极限拉深系数最小，往后逐渐增大。

4）模具结构及尺寸。有压边的拉深，可减小起皱的可能，故拉深系数可相应减小；凹模圆角适当增大，板料流动阻力较小，也可获得较小的拉深系数。

5）润滑条件。凹模与板料之间施加润滑剂可减小摩擦阻力，拉深系数可相应减小。

6）拉深速度。拉深速度低，板料变形均匀，破裂倾向小，拉深系数允许较小。

在实际生产中，极限拉深系数的数值一般是在一定的拉深条件下用实验方法得出的，见表 4-4。

表 4-4 圆筒件使用压边的极限拉深系数

极限拉深系数	板料相对厚度 t/D（%）					
	2.0~1.5	1.5~1.0	1.0~0.6	0.6~0.3	0.3~0.15	0.15~0.08
$[m_1]$	0.48~0.50	0.50~0.53	0.53~0.55	0.55~0.58	0.58~0.60	0.60~0.63
$[m_2]$	0.73~0.75	0.75~0.76	0.76~0.78	0.78~0.79	0.79~0.80	0.80~0.82
$[m_3]$	0.76~0.78	0.78~0.79	0.79~0.80	0.80~0.81	0.81~0.82	0.82~0.84
$[m_4]$	0.78~0.80	0.80~0.81	0.81~0.82	0.82~0.83	0.83~0.85	0.85~0.86
$[m_5]$	0.80~0.82	0.82~0.84	0.84~0.85	0.85~0.86	0.86~0.87	0.87~0.88

注：表中拉深系数适用于 08 钢、10 钢和 15Mn 及黄铜 H62，对塑料较差的 20 钢、25 钢、Q215、硬铝等应比表中数值大 1.5%~2.0%；若中间采用退火工序时，则取值可比表中数值小 2%~3%。

（2）圆筒件拉深次数的确定 当拉深件的总拉深系数 $m=d/D$ 大于第一次极限拉深系数 $[m_1]$ 时，该拉深件只需一次拉深就可拉出，否则就要进行多次拉深。

需要多次拉深时，其拉深次数可按极限拉深系数值进行推算。具体方法为：当总的拉深系数 $m<[m_1]$ 时，计算 $[m_1][m_2]$ 是否小于 m，如果小于 m，则为两次拉深；如果还是大于 m，则继续往后推算，直至 $[m_1][m_2]\cdots[m_n]<m$ 为止，则需要 n 次拉深。

（3）圆筒件各次拉深工序尺寸的计算 工序件尺寸包括半成品的直径 d_n、筒底圆角半径 r_n 和筒壁高度 h_n。在拉深次数确定后，为了在允许的条件下产生更大程度的变形，需调整拉深系数后确定工序件直径和高度。

1）确定各次拉深的实际拉深系数。在确定拉深次数时，采用极限拉深系数进行计算得到：$[m_1][m_2]\cdots[m_n]<m$；需各次拉深的实际拉深系数 m_1、m_2、$\cdots$、m_n 全部均大于各次极限拉深系数 $[m_1]$、$[m_2]$、$\cdots$、$[m_n]$，从而满足 $m_1m_2\cdots m_n=m$。

2）工序件直径 d_n 的确定。利用确定的实际拉深系数 m_1、m_2、$\cdots$、m_n 计算出各次拉深后的工序件直径。

3）筒底圆角半径 r_n 的确定。首次拉深凹模圆角半径 $r_1 = 0.8$ $\sqrt{(D-d)\ t}$，以后各次拉深圆角半径逐渐减小，$r_n = (0.6 \sim 0.8)r_{n-1}$。

4）工序件高度 h_n 的确定。根据面积不变原则，利用各次拉深后的工序件直径推算出各次拉深后的工序件高度。

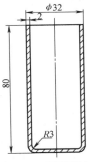

图 4-14　圆筒形件

（4）拉深工艺计算案例　如图 4-14 所示圆筒形件，材料为 08 钢，料厚为 2mm，试确定其拉深工艺。

1）确定制件的修边余量。制件的相对高度 $h/d = (80-1)/30 = 2.63$，查得修边余量 $\Delta h = 6mm$，所以制件的总高度为 $[79+6]$ mm $= 85mm$。

2）确定毛坯尺寸 D。由无凸缘筒形件毛坯尺寸计算公式得：

$$D = \sqrt{d^2 + 4dh - 1.27rd - 0.56r^2} = \sqrt{30^2 + 4 \times 30 \times 85 - 1.27 \times 30 \times 4 - 0.56 \times 4^2}\ mm$$
$$\approx 105mm$$

3）确定拉深次数。为了保证制件质量，减少拉深次数，采用压边圈。制件总的拉深系数 $m = 30/105 = 0.286$；查得制件的各次极限拉深系数分别为 $[m_1] = 0.5$，$[m_2] = 0.75$，$[m_3] = 0.78$，$[m_4] = 0.80$。

$[m_1][m_2] = 0.375$；$[m_1][m_2][m_3] = 0.293$；$[m_1][m_2][m_3][m_4] = 0.234 < 0.286$

所以，制件共需四次拉深。

4）调整实际拉深系数确定各工序件直径。将各次实际拉深系数分别调整为 $m_1 = 0.53$，$m_2 = 0.78$，$m_3 = 0.82$，则调整后每次拉深所得筒形件的直径为

$$d_1 = m_1 D = 0.53 \times 105mm = 55.65mm$$
$$d_2 = m_2 d_1 = 0.78 \times 55.65mm = 43.41mm$$
$$d_3 = m_3 d_2 = 0.82 \times 43.41mm = 35.60mm$$

第四次拉深的实际拉深系数 $m_4 = d/d_3 = 30/35.60 = 0.84$，大于 m_3 和 $[m_4]$，故调整合理。

5）确定各工序拉深高度。根据拉深件圆角半径计算公式，取各次拉深件圆角半径分别为 $r_1 = 8mm$，$r_2 = 6.5mm$，$r_3 = 5mm$，$r_4 = 4mm$。每次拉深后筒形件的高度依次为

$$h_1 = \left[0.25 \times \left(\frac{D^2}{d_1} - d_1\right) + 0.43 \times \frac{r_1}{d_1}(d_1 + 0.32r_1)\right] mm = 39.22mm$$

$$h_2 = \left[0.25 \times \left(\frac{D^2}{d_2} - d_2\right) + 0.43 \times \frac{r_2}{d_2}(d_1 + 0.32r_2)\right] mm = 55.57mm$$

$$h_3 = \left[0.25 \times \left(\frac{D^2}{d_3} - d_3\right) + 0.43 \times \frac{r_3}{d_3}(d_1 + 0.32r_3)\right] mm = 70.77mm$$

拉深工序件尺寸如图 4-15 所示。

4.2.3　拉深模的典型结构

1. 无压边的首次拉深模

无压边的首次拉深模如图 4-16 所示。这种模具结构简单，常用于拉深变形程度不大，

板料塑性好，相对厚度较大的零件。为了防止制件贴在拉深凸模上难以卸下，在凸模上开有通气孔，下模用带拉簧的卸件环进行卸件。

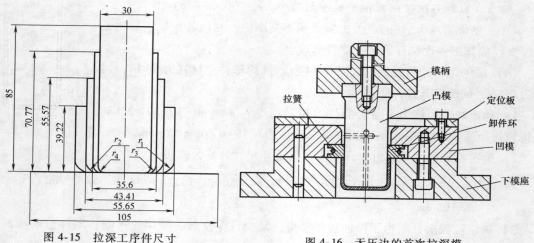

图 4-15　拉深工序件尺寸

图 4-16　无压边的首次拉深模

2. 有压边的首次拉深模

有压边的首次拉深模分为正装式和倒装式，如图 4-17 所示。正装式往往因弹性元件高度太大，不但增加了凸模长度，还可能由于模具闭合高度的增大而无法使用。倒装式不但减小了凸模长度，也减小了模具闭合高度，因而一般采用倒装式。

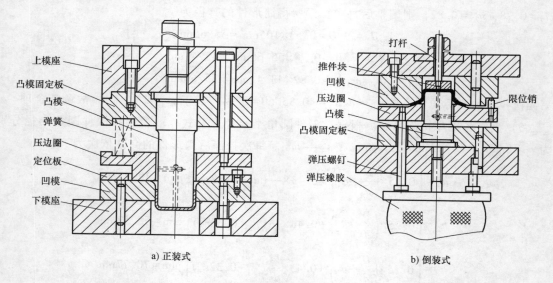

a) 正装式

b) 倒装式

图 4-17　有压边的首次拉深模

3. 以后各次拉深模

以后各次拉深模也分为有压边和无压边拉深模，如图 4-18 所示。无压边的以后各次拉深模大多采用正装拉深模，拉深时凸模、凹模之间的间隙较小，凸模、凹模的制造公差也较严格，常用于精度要求较高的最后一次拉深。有压边的以后各次拉深模常采用倒装结构，压边圈的开关与前次拉深的半成品相适应，拉深前将半成品套在压边圈上。

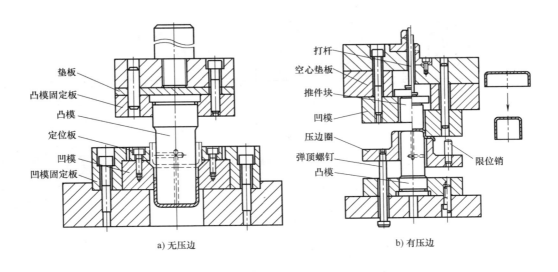

a) 无压边   b) 有压边

图 4-18　以后各次拉深模

4. 落料拉深复合模

图 4-19 所示为一副典型的落料拉深复合模。在模具结构上，为保证先落料后拉深，拉深凸模的上平面比落料凹模的上平面低一个材料厚度。

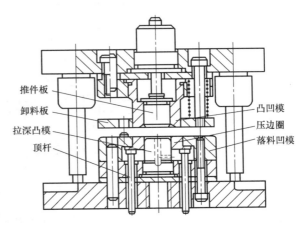

图 4-19　落料拉深复合模

4.2.4　拉深模工作零件设计

1. 拉深凸模、凹模的结构设计

凸模、凹模的结构设计是否合理，不但直接影响拉深时的坯料变形，而且还影响拉深件的质量。凸模、凹模常见的结构形式有以下几种。

（1）无压边时的凸模、凹模　无压边一次拉深成形的凹模结构如图 4-20 所示。

其中圆弧形凹模结构简单，加工方便，是常用的拉深凹模结构形式；锥形凹模、渐开线形凹模对于抗失稳起皱有利，但加工较复杂，主要用于拉深系数较小的拉深件。

无压边多次拉深成形的凸模、凹模结构如图 4-21 所示。

在上述模具结构中，$a = 5 \sim 10$mm，$b = 2 \sim 5$mm，锥形凹模的锥角一般取 30°。

（2）有压边多次拉深的凸模、凹模　有压边多次拉深的凸模、凹模结构如图 4-22 所示。其中圆弧形用于直径小于 100mm 的拉深件；锥形用于直径大于 100mm 的拉深件，这种结构除了具有锥形凹模的特点外，还可减轻坯料的反复弯曲变形，以提高工件的侧壁质量。

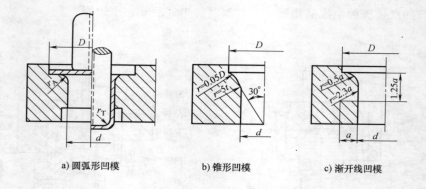

a) 圆弧形凹模   b) 锥形凹模   c) 渐开线凹模

图 4-20 无压边一次拉深成形的凹模结构

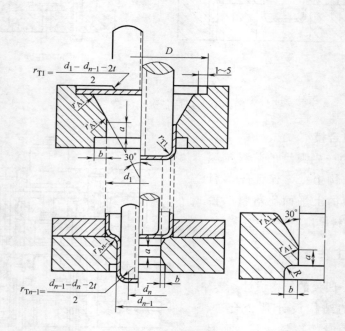

图 4-21 无压边多次拉深成形的凸模、凹模结构

2. 凸模、凹模圆角半径的确定

（1）凹模圆角半径的确定　首次（包括一次）拉深凹模圆角半径计算公式为

$$r_{A1} = 0.8\sqrt{(D - d_1)t}$$

式中，r_{A1} 是凹模圆角半径；D 是坯料直径；d_1 是凹模内径（当工件料厚 $t \geqslant 1\mathrm{mm}$ 时，也可取首次拉深时工件的中线尺寸）；t 是材料厚度。

以后各次拉深凹模圆角半径应逐渐减小，一般取：$r_{Ai} = (0.6 \sim 0.8)r_{Ai-1}$（$i = 2$，$3$，…，$n$）。

以上计算所得凹模圆角半径一般应符合 $r_{Ai} \geqslant 2t$ 的要求。

（2）凸模圆角半径的确定　首次拉深凸模圆角半径可取：$r_{T1} = (0.6 \sim 1.0)r_{A1}$

中间各拉深工序凸模圆角半径计算公式为 $r_{T(i-1)} = \dfrac{d_{(i-1)} - d_i - 2t}{2}$（$i = 2$，$3$，…，$n$）。

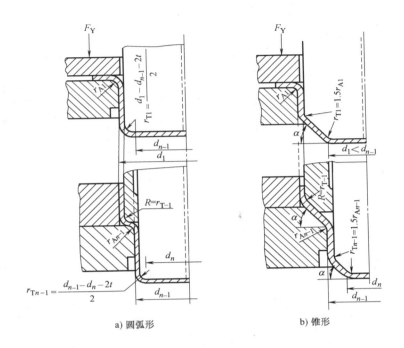

a) 圆弧形   b) 锥形

图 4-22 有压边多次拉深的凸模、凹模结构

最后一次拉深凸模圆角半径 r_{Tn} 即等于制件圆角半径。

3. 拉深模间隙

拉深模的凸模、凹模之间的间隙对拉深力、制件质量、模具寿命等都有影响。间隙小，拉深力大，模具磨损大。过小的间隙会使制件严重变薄甚至拉裂，但间隙小，冲件回弹小，精度高。间隙过大，板料容易起皱，冲件锥度大，精度差。因此，生产中应根据板料厚度及公差、拉深过程板料的增厚情况、拉深次数、制件的形状及精度要求等，正确确定拉深模间隙。

（1）无压边的拉深模　拉深单边间隙为 $Z/2 = (1 \sim 1.1)t_{\max}$。

（2）有压边的拉深模　拉深单边间隙为 $Z/2 = (0.9 \sim 0.95)t_{\max}$。

4. 凸模、凹模工作部分尺寸及公差

对于最后一道工序的拉深模，当制件尺寸标注外形时，以凹模为基准。

凹模工作部分尺寸为 $D_A = (D_{\max} - 0.75\Delta)^{+\delta_A}_0$。

则凸模工作部分尺寸为 $D_A = (D_{\max} - 0.75\Delta - Z)^0_{-\delta_T}$。

当制件尺寸标注内形时，以凸模为基准。

工作部分尺寸为 $D_T = (D_{\min} + 0.75\Delta)^0_{-\delta_T}$。

则凹模工作部分尺寸为 $D_A = (D_{\min} + 0.75\Delta + Z)^{+\delta_A}_0$。

式中，Δ 是拉深件公差；δ_A、δ_T 分别是拉深凹模、拉深凸模的制造公差，可按 IT6～IT9 级确定，或查表 4-5。

表 4-5 拉深凸模、凹模的制造公差 （单位：mm）

材料厚度 t	拉深件直径 d					
	≤20		20~100		>100	
	δ_A	δ_T	δ_A	δ_T	δ_A	δ_T
≤0.5	0.02	0.01	0.03	0.02	—	—
0.5~1.5	0.04	0.02	0.05	0.03	0.08	0.05
>1.5	0.06	0.04	0.08	0.05	0.10	0.06

4.3 项目实施

4.3.1 冲压工艺分析

车轴盖制件包含落料、拉深、冲孔等三道工序。制件要求外形尺寸，没有厚度不变的要求；底部圆角半径 $r=2mm \geq t$，满足拉深圆角半径要求；高度和直径都为 IT14 级，但中间孔的位置精度要求较高，且为大批量生产；孔边距的尺寸能满足凸凹模强度要求，故如果制件可一次拉深成形，则可设计落料拉深冲孔复合冲裁模。

本项目利用 Pro/E 设计，基本步骤为：制件造型及排样条料设计→工作零件计算及造型设计→标准模架的调用→下模具各零件的设计与装配→上模具各零件的设计与装配→条料装配与定位零件设计→装配工程图及工作零件工程图设计。

4.3.2 排样设计及拉深工艺计算

第一步：拉深毛坯尺寸的计算

因制件的相对高度 h/d 很小并且高度要求不高，故不用切边工序，毛坯不需预留切边余量。

毛坯直径为 $D=\sqrt{78^2+4\times78\times19-1.27\times3\times78-0.56\times3^2}$ mm ≈ 108mm

第二步：排样条料造型设计

落料毛坯为圆件，采用直排方式，在条料中画出两个制件的落料缺口。查附录 D 得到最小搭边值 $a=2.2mm$，$a_1=1.8mm$。

打开 Pro/E，设置工作目录"车轴盖复合模设计"，新建"tiaoliao"零件文件，单击拉伸特征，选择【FRONT】基准面，排样条料草绘如图 4-23 所示，拉伸厚度为 2mm，完成后保存至工作目录。

第三步：拉深工艺计算

采用压边圈拉深，制件总的拉深系数 $m=78/108=0.722$；查得制件的各次极限拉深系数分别为 $[m_1]=0.63$，$m>[m_1]$，故可以一次拉深成形。

4.3.3 工作零件尺寸计算

第一步：落料刃口尺寸计算

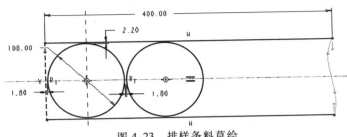

图 4-23　排样条料草绘

1）制件未注公差一般按 IT14 精度等级处理，查标准公差表（附录C），按入体原则标注制件尺寸为 $\phi 108_{-0.87}^{0}$ mm。

2）采用分开加工法，落料件以凹模为基准。落料凹模公称尺寸 $D_A = 108 - x0.87$，查表 1-4，磨损系数 $x = 0.5$，故 $D_A = 107.56$ mm。

3）查模具间隙表（附录A）得 $Z_{min} = 0.246$ mm，$Z_{max} = 0.360$ mm，取 $Z = 0.25$ mm。落料凸模公称尺寸 $D_T = D_A - 0.25 = 107.31$ mm。

4）查表 1-5 得：落料凹模公差 $\delta_A = 0.035$ mm，落料凸模公差 $\delta_T = 0.025$ mm，

$\delta_A + \delta_T = 0.060$ mm $< Z_{max} - Z_{min} = 0.114$ mm，模具公差满足间隙要求。

得　$D_T = 107.31_{-0.025}^{0}$ mm，$D_A = 107.56_{0}^{+0.035}$ mm。

第二步：拉深模尺寸计算

1）制件尺寸标注外形，故以凹模为基准。

2）拉深凹模工作部分尺寸为 $D_A = (D_{max} - 0.75\Delta)_{0}^{+\delta_A}$，查公差表得 $\Delta = 0.74$ mm，查表 4-5 得凹模、凸模的制造公差分别为 $\delta_A = 0.08$ mm，$\delta_T = 0.05$ mm。

拉深凹模尺寸 $D_A = (80 - 0.75 \times 0.74)_{0}^{+\delta_A} = 79.45_{0}^{+0.08}$。

3）取双边间隙 $Z = 1.9t = 3.8$ mm，故拉深凸模尺寸 $D_T = (79.45 - 3.8)_{-\delta_T}^{0} = 75.65_{-0.05}^{0}$ mm。因为一次拉深成形，故凹模圆角为 $R4$ mm，凸模圆角为 $R2$ mm。

第三步：冲孔刃口尺寸的计算

1）查标准公差表，孔尺寸为 $\phi 24_{0}^{+0.52}$ mm。

2）采用分开加工法，冲孔件以凸模为基准。冲孔凸模公称尺寸 $D_T = 24 + x0.52$。查表 1-4，磨损系数 $x = 0.5$，故 $D_T = 24.26$ mm。

3）查模具间隙表（附录A）得 $Z_{min} = 0.246$ mm，$Z_{max} = 0.360$ mm，取 $Z = 0.25$ mm。冲孔凹模公称尺寸 $D_A = (D_T + 0.25)$ mm $= 24.51$ mm。

4）查表 1-5 得：冲孔凹模公差 $\delta_A = 0.025$ mm，冲孔凸模公差 $\delta_T = 0.020$ mm。

$\delta_A + \delta_T = 0.045$ mm $< Z_{max} - Z_{min} = 0.16$ mm，模具公差满足间隙要求。

得 $D_T = 24.36_{-0.020}^{0}$ mm，$D_A = 24.51_{0}^{+0.025}$ mm。

4.3.4　标准模架的调用

第一步：确定模架尺寸及类型

本模具采用后侧双导模架，根据落料毛坯尺寸确定标准模架尺寸为 200mm×200mm。

第二步：调取标准模架保存副本

1）打开"冷冲模标准双导模架—diebase"文件夹中的"200×200< diebase >.asm"模架。进入组件窗口后，单击菜单栏［文件］→［保存副本］，新建组件名称为"fuhemo_chezhougai"，保存路径为"车轴盖复合模设计"文件夹，单击［确定］按钮。

2）在弹出的【组件保存为一个副本】对话框中，单击全选工具▤→单击【生成新名称】→在右侧窗口中输入组件各元件的新名称，参照项目2中"标准模架的调用"的方法。

3）完成了模架的调用。关闭打开的"200×200< diebase >"组件文件（最好用【拭除当前】的方式关闭），重新将目录设置到"车轴盖复合模设计"文件夹，并打开在此目录下出现的"fuhemo_ chezhougai.asm"组件。

第三步：将模架设置为开模状态

将模架设置为开模状态。通过装配编辑定义，将上模座与下模座的装配偏距匹配距离改为"280"。

4.3.5　下模各零件的设计与装配

下模零件主要包括下垫板、落料凹模、拉深冲孔凸凹模、压料块、导料板、下模弹顶器、各类固定螺钉及销钉。

第一步：创建下垫板

在组件模式下创建"xiadianban"零件，以下模座上平面为基准，拉伸 200mm×200mm×12mm 的矩形垫板。完成后将各棱边倒 C1mm 的倒角。

第二步：创建凹模板

1）在组件模式下创建"aomoban"零件，以下垫板的上平面为基准，拉伸创建凹模板，其草绘如图4-24所示，拉伸高度为40mm。

2）在凹模板中心旋转切出压料块安装沉孔。在凹模板激活状态下，以【ASM_ FRONT】面为草绘面，通过旋转特征切出如图4-25所示的沉孔旋转草绘。再将各棱边倒 C1mm 的倒角。完成创建后的凹模板如图4-26所示。

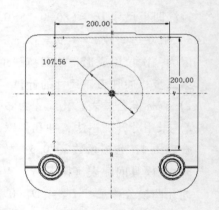

图 4-24　凹模板草绘

第三步：创建压料块

在组件模式下创建"yaliaokuai"零件，以【ASM_ FRONT】面为草绘面，创建如图4-27所示的压料块旋转草绘。（注：压料块中心留 ϕ78mm 的孔是为安装拉深冲孔凸凹模，压料块与凹模的刃口侧壁及沉孔侧壁留出 2mm 的单边间隙。）通过旋转创建压料块，完成后的压料块如图4-28所示。

第四步：创建拉深冲孔凸凹模

1）在组件模式下创建"LSCKTAM"零件，以【ASM_ FRONT】面为草绘面，创建如

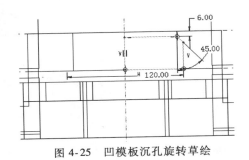

图 4-25　凹模板沉孔旋转草绘

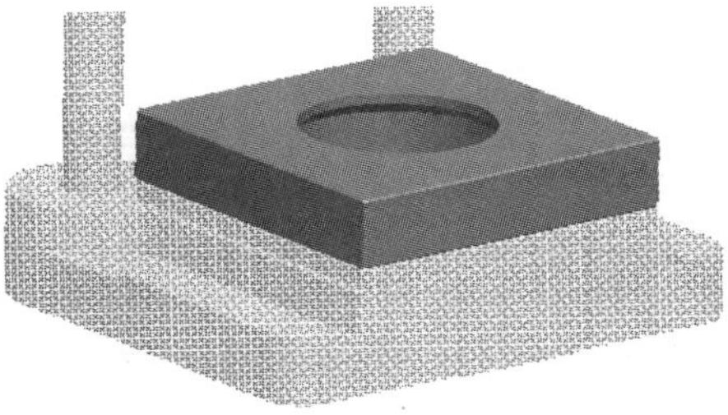

图 4-26　创建的凹模板

图 4-29 所示拉深冲孔凸凹模旋转草绘。（注：$\phi76.65$mm 为拉深凸模，$\phi24.51$mm 为冲孔凹模，刃口高度 6mm，漏料孔为 $\phi28$mm。）通过旋转创建拉深冲孔凸凹模。

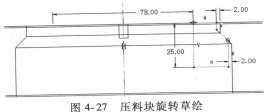

图 4-27　压料块旋转草绘

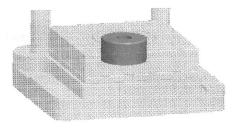

图 4-28　创建的压料块

2）倒拉深凸模圆角 R2mm。完成后的凸凹模如图 4-30 所示。

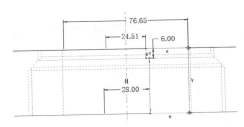

图 4-29　拉深冲孔凸凹模旋转草绘

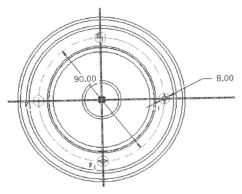

图 4-30　创建的拉深冲孔凸凹模

第五步：创建压料推杆及弹顶器

1）创建压料推杆。在组件模式下创建"yaliaotuigan"零件，以压料块下底面为草绘面，拉伸四根压料推杆，其草绘如图 4-31 所示。（注：四根 $\phi8$mm 的压料推杆对称分布在 $\phi90$mm 的构建圆上。）拉伸长度为 105mm。完成后如图 4-32 所示。

2）创建弹顶推板。在组件模式下创建"tandingtuiban"零件，以压料推杆底端为草绘面，拉伸创建直径为 $\phi150$mm，厚度为 15mm 的推板。

3）创建弹顶橡胶。在组件模式下创建"tandingxiangjiao"零件，【ASM_ FRONT】面为草绘面，通过旋转加材料创建弹顶橡胶，其截面

图 4-31　压料推杆草绘

草绘如图 4-33 所示。

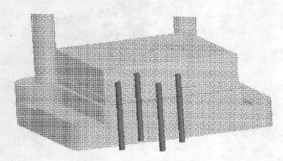

图 4-32 创建的压料推杆

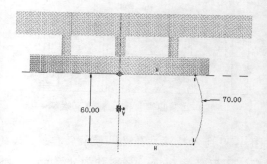

图 4-33 弹顶橡胶旋转草绘

4）创建弹顶器固定板。在组件模式下创建"tandinggudingban"零件，弹顶橡胶底面为草绘面，拉伸创建直径为 φ150mm，厚度为 18mm 的固定板。

5）安装弹顶器固定螺钉。首先在弹顶器固定板下端面创建两个基准点（两个基准点上下关于【ASM_ FRONT】面对称，对称距离为 50mm），再以弹顶器固定板下端面为螺钉头基准面，以下模座下平面为螺纹基准面，在该点创建 EMX 标准螺钉。弹顶器固定螺钉参数如图 4-34 所示。

完成创建后的弹顶器如图 4-35 所示。

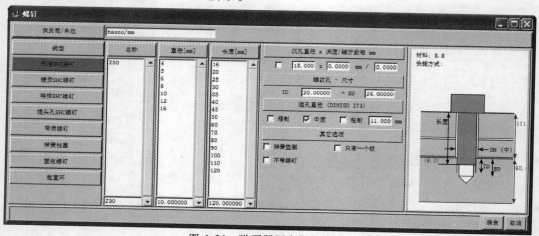

图 4-34 弹顶器固定螺钉参数

第六步：创建导料板及紧固螺钉

1）创建导料板。在组件模式下创建"daoliaoban"零件，以【ASM_ FRONT】面为草绘面，凹模板上端面及右侧端面为参照，创建如图 4-36 所示导料板截面草绘，并进行对称拉伸，拉伸厚度 123mm。再在上方两侧创建 5mm（宽）×3mm（高）的导槽台阶。完成后的导料板如图 4-37 所示。

图 4-35 创建的弹顶器

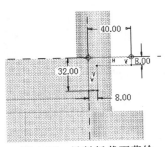

图 4-36　导料板截面草绘

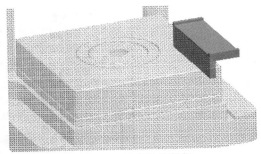

图 4-37　创建的导料板

2）创建导料板紧固螺钉。激活组件，回到组件模式下，首先以导料板的右侧端面为草绘面，绘制如图 4-38 所示的两个螺钉基准点，再通过 EMX 创建紧固螺钉，其参数设置如图 4-39 所示。

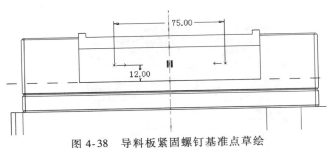

图 4-38　导料板紧固螺钉基准点草绘

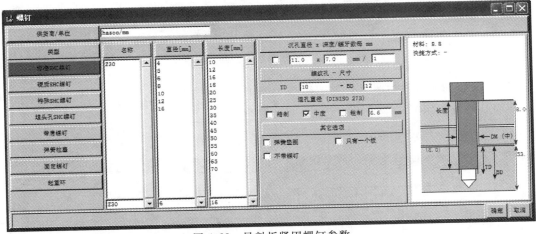

图 4-39　导料板紧固螺钉参数

第七步：装配排样条料

在组件模式下，调入前面排样设计中所创建"tiaoliao"零件进行装配，装配关系为从右端进料，条料的第二个排样圆孔中心轴与凹模板圆孔中心轴对齐，条料底面与凹模板上平面匹配。完成装配后如图 4-40 所示。

第八步：创建导料销和挡料销

要保证条料的准确定位，还需创建一个侧面导料销和一个前端挡料销。因条料的搭边值

图 4-40　装配条料

较小，为避免销孔降低凹模刃口的强度，选择采用钩形导料销和钩形挡料销。

1）以凹模板上平面为草绘面，绘制如图 4-41 所示导料销和挡料销基准点草绘。（注：挡料销基准点到条料第一个圆孔边的距离及导料销基准点到条料侧边的距离为 8mm。）

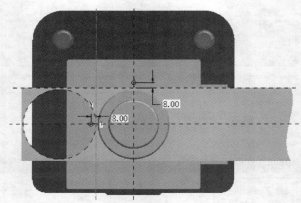

图 4-41　导料销和挡料销基准点草绘

2）以两个基准点为参照点，以凹模板上平面为参照面，通过 EMX 创建两个 φ5mm 的销，销的参数设置如图 4-42 所示。

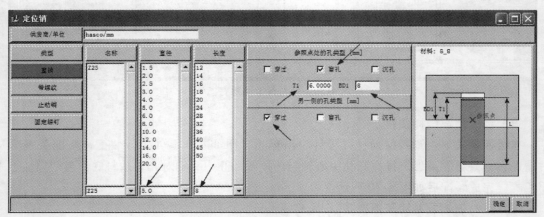

图 4-42　导料销与挡料销的参数

3）创建销的钩形。以导料销上端面为草绘面，绘制如图 4-43 所示导料销钩形草绘，并向下拉伸，拉伸高度为 2mm。（注：因为导料销与挡料销为一个 EMX 标准件，故修改一个即可，但添加了钩形特征后，要调整挡料销的钩形方向，需对挡料销的装配关系进行编辑修改，即约束挡料销的钩形圆弧与条料第一个孔边弧相切，如图 4-44 所示。）

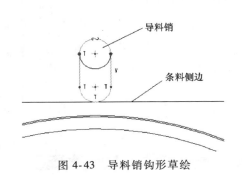

图 4-43　导料销钩形草绘

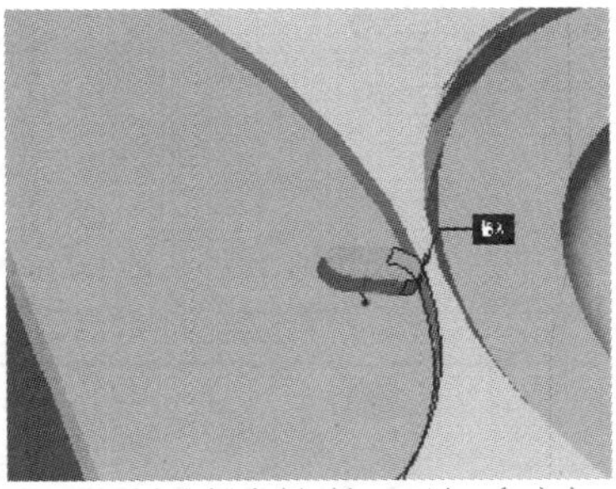

图 4-44　挡料销的装配

第九步：安装下模紧固螺钉与定位销

1）安装下模紧固螺钉。首先在下模座底面的对角位置绘制四个对称基准点（左右及上下距离各为 160mm）。EMX 螺钉安装以下模座底面为螺钉头基准面，以凹模板底面为螺纹基准面，下模紧固螺钉参数如图 4-45 所示。

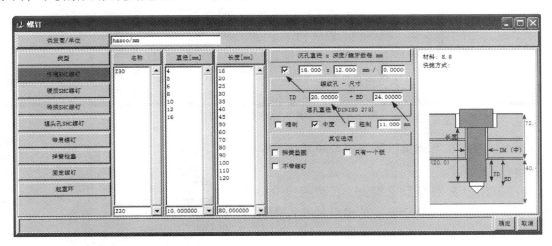

图 4-45　下模紧固螺钉参数

2）安装定位销。首先在下模座的上平面的对角位置绘制两个基准点（参照两对角螺钉孔中心位置，往中心偏移 24mm）。安装以凹模板底面为参照面，下模定位销参数如图 4-46 所示。

第十步：安装拉深冲孔凸凹模紧固螺钉

首先在下模座底面绘制两个中心对称基准点（关于【ASM_ FRONT】面对称，对称距离为 54mm）。EMX 螺钉以下模座底面为螺钉头基准面，拉深冲孔凸凹模下底面为螺纹基准面，其参数设置如图 4-47 所示。

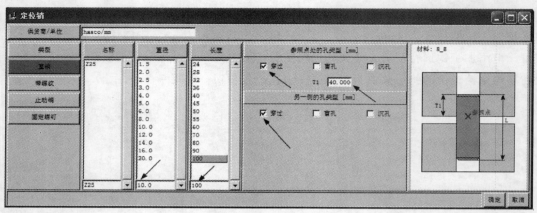

图 4-46　下模定位销参数

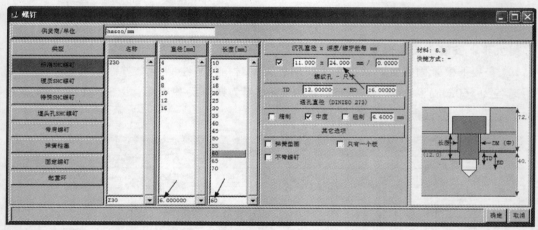

图 4-47　拉深冲孔凸凹模紧固螺钉参数

第十一步：在下模垫板及下模座中切出漏料通孔及压料推杆通孔

分别激活下模垫板及下模座，在两板的中心位置分别切出 $\phi28\text{mm}$ 和 $\phi30\text{mm}$ 的漏料通孔，在对应压料推杆的位置切出 $\phi8.5\text{mm}$ 的通孔。

至此完成了下模部分零件的创建与装配，效果如图 4-48 所示。

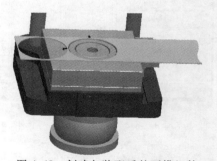

图 4-48　创建与装配后的下模组件

4.3.6　上模各零件的设计与装配

上模零件主要包括上垫板、落料拉深凸凹模、冲孔凸模、凸凹模固定板、凸模固定环、推件块、卸料板、模柄、打杆、推板与推杆、各类紧固螺钉及销钉。在进行上模零件设计时，可先将下模中不需要参照的零件隐藏。

第一步：创建上垫板

在组件模式下创建"shangdianban"零件，以上模座下平面为基准，拉伸 $200\text{mm} \times$

200mm×12mm 的矩形垫板。完成后将各棱边倒 C1mm 的倒角。

第二步：创建冲孔凸模

在组件模式下创建"tumo"零件，以【ASM_ FRONT】面为草绘面，以上垫板底面为参照，创建如图 4-49 所示冲孔凸模旋转草绘。

第三步：创建落料拉深凸凹模

在组件模式下创建"lllstam"零件，以上垫板底面为草绘面，创建落料拉深凸凹模旋转草绘，如图 4-50 所示。

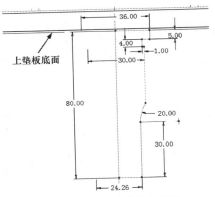

图 4-49　冲孔凸模旋转草绘

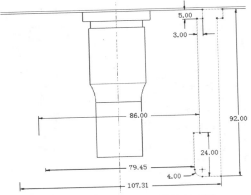

图 4-50　落料拉深凸凹模旋转草绘

第四步：创建凸凹模固定板

1）在组件模式下创建"tamgdb"零件，以上垫板底面为基准，拉伸 200mm×200mm×20mm 的矩形垫板。完成后将各棱边倒 C1mm 的倒角。

2）在零件激活状态下，旋转切出凸凹模固定台阶孔。

第五步：创建凸模固定环

在组件模式下创建"tmgdh"零件，以【ASM_ FRONT】面为草绘面，以上垫板底面、凸模、落料拉深凸凹模等零件的固定台阶边线为参照，创建如图 4-51 所示凸模固定环旋转草绘。

第六步：创建推件块

在组件模式下创建"tuijiankuai"零件，以【ASM_ FRONT】面为草绘面，以冲孔凸模、落料拉深凸凹模等零件的各边线为参照，创建如图 4-52 所示推件块旋转草绘（注：为保证推件块的推件顺利，其侧面单边应保留 0.5mm 的间隙。为保证将工件从冲孔凸模推出，推件在顶出状态时，其底面应至少高出凸模工作端面 1mm 的距离。）

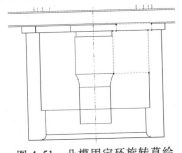

图 4-51　凸模固定环旋转草绘

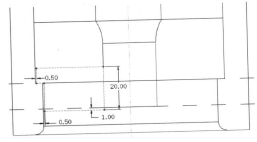

图 4-52　推件块旋转草绘

第七步：创建卸料装置

1）创建卸料板。在组件模式下创建"xieliaoban"零件，以落料拉深凸凹模底面为草绘面，拉伸 200mm×200mm×24mm 的矩形垫板。（注：总拉伸高度为 24mm，其中向上模方面拉伸 22mm，下模方面拉伸 2mm，即保证开模状态时，卸料板高出落料拉深凸凹模底面，中间留 ϕ110mm 的通孔。）完成后将各棱边倒 C1mm 的倒角。

2）安装卸料螺钉。首先在上模座底面绘制四个中心对称基准点（位置为【ASM_FRONT】与【ASM_RIGHT】参照线与 ϕ170mm 参照圆的四个交点）。EMX 螺钉以上模座上平面为螺钉头基准面，卸料板上平面为螺纹基准面，其参数设置如图 4-53 所示。

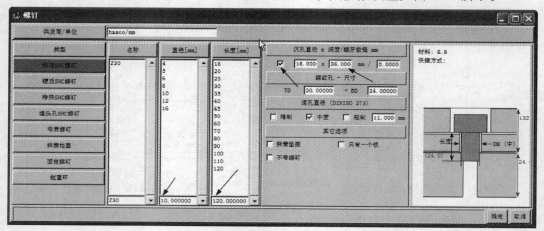

图 4-53　卸料螺钉参数

3）创建卸料弹簧。单独新建"xieliaotanhuang"零件，插入螺旋扫描，扫描轨迹及截面分别如图 4-54a、b 所示。完成弹簧的螺旋扫描特征创建后，将上下两端通过旋转去除材料将其切平，留 54mm 的高度，如图 4-54c 所示。

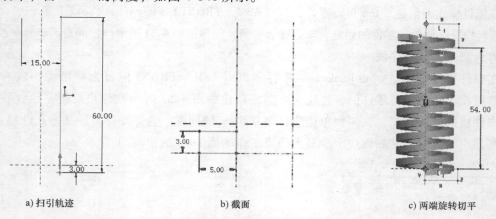

a）扫引轨迹　　　　　　　b）截面　　　　　　　c）两端旋转切平

图 4-54　卸料弹簧特征创建

4）切出卸料板沉孔并安装卸料弹簧。先激活卸料板，在其上平面以四个卸料螺钉轴为中心拉伸切出四个 ϕ26mm 的弹簧固定沉孔。再回到组件模式下，在该四个沉孔处装配上卸料弹簧。完成后卸料装置如图 4-55 所示。

第八步：创建模柄

在组件模式下创建"mobing"零件，以【ASM_ FRONT】面为草绘面，以上模座零件为参照，创建如图4-56所示模柄旋转草绘。完成后将外棱边倒C2mm的倒角。

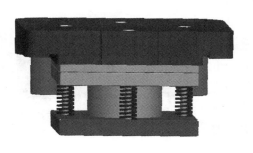

图4-55 完成创建的卸料装置

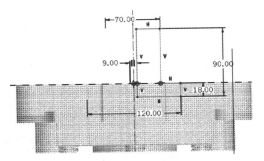

图4-56 模柄旋转草绘

第九步：创建打杆

在组件模式下创建"dagan"零件，以【ASM_ FRONT】面为草绘面，以模柄零件为参照，创建如图4-57所示打杆旋转。完成后将上端棱边倒C1mm的倒角。

第十步：创建推板

隐藏上模座零件，在组件模式下创建"tuiban"零件，以打杆底面为草绘面，拉伸一个φ80mm圆盘推板。

第十一步：创建推杆

在组件模式下创建"tuigan"零件，以圆盘推板底面为草绘面，拉伸四根φ6mm的推杆，四个圆对称分布在【ASM_ FRONT】与【ASM_ RIGHT】参照线上，对称距离为56mm，拉伸至推件块上平面截止。完成后的推件装置如图4-58所示。

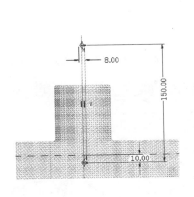

图4-57 打杆旋转草绘

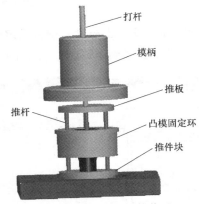

图4-58 创建的推件装置

第十二步：修改体积干涉零件

在组件模式下单击菜单栏【分析｜模型｜全局干涉】，查上模座及推杆通过的各零件，如有体积干涉，则需进行修改。

1）激活上模座，以【ASM_ FRONT】面为草绘面，以模柄台阶及推板为参照，创建如

图 4-59 所示上模座切除材料旋转草绘。

2）在组件模式下，单击菜单栏【编辑｜元件操作｜切除】，选取上模座、上垫板、凸模固定环等零件为【执行切出处理的零件】，选取推杆为【切出处理参照零件】，在各零件上切除出推杆通过孔。

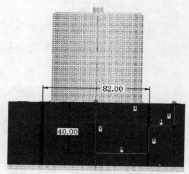

图 4-59　上模座切除材料旋转草绘

第十三步：装配模柄紧固螺钉

首先在模柄台阶上平面绘制四个中心对称基准点（位置为【ASM _ FRONT】与【ASM _ RIGHT】参照线与 $\phi48mm$ 参照圆的四个交点）。EMX 螺钉以模柄台阶上平面为螺钉头基准面，模柄底平面为螺纹基准面，模柄紧固螺钉参数设置如图 4-60 所示。

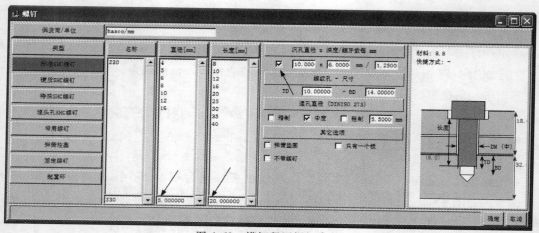

图 4-60　模柄紧固螺钉参数

第十四步：安装上模紧固螺钉及定位销

1）安装上模紧固螺钉。首先在上模座底面的对角位置绘制四个对称基准点（左右及上

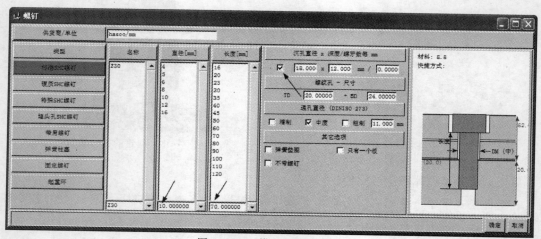

图 4-61　上模紧固螺钉参数

下距离各为 160mm）。EMX 螺钉安装以上模座上平面为螺钉头基准面，以凸凹模固定板上平面为螺纹基准面，螺钉参数如图 4-61 所示。

2）安装定位销。在上模座的下底面的对角位置绘制两个基准点（参照下模座定位销中心点的位置）。EMX 定位销安装以上模座的下底面为参照面，上模定位销参数如图 4-62 所示。

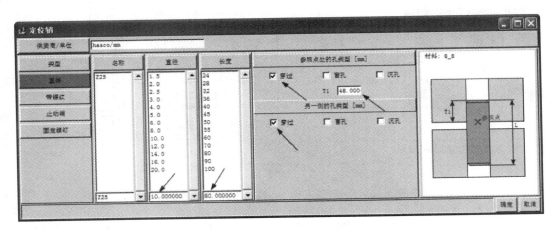

图 4-62　上模定位销参数

至此，完成了车轴盖落料拉深冲孔复合模的三维设计，可将各元件设置为不同的颜色，总装效果及分解效果分别如图 4-63 和图 4-64 所示。

图 4-63　模具着色总装效果

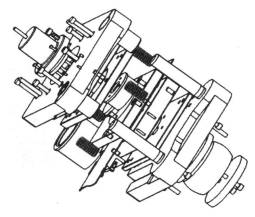

图 4-64　模具分解效果

4.3.7　二维工程图设计

第一步：创建组件剖切面

1）创建正剖切面 A。在组件模式下，单击菜单栏【视图｜视图管理器｜X 截面｜新建】→输入截面名称"A"后回车→选择【平面】并单击【完成】→选【ASM_ FRONT】为剖切平面。剖切面 A 的激活状态如图 4-65 所示。

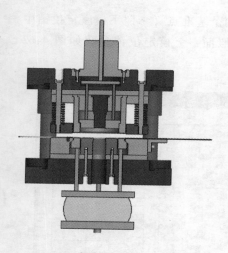

图 4-65　剖切面 A 的激活状态

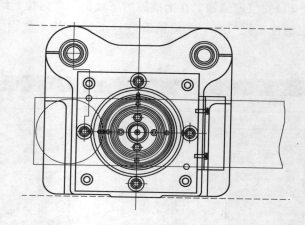

图 4-66　剖切面 B 的剖切符号

2）创建侧剖切面 B。在组件模式下，新建剖切面"B"，选择【偏距】，以上模座上平面为草绘平面，草绘如图 4-66 所示剖切符号（选取导套中心、上下模紧固螺钉、销钉、卸料螺钉等零件为参照），剖切面 B 的激活状态如图 4-67 所示。

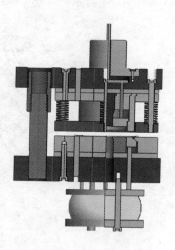

图 4-67　剖切面 B 的激活状态

3）创建俯视剖切面 C。先以条料上平面为参照创建一个组件基准面，再新建剖切面"C"，选择【平面】，该基准面为剖切平面。

第二步：创建装配工程图

新建"绘图"文件，并命名为"fuhemo_chezhougai"。装配工程图如图 4-68 所示。

第三步：创建落料凹模、落料拉深凸凹模、拉深冲孔凸凹模及冲孔凸模的零件工程图（略）

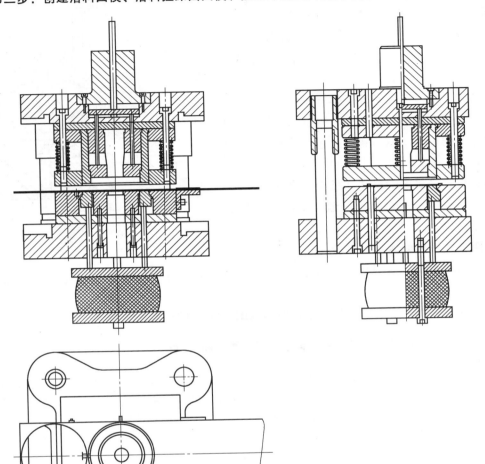

图 4-68 装配工程图

4.4 拓展练习

4.4.1 张力盘冲裁拉深复合模设计

如图 4-69 所示为张力盘制件，材料为 Q235A，料厚为 0.8mm，制件精度 IT14 级，大批量生产。完成冲压工艺计算及模具工作零件（凸模和凹模）的刃口尺寸计算，并利用 Pro/E 软件完成模具结构三维设计，以及成形工作零件的二维零件图和模具二维装配图设计。

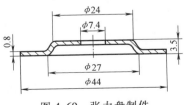

图 4-69 张力盘制件

关键步骤操作提示如下。

第一步：冲压工艺分析

该制件冲压包括落料、拉深、冲孔等三道工序，属大批量生产，制件的结构工艺与尺寸精度可满足复合冲压模设计要求。

第二步：拉深工艺计算及排样设计

验证拉深系数判断是否可一次拉深成形；计算拉深毛坯的尺寸（需考虑切边量），从而确定落料排样。

第三步：主要零件尺寸计算与结构设计

计算落料、拉深、冲孔三道工序的工作零件刃口尺寸。

第四步：模具整体结构设计

调用标准模架，模具整体结构设计可参考图 4-70。

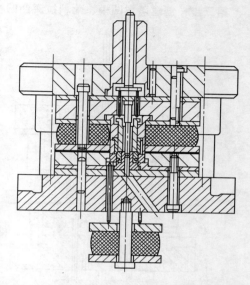

图 4-70 张力盘冲裁拉深复合模参考结构

第五步：模具装配工程图及工作零件工程图设计（略）

4.4.2 密封轴盖落料拉深冲孔翻边修边复合模设计

图 4-71 所示为密封轴盖制件，材料为 Q235A，料厚为 1.5mm，大批量生产。完成模具工作零件的刃口尺寸计算，并利用 Pro/E 软件完成模具结构三维设计，以及凸模、凹模及凸凹模的二维零件图和模具二维装配图设计。

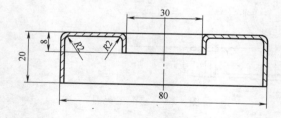

图 4-71 密封轴盖制件

关键步骤操作提示如下。

第一步：冲压工艺分析

该制件的形状较为简单对称，拉深和翻边部分有 $R2mm$ 的圆角，尺寸未注公差，按 IT14 级计算，精度要求不高。材料为 Q235A 钢，其冲压性能较好，孔与外缘的壁厚较大，复合模中的凸凹模壁厚部分具有足够的强度。因此该制件可选用落料、拉深、冲孔、翻边和修边复合模。

第二步：拉深工艺计算及排样设计

验证拉深系数判断是否可一次拉深成形；计算拉深毛坯的尺寸（需考虑切边量），从而确定落料排样。

第三步：主要零件尺寸计算与结构设计

拉深翻边凸凹模和翻边凸模是本模具中最关键的工作零件，实际上是利用它们先后完成冲孔—翻边—修边这三个工序。拉深翻边凸凹模设计成台肩式，如图 4-72 所示。翻边凸模端部设计成圆锥形凸模，其锥角为 90°，因上推件块具有压边的作用，故翻边凸模不需要台肩。翻边凸模、凹模之间的间隙 $Z/2$ 可控制在 $(0.75 \sim 0.85)t$，使直壁稍为变薄以保证竖边成为直壁。拉深翻边凸凹模结构如图 4-72 所示。

第四步：模具整体结构设计

调用标准模架，模具整体结构设计可参考图 4-73。

第五步：模具装配工程图及工作零件工程图设计（略）

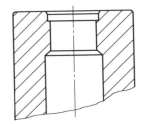

图 4-72　拉深翻边凸凹模结构

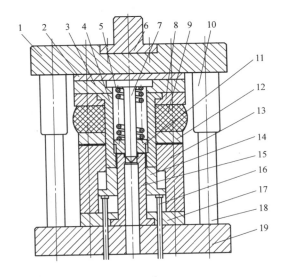

图 4-73　密封轴盖落料拉深冲孔翻边修边复合模参考结构

1—上模座　2—垫板　3—凸模固定板　4—落料拉深凸凹模　5—弹簧　6—模柄
7—冲孔翻边修边凸模　8、17—凸凹模固定板　9—卸料橡胶　10—导套　11—上推件块
12—卸料板　13—落料凹模　14—下顶件块　15—拉深翻边（修边）凸凹模　16—顶杆
18—导柱　19—下模座

4.5　项目小结

1）拉深过程是一个较复杂的塑性变形过程，拉深过程中出现质量问题主要是凸缘变形区的起皱和筒壁传力区的拉裂。

2）拉深成形后制件壁厚和硬度分布不均：下部壁厚略有变薄，壁部与圆角相切处最薄，口部最厚；越接近口部，硬度越大。

3）拉深系数是拉深工艺的重要参数，每次拉深的拉深系数不能小于极限拉深系数，这是拉深工艺计算的基本依据。

4）拉深模设置压料装置能有效防止拉深过程中坯料的起皱，一般采用弹性压料装置来产生压料力。

5）通过 Pro/E 进行模具设计时，一般上模采用自顶向下，下模采用自底向上，大部分零件可在组件中参照其他零件造型，较复杂且与其他零件尺寸参照不多的零件可单独造型后再进行装配。

6）在 Pro/E 组件模式下可通过分析来检查体积干涉，或者在创建剖面后发现体积干涉再进行重新编辑。

项目 5　接线卡多工位级进模设计

5.1　项目引入

5.1.1　项目任务

图 5-1 为电器接线卡制件，材料为黄铜 H62，料厚为 0.8 mm，公差等级 IT14，大批量生产。利用 Pro/E 及其拓展模块 PDX 完成级进冲压排样设计、级进冲压模各零件及整体结构的三维造型设计。

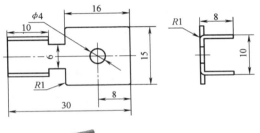

5.1.2　项目目标

◇　掌握多工位级进模的应用特点与分类。

◇　掌握多工位级进模的排样设计方法。

◇　熟悉多工位级进模的典型结构。

◇　掌握 PDX 多工位级进模的整体结构设计方法与设计步骤。

图 5-1　接线卡制件图

◇　能够完成简单制件级进模的整体设计及零部件设计。

◇　能够利用 Pro/E 软件进行钣金件设计及分析。

◇　能够利用 Pro/E 及其拓展模块 PDX 完成钣金冲压的三维和二维排样设计。

◇　能够利用 PDX 完成多工位级进模的三维整体设计。

5.2　项目知识

5.2.1　多工位级进模的特点与分类

级进冲压是指在压力机的一次行程中，板料在一副模具中的两个或两个以上等距离的不同工位同时完成多种冲压工序的冲压方法。这种方法所使用的模具即为多工位级进模，简称级进模，又称连续模、跳步模。

1. 多工位级进模的特点

多工位级进模作为现代冲压生产的先进模具，与普通冲模相比具有以下显著特点。

（1）冲压生产率高　级进模在一副模具的不同工位连续完成复杂制件的冲裁、弯曲、拉深、翻孔及其他成形和装配等工序，大大减少了中间运转和复杂定位等环节，显著提高了生产率，尤其是高速压力机的应用更是成倍提高了小型复杂零件的生产率。

（2）操作安全、自动化程度高　多工位级进模一般都带有自动送料、自动出件装置，级进冲压时，操作者不必将手伸入模具的危险区域。模具中设有安全检测装置，冲压加工发生误送或意外时，压力机自动停机，因而表现出操作安全和自动化程度高等特点，实现了冲压过程的机械化和自动化。

（3）模具寿命长　多工位级进模在冲压时，可将复杂制件的内形或外形加以分解，并在不同的工位逐段冲切、成形，简化了凸、凹模的刃口或型面形状。在工序集中的区域可增设空位，保证了凹模的强度。工作零件结构的优化，延长了模具的使用寿命。

（4）产品质量高　多工位级进模在一副模具内完成产品的全部成形工序，克服了用简单模时多次定位带来的操作不便和累积误差。级进模可以把复杂外形分解，凸模和凹模形状比较简单，配合高精度的内、外导向和准确的定距系统，能保证产品制件的加工精度，级进冲压件的精度可达 IT10 级。

（5）模具结构复杂，设计制造难度大　由于多工位级进模结构复杂，镶块较多，模具零件加工精度要求高，模具装配、调试及维修较困难，故模具设计和制造难度大，制造周期长。

（6）材料利用率较低　由于级进排样要考虑冲压的连续性和安全性，一般材料利用率较低。

基于以上特点，多工位级进模主要用于料薄（$t \leqslant 2\text{mm}$）、批量大、尺寸小、形状复杂的冲压件的生产。在实际生产中，电子电器、计算机、家用器具等产品中的小尺寸金属元件大多采用级进冲压工艺完成。随着产品的精密化、集成化，多工位级进冲压技术的应用将越来越广泛。

2. 多工位级进模的分类

（1）按冲压工序性质分类　按冲压工序性质，级进模可分为四类模具。

1）级进冲裁模：主要完成冲孔、落料、切槽、切断、切口等冲裁工序的级进模。

2）级进冲裁弯曲模：除冲裁工序外，还主要完成弯曲工序的级进模。

3）级进冲裁拉深模：除冲裁工序外，还主要完成拉深工序的级进模。

4）级进冲裁成形模：除冲裁工序外，还完成胀形、翻边等各种成形工序的级进模。

（2）按冲裁件成形方法分类　按冲裁件成形方法，可分为两种。

1）冲落形式级进模：包括冲孔等冲裁工位而最后落料。

2）切断形式级进模：先冲孔、切除余料，最后切断。

（3）按完成的功能分类　按所能完成的功能，级进模分为两类模具。

1）级进冲压模：只完成各种冲压工序的模具。

2）多功能多工位级进冲压模：除了完成冲压工序外，还可以实现叠压、攻螺纹、铆接和锁紧等组装任务，生产出来的不再是单个制件，而是成批的组件。

3. 多工位级进模的典型结构

多工位级进模的分类方法很多，生产中主要按照级进模的结构和用途分类。按模具结构的组合方式分，可分为模板式结构和模块式结构两类；按用途分可分为冲孔落料级进模、冲裁弯曲级进模、冲裁拉深级进模等。

模板式结构级进模的特点是各道工序的模块都分别固定于同一块上、下模板内，适合工序不多的情况。模块式结构级进模的特点是每个模块都集中了几道工序，如独立模具一样由上、下两部分构成，并有独立的导向部件，各模块按加工顺序排列，镶入同一基础模板内固定。模块式结构适用于工序较多的情况。

（1）冲孔落料多工位级进模　冲孔落料多工位级进模用于具有冲孔落料工序件的级进冲裁。在冲压工件形状不是特别复杂的情况下，该类级进模的工序数较少，模具体积不大，一般采用模板式结构。如图 5-2 所示为双孔垫片冲孔落料级进冲裁模。

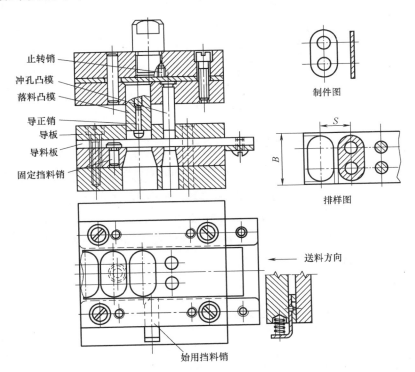

图 5-2　双孔垫片冲孔落料级进冲裁模

该模具只包括冲孔、落料两道工序，分别在两个工位上完成。模具采用导板导向，人工送料；横向定位采用导料板，纵向定位采用挡料销、固定挡料销和导正销；卸料利用固定卸料板（即导板）。

（2）冲裁弯曲多工位级进模　冲裁弯曲多工位级进模是级进模中结构最复杂、运动机构最多的一种模具。级进弯曲时，冲切出展开料的弯曲部分往往需要在不同工位连续冲压才能逐渐成形。

图 5-3 所示为机芯自停连杆冲裁、弯曲多工位级进模。模具采用自动送料装置送进，用

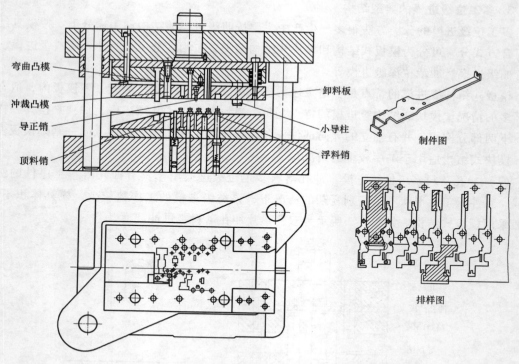

图 5-3　机芯自停连杆冲裁、弯曲多工位级进模

导正销进行精确定位。模具的上模部分由卸料板、凸模固定板、垫板和各个凸模组成；下模部分由凹模、垫板、导料板和弹顶器等组成。模具采用滑动对角导模架。

（3）冲裁拉深多工位级进模　级进拉深模使用的凹模一般为整体镶块式结构，将各工位的凹模制成带台肩的整体凹模块，按照各工位的位置坐标分别压入凹模固定板内。

图 5-4 所示为某连接片冲裁拉深级进模。

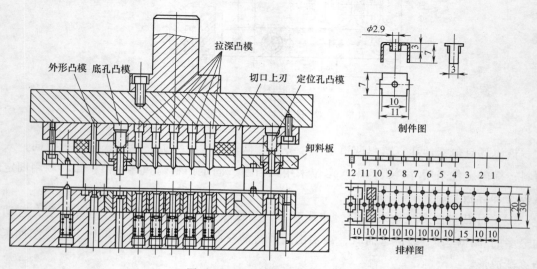

图 5-4　连接片冲裁拉深级进模

5.2.2　多工位级进模的排样设计

级进模排样设计是确定从毛坯到产品制件的转化过程，即确定级进模中各工位所要进行的加工工序内容，并在条料上进行各工序的布置。完成了条料排样设计，制件的冲制顺序、模具的工位数及各工位内容、材料利用率、模具步距、条料宽度、导料与定距方式、模具结构就全部确定下来了。

多工位级进模的排样设计合理与否，直接影响模具设计的成败。多工位级进模工位数较多，要充分考虑分段切除和工序安排的合理性，并使条料在连续冲压过程中畅通无阻，级进模要便于制造、使用、维修和刃磨。因此，设计排样图应考虑多个方案，并进行分析和比较，综合后确定最佳方案。

1. 多工位级进模的排样设计原则

（1）级进冲裁工序排样的基本原则

1）工序安排先易后难。冲孔落料件，应先冲孔，再逐步完成外形的冲裁。尺寸和形状要求高的轮廓应布置在较后的工位上冲切。当孔到边缘的距离较小，而孔的精度又较高时，冲外轮廓时孔可能会变形，可将孔旁边缘先于内孔冲出。

2）应尽量避免采用复杂形状的凸模，并避免形孔的凸角、窄槽、细腰等薄弱环节。复杂的形孔应分解为若干个简单的外形，并分成几步进行冲裁；有严格要求的局部内、外形及位置精度要求高的部位，应尽量集中在同一工位冲出，以避免步距误差影响精度。

3）应保证条料载体与制件连接处有足够的强度与刚度。当制件上有大小孔或窄肋时，应先冲小孔（短边），后冲大孔（长边）。

4）凹模上冲切轮廓之间的距离不应小于凹模的最小允许壁厚，一般取2.5倍条料厚度，但最小要大于2mm。

5）轮廓周长较大的冲切，尽量安排在中间工位，以使压力中心与模具几何中心重合。

（2）级进弯曲工序排样的基本原则

1）对于冲压弯曲类制件，先冲孔再分离弯曲部位周边的废料后进行弯曲，最后再切除其余废料。

2）靠近弯曲边的孔有精度要求时，应弯曲后再冲，以防止孔变形。

3）为避免弯曲时载体变形和侧向滑动，对小件可两件组合成对称件弯曲，最后再切断分离。

4）复杂的弯曲制件，应分解为简单弯曲工序的组合，经多次弯曲而成。精度要求较高的弯曲件，应采用整形工序保证制件质量。

5）平板毛坯弯曲后变为空间立体形状，为保证持续送进，应采用浮料装置使毛坯平面距离凹模面保持一定高度（送进线高度）。

6）尽可能以冲床行程方向作为弯曲方向，若要做不同于行程方向的弯曲加工，可采用斜楔滑块机构。

（3）级进拉深工序排样的基本原则

1）对于有拉深又有弯曲和其他工序的制件，就先拉深，再安排其他工序，以避免拉深时材料的流动造成其他已定型部位的变形。

2）级进拉深工序的安排和拉深系数的选取应以安全稳定为原则，必要时还应当有整形工序，以保证制件的质量。

3）为了便于级进拉深模在试模过程中调整拉深系数，应适当安排几个空工位作为预备工位。为避免因各工序件高度不一致影响拉深质量，可在每次拉深后设置一空工位以减小带料的倾斜角度，改善拉深件质量。

4）级进拉深有两种排样方式，无切口拉深和有切口拉深，如图5-5所示。如拉深件深度较大，为了便于材料的流动，可应用拉深前切口或切槽等方法。

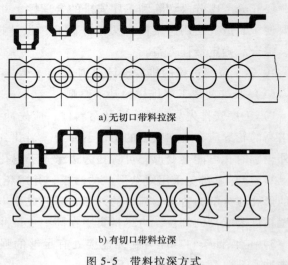

a) 无切口带料拉深

b) 有切口带料拉深

图5-5　带料拉深方式

2. 载体设计

载体就是级进冲压时条料上连接工序件并将工序件在模具上平稳送进的部分。载体与一般冲压排样时的搭边有相似之处，但作用不同。搭边是为了满足把工件从条料上冲切下来的工艺要求而设置的，而载体是为运载条料上的工序件至后续工位而设计的。载体必须具有足够的强度，能平稳地将工序件送进，故载体一般比搭边要宽。载体与工序件之间的连接段称为搭接头。

根据制件形状、变形性质、材料厚度等情况不同，载体的基本形式有以下几种。

（1）双侧载体　双侧载体又称为标准载体，是在条料的边缘两侧设计的载体，被加工的制件连接在两侧载体的中间。双侧载体送进十分平稳可靠，但材料利用率较低，主要用于材料较薄、制件精度要求较高的场合。双侧载体可分为等宽双侧载体和不等宽双侧载体。

等宽双侧载体在载体两侧的对称位置都冲出导正销孔，在模具的相应位置设导正销，以提高定位精度，如图5-6所示。

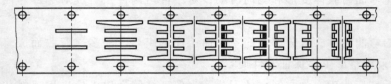

图5-6　等宽双侧载体

不等宽双侧载体宽的一侧称为主载体，窄的一侧称为副载体。一般在主载体上设置导正孔，条料沿主载体一侧的导料板前进，如图5-7所示。冲压过程中可根据需要中途冲切去副载体，以便进行侧向冲压加工。在冲切副载体之前应将主要冲裁工序都进行完毕，以确保冲裁精度。

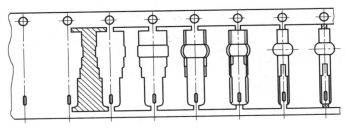

图 5-7　不等宽双侧载体

（2）单侧载体　单侧载体是在条料的一侧设计的载体，实现对工序件的运载。导正孔一般设置在单侧载体上，有时也可借用制件本身的孔同时进行导正，以提高送进步距精度。与双侧载体相比，单侧载体应设计更大的宽度。在冲压过程中，单侧载体易产生横向弯曲，无载体一侧的导向比较困难。

单侧载体一般应用于条料厚度为 0.5mm 以上，在制件的一端或几个方向都有弯曲工序，只能保持条料一端有完整外形的场合，如图 5-8 所示。

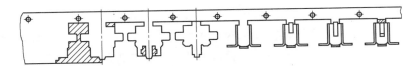

图 5-8　单侧载体

在冲裁细长制件时，为了增强载体的强度，并不过分增加载体宽度，仍设计为单侧载体，但在每个制件之间适当位置用一小部分连接起来，以增强条件的强度，称为桥接式载体，其中连接两工序的部分称为桥。采用桥接式载体时，冲压进行到一定的工位或到最后再将桥接部分冲切掉，如图 5-9 所示。

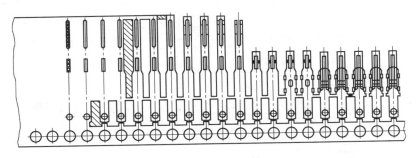

图 5-9　桥接式载体

（3）中间载体　中间载体是指载体设计在中间，它比单侧或双侧载体节省材料，在弯曲件的工序排样中应用较多，如图 5-10 所示。

（4）边料载体　边料载体是利用条料搭边余料作为载体的一种形式。这种载体稳定性好，简单省料。边料载体主要用于板料较厚、在余料或制件结构中有导正孔或者在搭边冲出导正孔的场合，如图 5-11 所示。

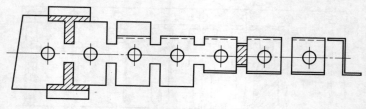

图 5-10　中间载体

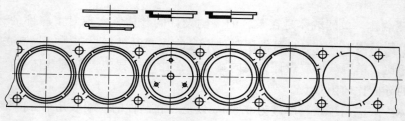

图 5-11　边料载体

3. 冲切刃口设计

为实现复杂制件的冲压或优化模具结构，在切除余料级进模中，一般将复杂外形和内形孔分几次冲切，这就要求设计合理的冲切刃口形状，实现制件轮廓的分解和重组。

（1）冲切刃口设计的原则　冲切刃口设计一般在坯料排样后进行，设计时应遵循的原则是：刃口分解与重组应保证冲件的形状和尺寸精度；轮廓分解的段数应尽量少，分解后各段间的连接应平直圆滑，并有利于简化模具结构；重组后形成的凸模和凹模外形要简单，有足够的强度，便于加工。如图 5-12 所示是冲切外形时的两种刃口分解和组合方式。

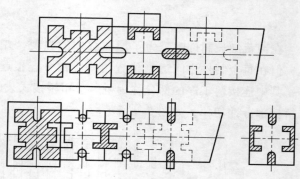

图 5-12　刃口分解和组合方式

（2）分解冲切的连接方式　内、外形轮廓分解后，各段之间必然要形成搭接头，不恰当的分解会导致搭接头处产生毛刺、错牙、尖角、塌角、不平直和不圆滑等质量问题。常见的连接方式有三种：搭接、平接和切接。

1）搭接是指毛坯轮廓经分解与重组后，冲切刃口之间相互交错，有少量重叠部分，如图 5-13 所示。搭接冲切的连接质量较好，比较常用。搭接量一般大于 $0.5t$；若不受搭接型孔尺寸的限制，搭接量可达 $(1\sim2.5)t$。

2）平接是在制件的直边上先冲切一段，在另一工位再冲切余下的一段，经两次或多次冲切后，形成完整的平直直边。这种连接方式可提高材料利用率，但容易出现接缝缺陷，尽量避免使用。若一定要用，则在平接附近设置导正销，并在第二次冲切的凸模延长部分修正出 $3°\sim5°$ 的斜角，如图 5-14 所示。

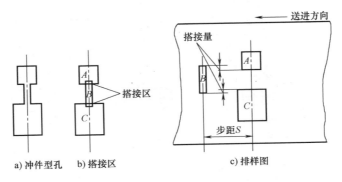

图 5-13　搭接连接方式

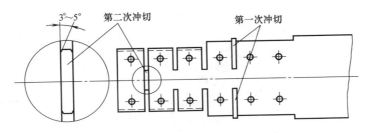

图 5-14　平接连接方式

3）切接是在坯料圆弧部分分段冲切时的连接形式，即在第一工位先冲切一部分圆弧段，在后续工位上再切去其余部分，前后两段应相切，如图 5-15 所示。

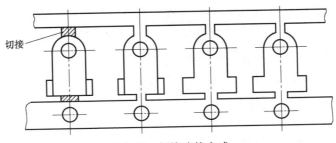

图 5-15　切接连接方式

4. 步距及空工位设计

（1）步距基本尺寸及精度　级进模的步距是指条料在模具中每送进一次，所需要向前移动的送料距离。步距的大小及精度直接影响冲件的外形精度、内外形相对位置精度和冲切过程能否顺利完成。

常见排样的步距基本尺寸，可按表 5-1 确定。

（2）空工位设计　当条料每次送到这个工位时，不做任何加工，随着条料的送进，再进入下一工位，这样的工位为空工位。在排样中，增设空工位的目的是为了保证凹模、卸料板、凸模固定板等零件有足够的强度，确保模具的使用寿命。但空工位的设置将增大模具的尺寸和工件的累积误差，故在设置空工位时遵循以下原则。

表 5-1　步距的基本尺寸

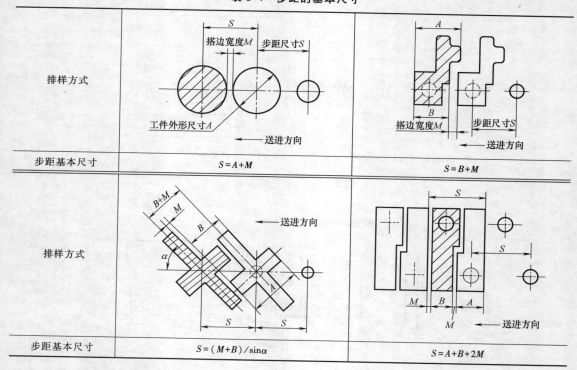

排样方式		
步距基本尺寸	$S=A+M$	$S=B+M$
排样方式		
步距基本尺寸	$S=(M+B)/\sin\alpha$	$S=A+B+2M$

1）用导正销做精确定位的条料排样时，因步距积累误差较小，对产品精度影响不大，可适当多设置空工位。

2）当模具步距较大（$S>16\text{mm}$）时，不宜多设置空工位；尤其当步距 $S>30\text{mm}$ 时，更不能轻易设置空工位。反之，当模具步距较小（$S<8\text{mm}$）时，增加空工位对模具尺寸影响不大，同时确保模具零件的安装及保证强度。

3）精度高、形状复杂的制件在设计排样图时，应少设置空工位；精度低、形状简单的制件排样可适当地多设置空工位。

5. 条料定位设计

条料定位是级进冲压中的关键。为了保证条料在每一个工位上都能准确定位，必须选择可靠的定位方式。根据工序件的定位精度，级进冲压的定位方式可采用挡料销、侧刃、自动送料机构和导正销等，其中前三者只能作为粗定位使用，精定位都是采用导正销与其他粗定位方式配合使用，其中最常用的有侧刃和导正销配合定位、自动送料机构与导正销配合定位。

（1）挡料销定位　挡料销一般用于产品精度要求低、尺寸较大、板料厚度大（$t>1.2\text{mm}$）、生产批量较小的手工送料的普通级进冲压，同时还要借助其他机构（如导料销或导料板）才能有效定位，模具的设计与制造较简单。

（2）侧刃定位　侧刃定位是级进冲压中经常使用的一种定位形式，如图 5-16 所示。侧刃在条料单侧或双侧冲切出等于步距长度的切口，条料向前送进时切口被侧刃挡块挡住而停止送进，从而保证每次送进的距离为步距长度。适用于板料厚度较小（$t<1.5\text{mm}$）级进冲压定位。

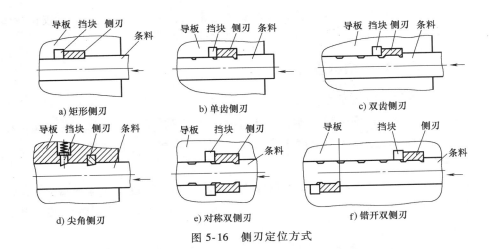

a) 矩形侧刃 b) 单齿侧刃 c) 双齿侧刃

d) 尖角侧刃 e) 对称双侧刃 f) 错开双侧刃

图 5-16 侧刃定位方式

因为进料时侧刃冲切缺口被侧刃挡块挡住，致使条料只能后退而不能前进，故侧刃冲切缺口长度一般比步距大 0.05~0.15mm，可通过导正销使条料后退而达到精确定位。

（3）导正销定位 导正销定位是通过装于上模的导正销插入设置在条料上的导正孔，以矫正条料位置从而达到精确定位，如图 5-17 所示。

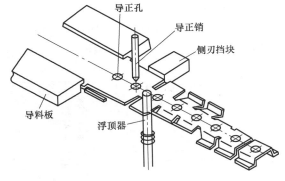

导正孔直径与导正销校正能力有关。导正孔直径过小，导正销易弯曲变形，导正精度差；导正孔过大则会降低材料利用率和载体强度。一般导正孔直径大于或等于料厚的两倍。对于薄料（$t<0.5mm$），导正孔直径应大于或等于 1.5mm。

导正销的工作过程如图 5-18 所示。当条料送进时，每一次送进的实际步距略大于理论步距，导正销头部进入导正孔内，条料在导向销作用下，回退到正确位置，导正定位完成。

图 5-17 导正销定位方式

导正孔要在第一工位冲出，并在第二工位设置导正销。以后的工位上，还应优先在重要

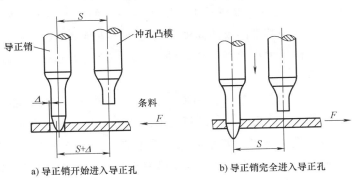

a) 导正销开始进入导正孔 b) 导正销完全进入导正孔

图 5-18 导正销导正工作过程

工位或条料易窜动的工位上设置导正销，单侧载体的末工位也要有导正销，以校正载体横向弯曲。导正销至少要设置两个，当超过两个时，可等间距布置。

5.2.3 多工位级进模的结构设计

多工位级进模的结构特点是零件数量多，结构复杂，凸、凹模的位置精度要求高，模具的整体刚性要好，导向机构安全稳定等。模具结构设计就是依据排样设计，确定组成模具结构的零件及零件间的装配连接关系，确定模具的总体尺寸和模具零件的结构形式。

1. 级进模总体设计

总体设计是以排样设计为基础，根据制件成形要求，确定级进模的基本结构框架。

（1）模具基本结构设计 级进模基本结构设计由三要素组成，即正装倒装关系、导向方式和卸料方式。

1）正装与倒装是模具的两种基本结构形式，由于正装的模具容易出件和排除废料，级进模中多采用正装结构。

2）级进模的导向可分为两部分，即外导和内导。外导主要是指模架的上、下模座的导向；内导是指利用小导柱和小导套对卸料板的导向，卸料板进而又对凸模进行导向和保护，也称辅助导向。

内导在级进模中是常用的结构，尤其适用于薄料、凸模直径小、制件精度要求高的场合。如图 5-19 所示是小导柱、导套的内导典型结构形式。

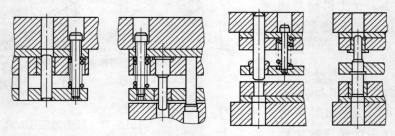

图 5-19　内导的典型结构形式

3）在多工位级进模中，多采用弹性卸料装配。若工位少，料厚大于 1.5mm，也可采用固定卸料方式。

（2）凸模高度的确定 在同一副模具中，由于各凸模的工作性质不同，各凸模的绝对高度也不一样，应先确定某一基准凸模的高度，其他凸模按照基准高度确定差值。凸模的基准高度是根据制件料厚和模具大小等因素决定的，一般取 35～65mm。在满足各种凸模结构前提下，基准高度力求最小。

（3）模板厚度 级进模模板一般包括凹模板、凸模固定板、垫板、卸料板和导料板等。这些模板的厚度决定了模具总体高度。各模板的厚度值可参考表 5-2 确定。

（4）模架 多工位级进模要求模架刚度好、精度高，因而除小型模具采用双导柱模架外，多采用四导柱模架。精密级进模一般采用滚珠导向模架或弹压导板模架。上、下模座的材料除小型模具采用 HT200 外，多采用铸钢或钢板。

表 5-2　级进模模板的厚度值　　　　　　（单位：mm）

名　称	A　　t	模　板　厚　度			备注
		< 125	125～160	160～300	
凹模板	<0.6	13～16	16～20	20～25	A——模板长度 t——条料厚度
	0.6～1.2	16～20	20～25	25～30	
	1.2～2.0	20～25	25～30	30～40	
刚性卸料板	<1.2	13～16	16～20	16～20	
	1.2～2.0	16～20	20～25	20～25	
弹性卸料板	<0.6	13～16	16～20	20～25	
	0.6～1.2	16～20	20～25	25～30	
	1.2～2.0	20～25	25～30		
垫板	—	5～13	8～16		
凸模固定板	L	40	50	60　　70	L——凸模长度
	—	13～16	16～20	20～25　22～28	
导料板	卸料方式　　t	<1	1～6		t——条料厚度
	固定卸料	4～6	6～14		
	弹压卸料	3～4	4～10		

2. 定距机构设计

多工位级进模的步距精度控制主要有三种方式：侧刃定距、侧刃与导正销联合定距以及自动送料装置与导正销联合定距。

（1）侧刃定距　侧刃定距结构简单、制造方便，在手工送料的级进冲裁模中应用普遍。由于侧刃凸模有制造误差，手工送料不准和侧刃磨损所产生积累误差会严重影响送料步距精度，因此侧刃定距适用于制件结构简单、精度要求不高、工位数不超过五个的冲孔落料级进模。

侧刃的切边宽度可参照表 5-3。

表 5-3　侧刃切边宽度参考值　　　　　　（单位：mm）

条料厚度 t	金　属	非　金　属
≤0.5	1.0～1.5	1.5～2.0
>0.5～1.5	1.5～2.0	2.0～3.0
>1.5～2.5	2.0～2.5	3.0～4.0
>2.5～3.5	2.5～3.0	4.0～5.0

（2）侧刃或自动送料装置与导正销联合定距　冲裁形状复杂或含有成形工序的多工位级进模，由于工位数较多，为减小积累误差对步距精度的影响，当在普通压力机上用手工送料进行操作时，广泛采用侧刃与导正销联合定距来控制步距精度。这种定距方式要求在第一个工位用侧刃冲切缺口，并在条料合适位置冲出导正工艺孔（或制件上可用于导正的结构孔），在第二个工位及以后重要工位上设置导正销导正，以校正侧刃带来的定距误差。

（3）导正销尺寸及结构

1）导正销的尺寸。导正销的工作直径 d 与导正孔直径 D 应保持严格的配合关系，才能保证对步距精度的控制。配合间隙过大，会引起定位精度降低；配合间隙过小，导正销易使导正孔变形，甚至会引起条料卡死，抱住在导正销上，影响模具正常工作，同时还会加快导正销的磨损。

导正孔直径 D 与导正销直径 d 可参照表 5-4 确定。

表 5-4　导正孔直径 D 与导正销直径　　　　　　　　　　　　　（单位：mm）

料厚 t	导正孔直径 D	导正销直径 d
0.06~0.2	1.6~2.0	$D-(0.01~0.02)$
0.2~0.5		$D-(0.02~0.04)$
0.5~1.0	0.2~0.5	$D-(0.04~0.08)$
1.0~1.6	2.5~4.0	$D-(0.08~0.10)$
>1.6	3.0~5.0	

2）凸模上导正销。凸模上导正销又称导头，一般安装在紧靠冲孔工位后的落料凸模上。当上模下行时，导正销先进入已冲出的孔内，将条料位置导正，然后进行落料，这样可消除送料步距误差，保证制件外形相对于孔的位置精度。

按在凸模上的装配方法和导正孔径大小不同，凸模上导正销的结构形式如图 5-20 所示。

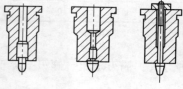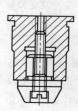

图 5-20　凸模上导正销结构形式

3）独立式导正销。独立式导正销与普通凸模一样独立地固定在固定板上，故又称为凸模式导正销，其基本形状与冲导正孔凸模相似，不同点只是其头部是导正部分。

图 5-21 所示为独立式导正销的几种基本形式。根据其结构不同，分为固定式和活动式两类。固定独立导正销精度高，定位准确；活动独立导正销结构稍复杂，精度差些，但不易损坏。

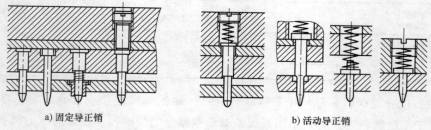

a) 固定导正销　　　　　　　　　　　　b) 活动导正销

图 5-21　独立式导正销的结构形式

3. 导料浮料装置设计

多工位级进冲压要求条料沿导料装置送进过程中无任何阻碍，因此，在完成一次冲压行程之后条料必须浮顶到一定的高度，以便下一次无阻碍送料。这不仅对有弯曲、拉深、成形工序等工步的多工位级进模是必要的，对纯冲裁的级进模也是必要的，可防止条料上的毛刺阻碍条料的送进。

多工位级进模常用的导料浮料装置有导料板与浮顶销配合使用和单独使用带槽导料浮顶销。

（1）导料板与浮顶销配合使用的导料浮料装置　通常在凹模面上靠近导料板处设置两排浮顶销，导料板的台肩是为了保证条料在被浮起后，仍能保持在导料板内运动。浮顶销的提升高度取决于制件的最大成形高度，具体尺寸关系如图 5-22 所示。

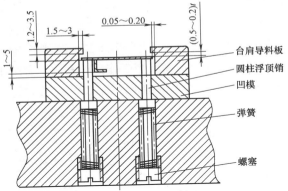

图 5-22　导料板与浮顶销配合使用的尺寸关系

浮顶销的结构如图 5-23 所示。圆柱形是通用的浮顶销结构，端部有球面和平面，平面适应较大直径的浮顶销；套式浮顶销常用于有导正销的位置，对导正销起保护作用。

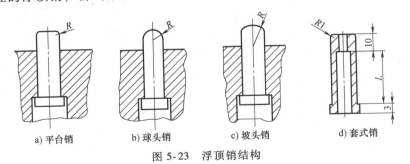

a) 平台销　　　b) 球头销　　　c) 坡头销　　　d) 套式销

图 5-23　浮顶销结构

（2）带槽导料浮顶销　当模具不适合采用导料板时，可设置带槽导料浮顶销，如图 5-24所示。带槽导料浮顶销兼有导料与浮顶功能，简称导料浮顶销。

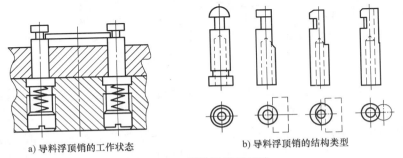

a) 导料浮顶销的工作状态　　　b) 导料浮顶销的结构类型

图 5-24　带槽导料浮顶销

4. 工作零件设计

多工位级进模主要零部件设计，除应满足一般冲压模具的设计要求外，还应根据级进冲压的特点，考虑模具工作零件的结构与尺寸设计。

（1）凸模结构设计　一般的粗短凸模可以按标准选用或按常规设计。在多工位级进模中有许多冲小孔的细小凸模、冲窄长槽凸模、分解冲裁凸模等，这些凸模的设计应根据具体的冲压要求，如制件大小、板料厚度、冲压速度、冲裁间隙和凸模加工方法等因素考虑凸模的结构及固定方法。

1）圆形凸模。对于冲小孔凸模，通常采用加大固定部分直径，缩小刃口部分长度来保证小凸模的强度和刚度。当工作部分和固定部分的直径相差太大时，可设计为多台阶结构。如图 5-25 所示为常见的圆形小凸模及装配形式。

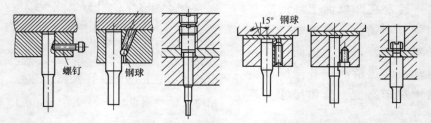

图 5-25　常见的圆形小凸模及装配形式

特别小的凸模可以采用保护套结构，并在卸料板上设计辅助导向对其进行保护，以消除侧压力对小凸模强度的影响，如图 5-26 所示。

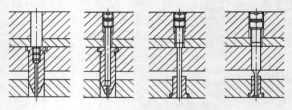

图 5-26　小凸模保护结构

2）异形凸模。除了圆形凸模，级进模中有许多分解冲裁的冲裁凸模。这些异形凸模形状比较复杂，大多采用线切割与成形磨削进行加工。图 5-27 所示为异形凸模常用的固定方法。

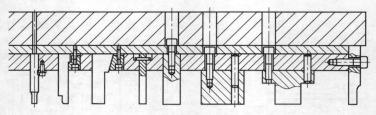

图 5-27　异形凸模常用的固定方法

（2）凹模结构设计　多工位级进模凹模的设计与制造较凸模更为复杂和困难。凹模常用的结构类型有整体式、镶套式、拼合式等。

1）整体式凹模。整体式凹模如图 5-28 所示，由一块整的矩形钢板制成，在工位数不多的小型级进模中，仍是首选的一种结构。其优点是模具结构紧凑，设计和加工简单，制造装配方便，成本低；缺点是局部损坏后，不便于修理。

2）镶套式凹模。对于某些小圆孔和小异形孔凹模，为了便于加工、刃磨和更换，一般在整体凹模上或凹模固定板上采用镶套式结构，如图 5-29 所示。镶套的内孔有圆形，也有异形，为防止镶套转动，采用键定位。

3）拼合形孔凹模。对于某些形状复杂、不易加工的异形凹模型孔，可采用拼合型孔凹模，变内形加工为外形加工，这样较易满足高精度的质量要求，如图5-30所示。

为防止拼块之间或镶件之间在冲压过程中发生相对位移，一般采用凹、凸槽形嵌配，键和斜楔进行固定装配，如图5-31所示。

4）分段拼合凹模。在多工位级进模中，对于尺寸较大的凹模，为了便于加工，同时提高各工位孔形位置精度，常采用分段拼合凹模结构。它是将凹模分为若干段，分别将每段加工成一定尺寸，然后再将各段凹模的结合面研合后，组合在一起固定到下模内，如图5-32所示。

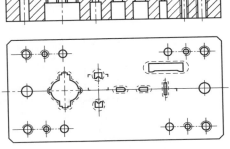

图5-28　整体式凹模

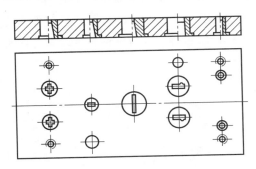

图5-29　镶套式凹模

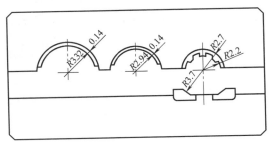

图5-30　拼合型孔凹模

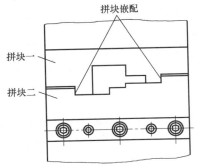

图5-31　拼块的嵌配与固定

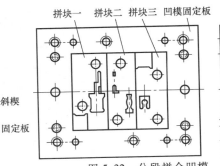

图5-32　分段拼合凹模

（3）弯曲工作零件设计　多工位级进模弯曲工作零件的设计，主要考虑成形和顺利送料的可行性。弯曲方向对工作零件的设计影响非常大。一般设计原则：向下折弯，用凸模成形（即弯曲凸模安装于凸模固定板上）；向上折弯，用卸料板镶件成形（即弯曲凸模安装于卸料板上）。

如图5-33所示，当向下折弯用卸料板镶件成形时，会出现在导正销定位之前即进行折弯，以致定位不准；而用

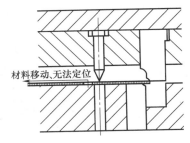

图5-33　卸料镶件
向下折弯的缺陷

凸模成形，则会严格按照导正→压料→折弯的工作顺序，如图 5-34 所示。

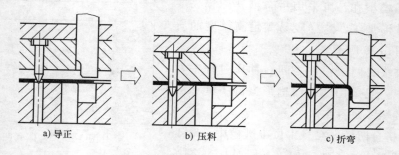

a) 导正　　　　　　　b) 压料　　　　　　　c) 折弯

图 5-34　凸模向下折弯的顺序

向上折弯时，应该以卸料镶件作为弯曲凸模。如果采用安装于凸模固定板上的凸模进行折弯，则会因压料不紧，条料偏移导致成形效果不好，如图 5-35 所示。利用卸料镶件进行向上折弯时，还应采用弹性顶件装置压料，保证条料在弹性卸料装置与弹性顶件装置之间夹紧后进行弯曲，同时在成形后浮顶条料以保证顺利送料。

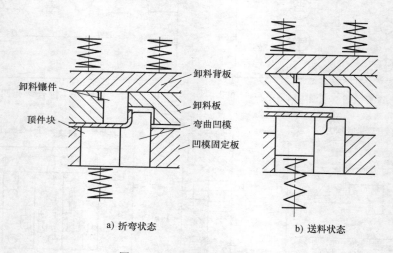

a) 折弯状态　　　　　　　　　b) 送料状态

图 5-35　卸料镶块向上弯曲

在级进弯曲中，在向下弯曲小于 90°V 形制件时，先将其弯曲成 90°角，再利用斜楔滑块装置将其弯曲成小于 90°，如图 5-36 所示。

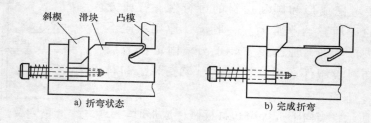

a) 折弯状态　　　　　　　　　b) 完成折弯

图 5-36　向下弯曲小于 90°V 形制件

5.2.4 PDX 应用介绍

1. PDX 的基本介绍

Progressive Die Extension（PDX）是 Pro/E 的一个拓展模块（俗称外挂），主要用于级进模设计。利用定制的解决方案来开发级进模，可以极大地提高冲压模具设计效率。使用 PDX 可以方便地创建条带布局，生成导柱、导套等级进模零部件。

PDX 支持下列三种主要设计关系。

1）钣金件开发条带布局，Pro/E 原始钣金件可根据导入的制件几何形状创建条带布局。

2）基于条带布局创建整个工具，这包括上下各模板设计以及冲压、导向件，螺钉和其他元件的装配。

3）创建绘图、材料清单（BOM）、孔图表和其他必要信息。

2. PDX2.2 的安装

1）首先确认计算机已经成功安装了 Pro/E 3.0 或 Pro/E 4.0 软件。

2）安装一个"WinMount"或"Alcohol 120%"等虚拟光驱软件（在全部完成 PDX 的安装后可将其卸除），再将 PDX2.2 软件安装包中的"BIN CUE"作为镜像文件载入，将出现虚拟光盘盘符 G。

3）打开该虚拟光盘，光盘资源列表如图 5-37 所示。双击 SETUP.EXE 进入安装，安装过程全部按部就班（注意安装目录位置）。

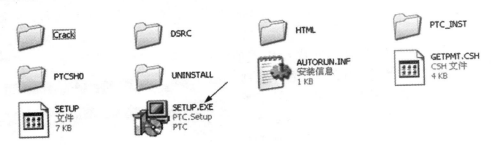

图 5-37　虚拟光盘资源列表

4）安装完毕后，打开安装目录下×：\programm\pdx2.2\text 文件夹，再用记事本打开 protk.dat 文件，在最后的"end"之前加上"unicode_encoding false"（单独一行），然后保存文件退出。

（提示：这一步对 protk.dat 文件的修改是针对 Pro/E4.0 而言，对于 Pro/E3.0 则不需要修改，直接跳过这一步。）

5）将 protk.dat 文件复制到 Pro/E 的起始位置工作目录下（设置为隐藏，避免误删）。

6）安装完成后打开 Pro/E，菜单栏将出现【PDX2.2】栏，同时信息栏提示"已找到 Progressive Die Extension 2.2 的有效许可证"，如图 5-38 所示。

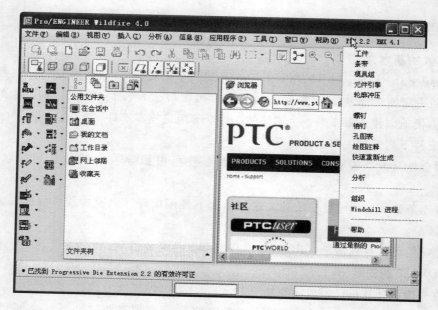

图 5-38　成功安装 PDX 后的 Pro/E 界面

3. PDX2.2 的主要模块

PDX 级进模设计的大部分操作由菜单栏【PDX2.2】下各子栏目的创建命令完成。一般步骤为：创建工件参照→编辑条带并插入各工位→通过"模具组"创建模架→通过"模具引擎"创建各冲压工作零件、导向件、其他辅助设备等→对组件和各零件进行必要修改与编辑。

（1）创建工件参照　首先完成冲压件的三维造型，并转换为钣金件，其操作在【PDX2.2 | 工件】菜单下进行，主要包括【创建工件参照】、【材料属性】（设置折弯许可系数）、【自动展平】、【准备工件】（确定参照工件的坐标位置）、【填充钣金件】（将工件内孔填充，其轮廓应用于自动生成冲压零件）等，如图 5-39 所示。

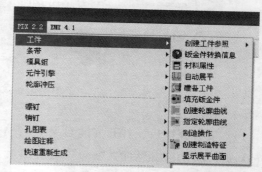

图 5-39　PDX2.2【工件】菜单栏

（2）条带设计　排样条带是后续模具设计的依据，其原理是通过阵列多个参照工件，确定其级进步距、条料宽度、各工位工序，自动生成三维条带组件模型。排样设计操作在【PDX2.2 | 条带】菜单下进行，主要包括【设置】（编辑条带、插入工位等）、【工位位置】（冲孔工位、成形工位、折弯工位的创建、修改和移除），如图 5-40 所示。三维条带生成后，可重新打开【PDX2.2 | 条带】用菜单各工具进行修改编辑。

（3）模架设计　模架尺寸及各模板尺寸位置及导柱导套等都可在【模具组】菜单栏中

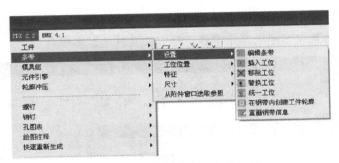

图 5-40　PDX2.2【条带】菜单栏

完成，如图 5-41 所示。首先通过【项目创建】生成模具组件文件，再通过【定义板】打开【板向导】窗口，编辑操作模架尺寸和各模板尺寸与位置，如图 5-42 所示。

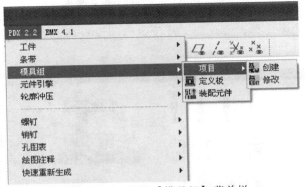

图 5-41　PDX2.2【模具组】菜单栏

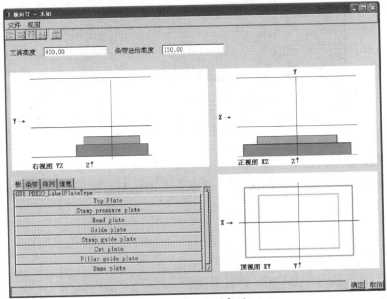

图 5-42　【板向导】窗口

（4）模架零件设计　模具引擎是级进模设计最重要的模型库，模具各冲压工作零件、导向装置、定位组件及卸料组件等都通过【元件引擎】完成，【元件引擎】菜单如图 5-43 所示，主要包括冲孔及成形冲压工作零件、导向件及其他设备零件。

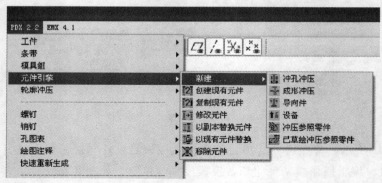

图 5-43   PDX2.2【元件引擎】菜单栏

各类模具零件的类型选择、参数定义及位置参照设置都通过图 5-44 所示模具零件参数定义对话框完成。

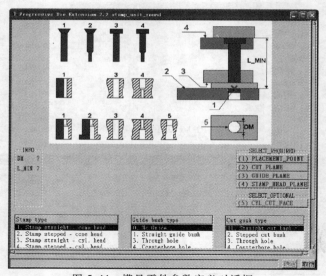

图 5-44   模具零件参数定义对话框

在 PDX 拓展模块软件实际的应用过程中，应灵活变通，取长补短，结合 Pro/E 手动零件造型设计与装配，或者在调取 PDX 标准件后，手动编辑修改，以充分表达设计理念，满足设计要求。

5.3   项目实施

5.3.1   制件冲压工艺分析

如图 5-1 所示电器接线头制件的尺寸较小，主要包括冲裁和弯曲两大工序。制件的冲裁和弯曲部位精度要求不高，且该制件属大批量生产，故适合级进冲压。

5.3.2 PDX 级进冲压排样设计

第一步：钣金制件设计

应用 Pro/E 软件按照图 5-1 所示尺寸完成制件三维钣金件造型设计，并保存制件为"gongjian.PRT"。

第二步：钣金件材料属性设置

单击菜单栏【PDX2.2 | 工件 | 材料属性】，在弹出的【材料属性】对话框选择材料"steel"，并折弯许可"K 因子"值设为"0.22"（本制件 $r/t=$ 0.25，查表 3-2 得中性层位移系数 $x=0.22$），如图 5-45 所示，单击【确定】完成。

图 5-45 "材料属性"设置

第三步：钣金件自动展平并填充

1）单击菜单栏【PDX2.2 | 工件 | 自动展平】，根据弹出的提示，选择制件弯曲侧的上平面为展平【驱动曲面】，制件则自动展平。

2）单击【PDX2.2 | 工件 | 准备工件】，并选择制件弯曲侧的上平面为【驱动曲面】，选择制件基准坐标为装配坐标系。

3）单击【PDX2.2 | 工件 | 填充钣金件】，制件孔将被自动填充，制件展开尺寸形状及二维尺寸如图 5-46 所示。

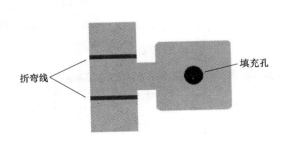
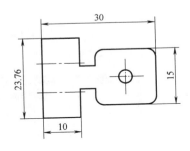

图 5-46 钣金件展开形状及尺寸

第四步：确定排样方案

该制件工序外形简单，对称性好。主要工序为冲裁和弯曲。排样方式可以为单竖排、单横排和双横排，分别如图 5-47a、b、c 所示。

综合考虑材料利用率及冲裁与弯曲工序的对称性，该制件的级进冲压适合采用单竖排中间载体排样方式。

第五步：条带设计

1）单击【PDX2.2 | 条带 | 设置 | 编辑条带】，弹出【条带向导】窗口。

2）在【条带向导】窗口中单击菜单栏【插入 | 工件】，并选择模型"gongjian.PRT"插入。右键单击窗口中显示的制件，单击【位置】，在弹出的制件【定位】的【位置】对

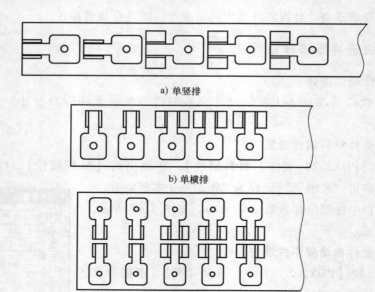

a) 单竖排

b) 单横排

c) 双横排

图 5-47　排样方案确定

话框设置定位参数如图 5-48 所示。

（提示：制件的位置定义与制件本身的造型坐标方位相关。）

3）定义条带参数。条带的其他各基本参数定义如图 5-49 所示。

4）在【条带向导】窗口中单击菜单栏【插入｜冲压参照零件】，分别在如图 5-50 所示条带的三个位置插入【冲压参照零件】。

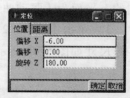

图 5-48　设置定位参数

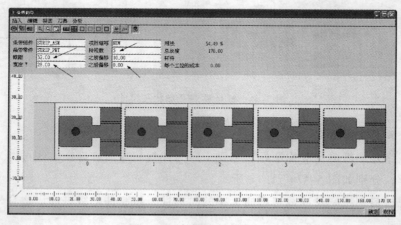

图 5-49　条带基本参数定义

5）完成条带的基本参数定义及冲压参照创建后，单击【条带向导】窗口右下方【确定】，则 Pro/E 自动创建一个"STRIP_ASM"组件，如图 5-51 所示。

第六步：修改冲压参照零件

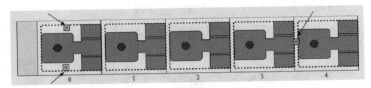

图 5-50　插入冲压参照零件

图 5-51　自动生成的排样条带

在条带向导中创建的冲压参照零件，需根据各冲裁工序的实际轮廓进行编辑修改。在"STRIP_ASM"组件模式下，找到在【条带向导】中创建的三个冲压参照零件分别进行草绘编辑。

第 1 个工位上（条带上的 0 排位号）的两个冲压参照零件拉伸截面，分别修改成如图 5-52 所示的截面草绘。

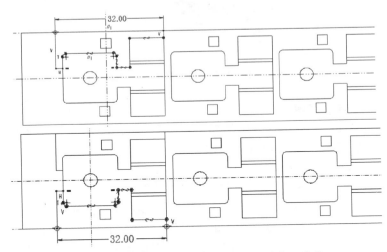

图 5-52　第 1 个工位冲压参照零件拉伸截面草绘

（提示：第 1 工位设置两个对称的成形侧刃，既完成两侧废料的冲切，又切出侧缺口进行侧刃定距。）

最后一个工位（条带上的 3 号与 4 号之间）冲压参照零件拉伸截面，修改成如图 5-53 所示的截面草绘。

（提示：最后工位设置切断工序，冲切搭

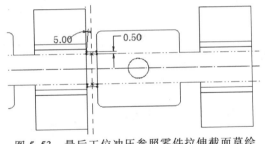

图 5-53　最后工位冲压参照零件拉伸截面草绘

接参照中间余料边，每端延伸 0.5mm，并设置 5°的斜角。）

完成修改后，再生成条料组件，条带变成如图 5-54 所示。

图 5-54 冲压参照零件修改后再生成的条料组件

第七步：参照零件替换及条料制件修改

1）先将最后 3 工位的参照零件通过复制替换成"gongjian_1.prt"、"gongjian_2.prt"和"gongjian_3.prt"，再分别将该两零件的展平特征删除。

（提示：最后三个工位的参照零件已经完成了弯曲工序，故需替换成未展平弯曲的参照零件。）

2）单独激活条料零件"strip.prt"，将最后两工位处的多余边切除。

完成修改后的条料组件如图 5-55 所示。

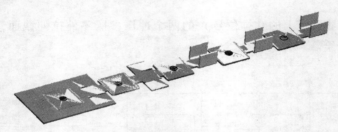

图 5-55 制件替换及条料修改后的条料组件

第八步：创建排样二维图

创建二维排样组件的工程图，分别创建正视图和俯视图，并导入 AutoCAD 并进行必要标注与修改，得到如图 5-56 所示排样二维图。

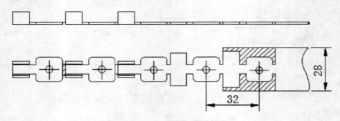

图 5-56 二维排样图

至此，完成了该制件的级进冲压排样设计。保存好二维排样组件以作为后续的模具设计的重要参照依据。

（提示：条料组件排样也可直接通过 Pro/E 组件进行设计。）

5.3.3 PDX 模架设计

第一步：新建【模具组】项目

单击菜单栏【PDX2.2 | 模具组 | 项目 | 创建】，弹出如图 5-57 所示的【新建项目】对话框，输入项目名称"JXK_PD"。PDX 将自动创建"JXK_PD.ASM"并存盘。

第二步：进入"板向导窗口"

单击菜单栏【PDX2.2 | 模具组 | 定义板】，弹出【板向导】窗口。模架的整体高度、各模板大小、厚度及导向装置的设置，都在此窗口中完成。

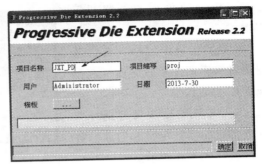

图 5-57 【新建项目】对话框

第三步：指定钢带

单击【板向导】窗口左下方菜单栏的【条带】→选择下方窗口中显示的钢带信息行→单击【指定钢带】→在弹出的【选择模型】对话框中下拉选择条料组件"STRIP.ASM"，单击【确定】，如图 5-58 所示。

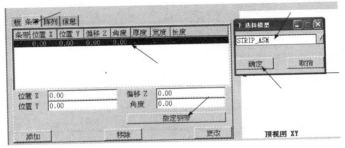

图 5-58 【指定钢带】操作

再编辑钢带的位置，即通过改变钢带在【位置 X】和【位置 Y】的偏移值使钢带设置在模具中心位置。

第四步：添加各模板

1）首先将【工具高度】（即模架总高度）值调整为"200"，【条带进给高度】调整为"80"。

单击【板向导】窗口左下方菜单栏的【板】，在下方显示各板名称，如图 5-59 所示。

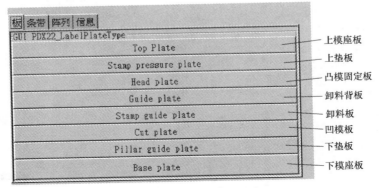

图 5-59 模板工具

2）单击下模座板【Base plate】，弹出该板【属性】对话框，设置其长度、宽度及厚度值如图 5-60 所示，单击确定。再单击上方动态窗口"右视图 YZ"区域中选择底边线位置，则完成该板的参数和位置设置。

（提示：板设置后，右击其视图可编辑属性参数，还可左键拖动以移动其位置。）

3）按照同样步骤分别完成其他各板的参数定义和摆放。各板参数如表 5-5 所示。

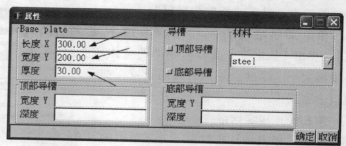

图 5-60　下模座板属性参数定义

表 5-5　各板的参数定义 （单位：mm）

板 名 称	长度 X	宽度 Y	厚　度
Base plate（下模座板）	360	240	30
Pillar guide plate（下垫板）	200	120	18
Cut plate（凹模板）	200	120	22
Stamp guide plate（卸料板）	200	120	16
Guide plate（卸料背板）	200	120	12
Head plate（凸模固定板）	200	120	18
Stamp pressure plate（上垫板）	200	120	12
Top plate（上模座板）	360	240	30

各板位置的方位视图如图 5-61 所示。

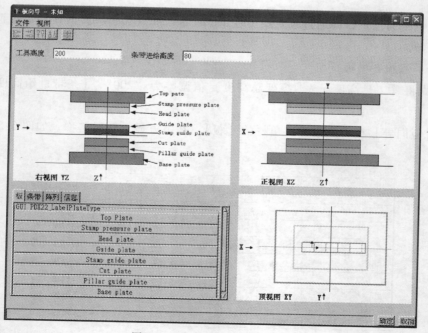

图 5-61　各板位置的方位视图

第五步：设置导向件位置

级进模的导向件、卸料螺钉及弹簧、紧固螺钉及定位销都可以通过【板向导】窗口中的【阵列】工具菜单完成设置。

1）设置导向件（即导柱导套）。单击【板向导】窗口左下方菜单栏的【阵列】，在下方下拉选项中选择【导向件】，同时单击【可视化】按钮（设置的零部件将在视图中显示）。

2）在下方位置窗口中输入各导向件的位置坐标值，并单击【更改】按钮，如图 5-62 所示（在各视图中出现导向件位置）。

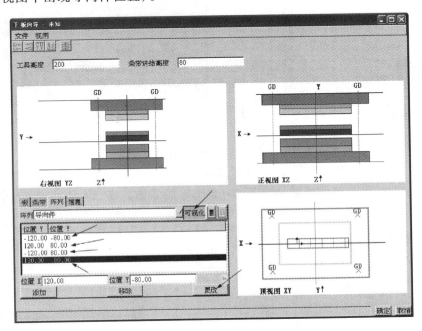

图 5-62　导向件的设置

完成模板及各部件的设置后，单击【板向导】下方的【确定】按钮，系统将自动在项目"JXT_PD"组件中添加各模板。

（提示：其他导向件及紧固件设置后，只确定了其位置，需要在【模具引擎】中选择标准件及各参数进行创建，创建后才在组件中添加各零件。）

5.3.4　冲压工作零件设计

本项目的级进冲压模包括冲孔、侧刃边料冲裁、向下折弯及切断等四组工作零件。可结合 PDX "模具引擎"工具自动创建和 Pro/E 零件手动创建的方式进行。

第一步：创建冲孔工作零件制

1）在组件模式下单击菜单栏【PDX2.2|模具引擎|新建|冲孔冲压】，将弹出【冲孔冲压】零件选项窗口，选择【Round cut stamps】（即圆形冲裁），如图 5-63 所示。再选择其下方选项的【MISUMI】（标准件供应商名称）→单击【Stamp unit round】，即弹出如图 5-64

所示零件类型设置窗口。

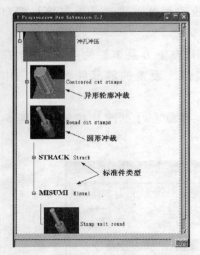

图 5-63 【冲孔冲压】零件选项窗口

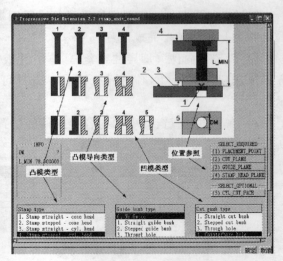

图 5-64 零件类型设置窗口

2）在零件参数定义对话框中的【Stamp type】（凸模类型）选择类型"4"，在弹出的凸模参数定义对话框输入如图 5-65 所示的参数；在【Guide bush type】选择类型"4"，在弹出的凸模导套参数定义对话框输入如图 5-66 所示的参数；在【Cut gush type】选择类型"4"，在弹出的凹模参数定义对话框输入如图 5-67 所示的参数。

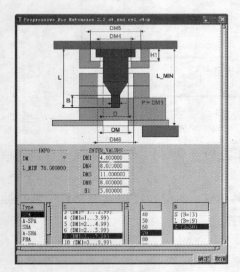

图 5-65 凸模参数定义

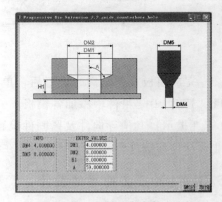

图 5-66 凸模导套参数定义

3）在零件类型设置窗口单击【（1）PLACEMENT_POINT】，再根据提示在 JXT_PD 组件绘图窗口中选择条料第 1 个工位参照零件 φ4mm 孔的中心点。单击【确定】，则在组件中自动完成了冲孔凸模的安装及凸模导正孔、冲孔凹模口的创建，如图 5-68 所示。

第二步：创建侧刃及切断冲裁工作零件

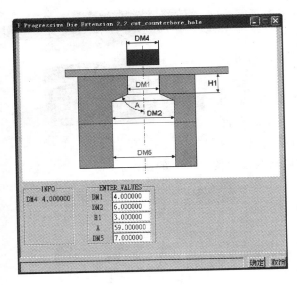

图 5-67　凹模参数定义　　　　　　　　图 5-68　冲孔工作零件的创建

1）在组件模式下单击菜单栏【PDX2.2｜模具引擎｜新建｜冲孔冲压】，在【冲孔冲压】零件选项窗口中选择【Contoured cut stamps】（即异形冲裁），再选择【MISUMI】供货商→单击【simple】，在弹出的参数定义对话框中设置如图 5-69 所示参数。再单击【（1）STAMP_REF_TOP】，选择条料第 1 工位其中一个侧刃轮廓面为参照，单击【确定】，则在组件中自动完成了一个侧刃凸模、凹模洞口的创建。

2）用同样的方法创建另一侧的侧刃工作零件及最后工位的切断工作零件，工作零件的参数定义相同。

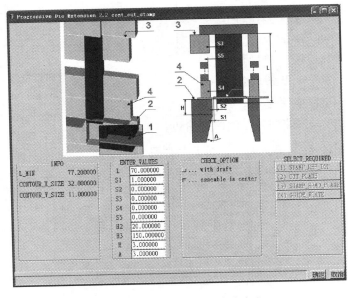

图 5-69　侧刃工作零件参数定义

创建侧刃及切断冲裁工作零件的模具如图5-70所示。

第三步：创建折弯工作零件

折弯凸模与凹模可直接在组件中新建，其结构可参照图5-34。

1）创建折弯凸模。在组件中新建零件，命名为"bend_tumo"，单击拉伸特征，以条料第三个参照零件的弯曲边为草绘平面，绘制如图5-71所示草绘，拉伸到另一侧的弯曲边。完成拉伸后将工作部位的四条内棱边倒$R1mm$的圆角。

图5-70　创建侧刃及切断冲裁工作零件

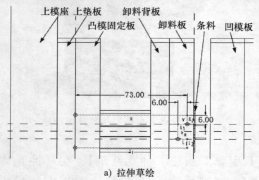

a) 拉伸草绘

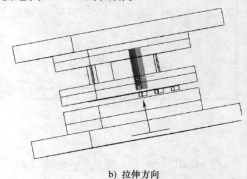

b) 拉伸方向

图5-71　折弯凸模拉伸

2）创建折弯凹模。折弯凹模宜设计成单独镶块，再在凹模板上切出让位槽。具体操作：在组件中新建零件，命名为"bend_aomo"，单击拉伸特征，以条料第三个参照零件的弯曲边为草绘平面，绘制如图5-72所示草绘，拉伸到另一侧的弯曲边。完成拉伸后将工作部位的两条棱边倒$R0.2mm$的圆角。

3）创建凹模板让位槽。单独激活凹模板，单击拉伸特征，以条料第三个参照零件的弯曲边为草绘平面，绘

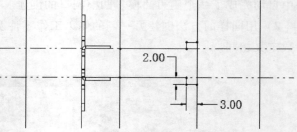

图5-72　折弯凹模拉伸草绘

制如图5-73所示草绘，拉伸到另一侧的弯曲边，选择去除材料。

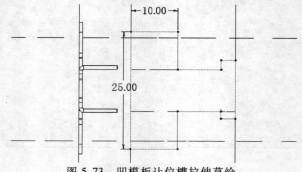

图5-73　凹模板让位槽拉伸草绘

创建冲压工作零件如图 5-74 所示。

5.3.5 创建模具结构零件

第一步：创建导向零件

导柱导套的安装位置已经在【板向导】窗口通过【阵列】设置，导向件的具体类型选择及参数定义通过"模具引擎"完成。

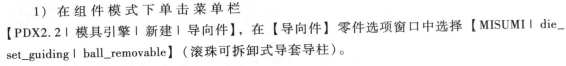

图 5-74 创建冲压工作零件

1）在组件模式下单击菜单栏【PDX2.2︱模具引擎︱新建︱导向件】，在【导向件】零件选项窗口中选择【MISUMI︱die_set_guiding︱ball_removable】（滚珠可拆卸式导套导柱）。

2）定义导向件参数如图 5-75 所示。

3）再分别选择下模座板的上平面为【（2）POST_PLANE】，上模座板的上平面为【（3）BUSH_END_PLANE】，单击【确定】，将自动装配一处导套导柱。

4）根据信息栏提示"是否将元素放置在特征或阵列的其他所有轴/点上（y/n）？"，输入"y"，便完成对角四处导套导柱的安装，如图 5-76 所示。

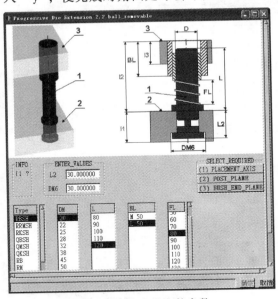

图 5-75 定义导向件参数

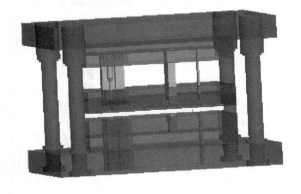

图 5-76 完成导向件安装的模具

第二步：创建卸料零件

1）先在卸料背板上平面绘制四个关于模具中间基准面对称分布的基准点，模具长度方向对称距离为"120"，宽度方向对称距离为"70"。

2）在组件模式下单击菜单栏【PDX2.2︱模具引擎︱新建︱设备】，在【设备】选项窗口中选择【MISUMI︱springs︱coil_spring】。

3）定义卸料弹簧参数如图 5-77 所示。分别选取前面草绘基准点为【（1）PLACEMENT

_AXIS_POINT】，卸料背板上平面为【（2）START_PLANE】，凸模固定板下平面为【（3）END_PLANE】，单击【确定】后根据信息栏提示"是否将元素放置在特征或阵列的其他所有轴/点上（y/n）？"，输入"y"，便完成对角四处弹簧的安装。

4）安装卸料螺钉。在组件模式下单击菜单栏【PDX2.2｜模具引擎｜新建｜设备】，在【设备】选项窗口中选择【STRACK｜Springs｜Guide bolt】。定义其参数如图 5-78 所示。同样分别选择草绘基准点为"安装点"，卸料背板上平面为"安装面"，单击确定后根据信息栏提示"是否将元素放置在特征或阵列的其他所有轴/点上（y/n）？"，输入"y"，便完成对角四处卸料螺钉的安装。

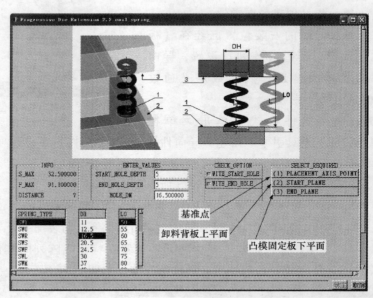

图 5-77　定义卸料弹簧参数

完成卸料组件创建的模具如图 5-79 所示。

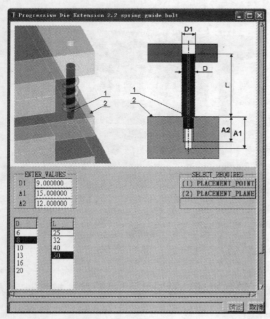

图 5-78　定义卸料螺钉参数

图 5-79　完成卸料组件安装的模具

第三步：创建导料浮顶装置

1）创建基准点。先以条料下平面为草绘面，绘制如图 5-80 所示四个基准点（点在条料两侧棱边上，对称分布）。

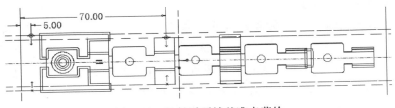

图 5-80 导料浮顶销基准点草绘

2）安装浮顶销。组件模式下单击菜单栏【PDX2.2｜模具引擎｜新建｜设备】，在【设备】选项窗口中选择【MISUMI｜strip_lifter｜guide_lifter_set】（导料浮装置）。定义其参数如图 5-81 所示。按提示分别选择其准点与条料边，单击【确定】后自动完成一处导料浮顶装置的安装。

3）编辑修改浮顶销。因标准库中的浮顶销尺寸过大，不合适本模具，故需进行修改。单独打开浮顶销零件，将其【伸出项】特征草绘截面修改成如图 5-82 所示。

4）复制导料浮顶销装置至其他基准点位置。单击菜单栏【PDX2.2｜模具引擎｜复制现有元件】，选择第一个装好的导料浮顶销，再根据信息栏提示分别选择复制位置的基准点和条料边，逐一完成其他三处浮顶装置的创建。全部完成后如图 5-83 所示。

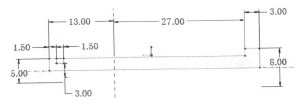

图 5-82 修改浮顶销草绘

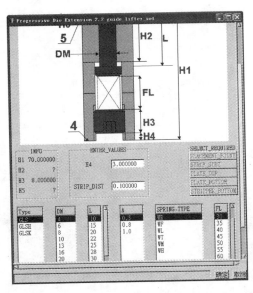

图 5-81 定义浮顶销参数

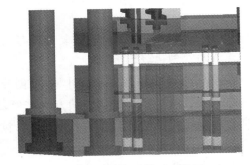

图 5-83 创建导料浮顶装置

第四步：创建弯曲工位浮顶装置

弯曲工位的凹模内需设置浮顶器，起压料及浮顶作用。

1）首先在板料下平面上草绘一个基准点，位置处于弯曲工序处两折弯侧边的中心。

2）单击菜单栏【PDX2.2｜模具引擎｜新建｜设备】，在【设备】选项窗口中选择

【MISUMI | strip_lifter | strip_lifter_set】。定义其参数如图 5-84 所示。按提示分别选择其准点与板料的上平面，单击【确定】后自动完成浮顶装置的安装。

第五步：创建导正销装置

为了保证条料的精确定位，在第 2~4 个工位上设置导正销，利用制件 φ4mm 孔作为导正孔。

1）创建基准点。在第 2~4 个工位参照零件 φ4mm 孔的中心创建分别创建基准点。

2）单击菜单栏【PDX2.2 | 模具引擎 | 新建 | 设备】，在【设备】选项窗口中选择【MISUMI | pilot_pins | str_pilot_punch_strip】。定义参数如图 5-85 所示。再选择孔中心基准点为设置参照点，单击【确定】完成导正销安装。

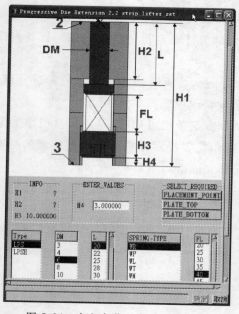

图 5-84　定义弯曲工序浮顶销参数

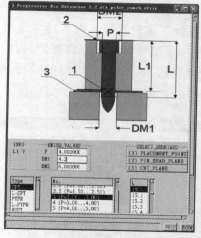

图 5-85　定义导正销参数

3）通过【模具引擎】的【复制现有元件】完成另两处导正销的创建，如图 5-86 所示。

第六步：创建导料板

在模具进料端通过【创建】手工创建导料板，并安装两个紧固螺钉，其方法与项目 3 及项目 4 中导料板创建类似，不再赘述，读者可自行根据板料宽度及位置进行设计。

第七步：各凸模的安装固定

因为各冲压凸模尺寸较小，适合采用台肩固定法。

图 5-86　创建导正销

1）激活各凸模，在其顶端创建固定台肩，台肩草绘位置及尺寸如图 5-87 所示，拉伸高度统一设置为 5mm。

2）激活凸模固定板，在各凸模固定对应位置切出安装台肩。

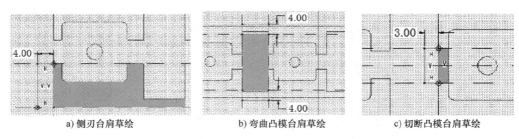

a) 侧刃台肩草绘　　　　b) 弯曲凸模台肩草绘　　　　c) 切断凸模台肩草绘

图 5-87　各凸模的固定台肩草绘

第八步：安装上下模具紧固螺钉及定位销

上下模具紧固螺钉及定位销可用 PDX 或 EMX 进行安装，PDX 标准螺钉与销的安装与 EMX 相似，首先创建基准点，再根据信息提示选择安装参照平面。

第九步：检查模具体积干涉

将对应模板切出各冲压凸模的通过孔。

完成 3D 设计的接线卡多工位级进模，如图 5-88 所示。

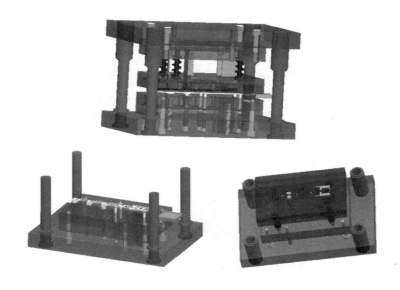

图 5-88　接线卡多工位级进模三维模型

5.4　拓展练习

5.4.1　电器支架多工位级进模设计

如图 5-89 所示为电器支架制件，材料为黄铜，料厚为 0.8mm，大批量生产。利用 Pro/ E 软件及 PDX 完成级进冲压排样设计、模具整体结构及各零部件的三维设计。

关键步骤操作提示如下。

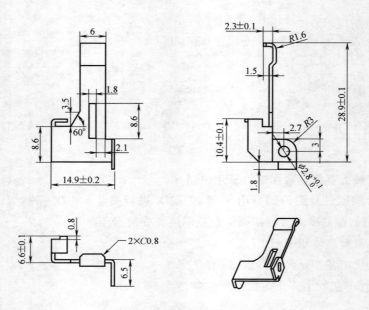

图 5-89　电器支架制件图

第一步：级进冲压工艺分析

该制件为多向弯曲件，主要包括冲孔、落料和弯曲三种基本冲压工序，其中弯曲的方向各不相同，外形也复杂。若采用单工序模或复合模加工，则生产率低下，而且定位困难，误差大。因为零件的生产批量大，生产率要求高，所以采用级进模加工，可节约冲压设备和模具，提高经济效益。

该零件的弯曲部分精度要求较高，且对毛刺方向有明确要求。工件$\phi 2.8$mm 的圆孔尺寸有精度要求，不宜作为导正孔使用。

第二步：条带排样设计

根据制件的尺寸要求，利用 Pro/E 钣金造型，调入 PDX 进行自动展开，可得到其展开形状及各尺寸，如图 5-90 所示。

将展开后的制件作为参照零件，进行排样设计。考虑到材料利用率及弯曲的对称性，级进冲压采用对排。由图 5-90 可知，该制件至少需四次弯曲，其中 B 处弯曲需在 C 处弯曲之前，故设计冲裁和弯曲的基本顺序为 A 处余料冲裁→A 处向上弯曲→B、C、D 处余料冲裁→B 处向下弯曲→C 处向下弯曲→D 处 U 形一次弯曲→落料。通过测量和计算，确定板料宽度和步距分别为 64mm 和 34mm，材料利用率为 30.17%，排样方案如图 5-91 所示。

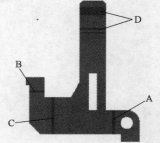

图 5-90　制件展开形状

第 1 工位为导正孔及制件上的$\phi 2.8$mm 圆孔；第 2、3 工位为冲去 A 处弯曲侧边的余料，同时在第 2 工位将中间矩形槽孔冲出；第 4 工位为 A 处向上弯曲；第 5、6、7、8 工位为冲去其他弯曲边侧余料，留取双边载体和中间载体；第 9 工位为 B 处向下弯曲；第 10 工位为

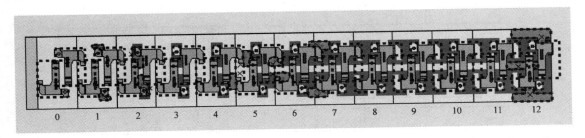

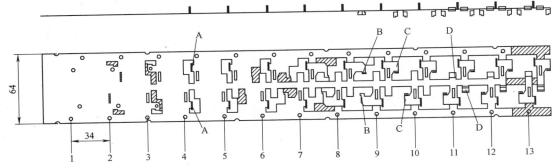

图 5-91　电器支架排样方案

C 处向下弯曲；第 11 工位为 D 处 U 形弯曲；第 12 工位为空工位；第 13 工位为落料和切断。

第三步：模架设计

根据制件尺寸大小、条料长度与宽度，设置模具的总体高度、各模板的尺寸及位置。

第四步：模具零件设计

为保证模具的精度，采用四导柱加强型模架，板料采用自动送料装置送料，浮动导料杆导向送料，导正销定距。

模具上模部分主要由上模板、垫板、凸模固定板、卸料板背板和卸料板等组成。卸料方式采用弹性卸料，以强力弹簧为弹性元件。

为了严格控制卸料板的移动和倾斜，保证卸料板上下运动平稳，卸料板、凸模固定板及凹模之间设有小导柱导向，使三者贯通在一起。四个小导柱设在卸料板的对称两侧。

模具结构参考图如图 5-92 所示。

5.4.2　显卡固定架多工位级进模设计

如图 5-93 所示为某型号的计算机显卡固定架制件，材料为 Q235 镀锌板，料厚为 0.8mm。利用 Pro/E 软件及 PDX 完成级进冲压排样设计、模具整体结构及各零件的三维设计。

关键步骤操作提示如下。

第一步：级进冲压工艺分析

该制件的成形工艺包括冲孔、外形冲裁、侧面及端面弯曲和切断等工序。

155

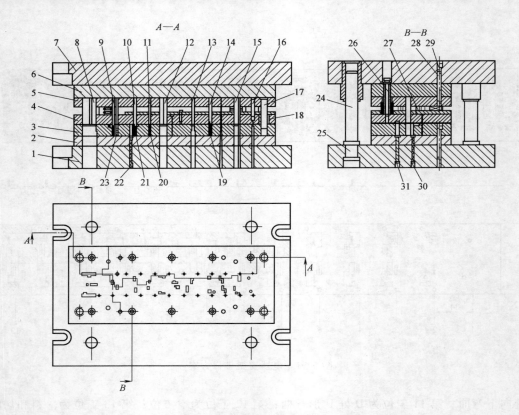

图 5-92　电器支架级进模结构参考图

1—下模座板　2—下垫板　3—凹模板　4—卸料板　5—凸模固定板　6—上垫板　7—上模座板

8、12、13、15、16—冲裁凸模　9、10、11、14—弯曲凸模　17—小导柱　18—小导套

19、20、21、23—弯曲凹模镶块　22—弹顶器　24—导柱　25—导套

26—卸料螺钉及弹簧　27—导正销　28—销钉　29—紧固螺钉　30—螺钉　31—浮料杆

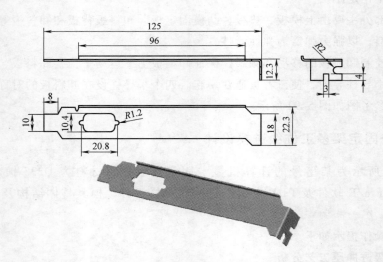

图 5-93　显卡固定架制件

第二步：条带排样设计

PDX 条带设计可参照图 5-94。

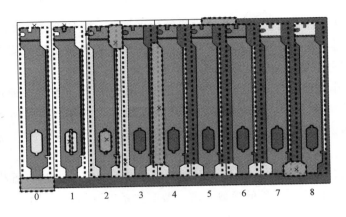

图 5-94 显卡固定架级进冲压排样

第三步：模架及模具零件设计

模具结构参考图如图 5-95 所示。

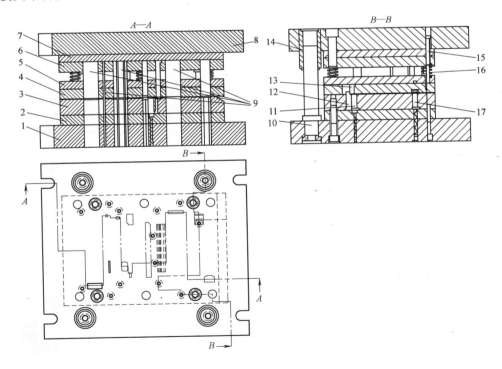

图 5-95 显卡固定架级进模结构参考图

1—下模座板 2—下垫板 3—凹模板 4—卸料板 5—卸料背板 6—凸模固定板

7—上垫板 8—上模座板 9—冲裁凸模 10—可卸式导柱 11—顶料销 12—弯曲凸模

13—卸料弯曲镶块 14—导套 15—卸料螺钉 16—卸料弹簧 17—浮料销

5.5 项目小结

1）相对于普通冲压而言，多工位级进模结构更复杂，模具设计与制造成本更高。

2）级进冲压排样是模具设计的关键环节，直接决定模具经济性、安全性和可靠性，故排样设计应考虑多种方案，反复比较分析选择最合理的方案。

3）PDX 的工作流程能自动执行级进模的设计和细化工作，有利于缩短设计周期，从而加快了投入生产的速度。PDX 包含大型的模具组件和紧固件库，因此加快了详细设计的速度，加快了展平和识别特征的速度，便于分段处理，提高了设计灵活性，甚至允许在创建模具后添加新的阶段，通过自动完成重复性任务来提高效率，并减少误差。

4）三维设计软件不仅是设计工具，也是重要的学习工具，通过三维模具设计过程，能更直观地掌握模具结构及各零件的参数要求、装配关系以及加工工艺性。

第2篇　注射模设计

项目 6　肥皂盒盖注射模成型零件设计

6.1　项目引入

6.1.1　项目任务

图 6-1 所示为肥皂盒盖塑件，材料为聚丙烯（PP），塑件未注脱模斜度为 2°，大批量生产。利用 Pro/E 软件进行该塑件一模四腔注射模分模设计，完成模具成型零件（型腔和型芯）的三维设计。

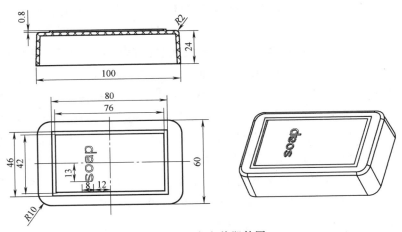

图 6-1　肥皂盒盖塑件图

6.1.2　项目目标

◇　了解塑料性能及主要成型工艺。

◇　初步掌握注射模的基本结构。

◇　掌握 Pro/E 分模设计的基本步骤与流程。

◇　熟练掌握分模文件的创建和管理。

◇　能根据塑件的形状和特点进行参照零件的定位和多型腔布局。

◇　掌握分模工件的手动创建和自动创建方法。

◇　掌握阴影曲面工具创建简单分型面。

◇　掌握模具零件的分割、抽取。

◇　初步掌握浇注系统的创建和编辑。

◇　掌握铸模仿真与开模仿真操作。

6.2 项目知识

6.2.1 塑料性能与成型工艺

1. 塑料及其成分

塑料是以树脂为主要成分，在一定的温度和压力下可塑制成一定形状，并在常温下能保持既定形状的材料。树脂的性能决定了塑料的类型和主要性能。根据需要，树脂中加入各类添加剂以改善或调节塑料性能，常用的添加剂有填充剂（提高力学性能，降低塑料成本）、增塑剂（提高塑料的柔软性，提成型加工性能）、润滑剂（改善塑料熔体的流动性，提高塑件光亮度）、着色剂（使塑件具有所需颜色）、稳定剂（提高塑料抗老化能力）、固化剂（促进树脂的固化）、发泡剂（使塑料成型时释放气体，形成孔洞）等。

2. 塑料的种类及性能

塑料的品种很多，根据树脂的分子结构及热性能，塑料可以分为热塑性塑料和热固性塑料两类。

（1）热塑性塑料　热塑性塑料是由可以多次加热而仍具有可塑性合成树脂制得的塑料，其固化过程是可逆的。包括以下常用塑料品种。

1）聚乙烯（PE）。聚乙烯是目前产量最大、应用最广的塑料品种之一。聚乙烯无毒无味、性能优良、容易成型、原料来源丰富、价格便宜。成型用的聚乙烯为乳白色蜡状颗粒，其强度较低、表面硬度差，但化学稳定性较好，吸水性小，电绝缘性能优异，广泛应用于食品、工农业、化学、电器电子、医药卫生、家庭日用等各个领域，常用来制作塑料薄膜、塑料管、塑料板、塑料瓶、齿轮、各类绝缘零件等。常用的聚乙烯有三种：低密度聚乙烯（LDPE）、高密度聚乙烯（HDPE）、线性低密度聚乙烯（LLDPE）。

2）聚氯乙烯（PVC）。聚氯乙烯是世界上产量仅次于聚乙烯的第二大塑料品种，为无毒无味的白色或浅黄色粉末。它具有较好的电绝缘性和化学稳定性，耐油、不易燃烧和一定的机械强度，但热稳定性较差，长时间地加热会导致分解，释放出氯化氢气体，使塑料变色，故其使用温度较窄。聚氯乙烯广泛应用于化工、农业、电气、建筑及日常用品等各领域。根据其所含增塑剂的多少，聚氯乙烯分为硬聚氯乙烯和软聚氯乙烯。硬聚氯乙烯中不加或加入少量增塑剂，它强度高、硬度大，但软化点低，可制作管材、棒材、板材及注射塑件；软聚氯乙烯含有较多的增塑剂，其柔软程度和耐寒性优于硬聚氯乙烯，但力学性能、电绝缘性和耐蚀性均相对较低，适于制作塑料薄膜、软管、密封材料，日用品中的凉鞋、雨衣、玩具、人造革等。

3）聚苯乙烯（PS）。聚苯乙烯是仅次于聚乙烯和聚氯乙烯的第三大塑料品种，它无毒无味、无色透明，透光率仅次于有机玻璃，落地时发出清脆的金属声。它质硬而脆，易产生应力开裂，电绝缘性能优良，着色性能好。聚苯乙烯可用于制作仪表外壳、灯罩、透明模型，在日用品方面广泛用于包装材料、各种容器、玩具等。此外，聚苯乙烯易于发泡成型，大量用做泡沫塑料。

4）聚丙烯（PP）。聚丙烯是用量居第四位的热塑性塑料，它无毒无味、无色，是通用塑料中最轻的一种。聚丙烯化学稳定性和力学性能较好，且有突出的延伸率和抗弯曲疲劳性能，常用于制作活动铰链，其缺点是低温变脆、不耐磨、耐光性差易老化。聚丙烯可制作各种机械零件如法兰、泵叶轮、汽车零件、盖体合一的箱壳等。

5）丙烯腈-丁二烯-苯乙烯（ABS）。ABS是丙烯腈（A）、丁二烯（B）、苯乙烯（S）三元共聚物，产量大，应用极广。ABS由三种成分组成，因此具有良好的综合力学性能。电绝缘性能及耐蚀性好，易于成型和机械加工。ABS适于制作一般机械零件，如齿轮、泵叶轮、轴承等；汽车配件，如仪表盘、挡泥板、扶手、加热器等；各类电器外壳，如电机外壳、电话机壳、显示器外壳、电视机外壳、冰箱衬壳等。

6）聚酰胺（PA）。聚酰胺俗称尼龙，是最重要的通用工程塑料。聚酰胺无毒无味、不霉烂，具有优良的力学性能，且具备良好的消音效果和自润滑性能，但其吸水性强，常因吸水而引起尺寸变化。因为成本高，尼龙大部分用做合成纤维，只有10%左右用来制作塑件。因其摩擦系数低、自润滑性能好，适于制作机械传动零件，如轴承、齿轮、滚子、滑轮、涡轮等。

7）聚甲基丙烯酸甲酯（PMMA）。聚甲基丙烯酸甲酯俗称有机玻璃，质轻而坚韧，其强度和韧性是硅玻璃的10倍以上，而密度仅为硅玻璃的1/2。光学性能是PMMA最重要的性能之一，其透光率不仅优于其他透明塑料，比普通硅玻璃还好，而且具有良好的电绝缘性和较好的耐蚀性。它的最大缺点是表面硬度低，容易被擦伤和拉毛。聚甲基丙烯酸甲酯适宜制作要求有一定透明度和强度的零件，如飞机和汽车的玻璃窗、飞机罩盖、灯罩、油杯、光学镜片、医学材料、日用品及美工材料、广告铭牌等。

8）聚甲醛（POM）。聚甲醛是一种高熔点结晶型热塑性工程塑料，其耐磨和自润滑性能接近于尼龙，但比尼龙价格低廉。它的物理、力学性能优良，是塑料中力学性能最接近金属的品种之一，突出的优点是刚度高、硬度大、耐疲劳性优异，特别适合于用作长时间反复承受外力的齿轮材料。它还具备很好的回弹能力，可制作塑料弹簧。缺点是热稳定性差、易燃烧。聚甲醛广泛用于机械、汽车、仪表、农机、化工等部门代替有色金属及合金制作减振零件、传动零件、汽车配件、化工容器、仪器仪表外壳等。

9）聚碳酸酯（PC）。聚碳酸酯是重要的通用工程塑料之一，具有刚而韧的特点。它无毒无味、无色或微黄色透明，力学性能优良：冲击韧性是热塑性塑料中最好的一种；抗拉、拉弯、抗压强度高；具有良好的耐热性和耐寒性；吸水率低，尺寸稳定性好。它的最大缺点是易生产内应力，缺口敏感性高，可用玻璃纤维增强改善。聚碳酸酯使用范围广泛，可制作齿轮、滑轮、凸轮、轴承、各类外壳和容器等零件。因其透明性好，还适合制作光学零件，如光盘、透镜、防弹玻璃等。

10）聚四氟乙烯（PTFE）。聚四氟乙烯是氟塑料（含氟塑料的总称）中综合性能最好、产量最大、应用最广的一种。聚四氟乙烯的突出特点是化学稳定性是目前已知塑料中最优越的一种，在常温下没有一种溶剂能溶解它，故有"塑料王"之称，其缺点是热膨胀系数大。聚四氟乙烯在防腐化工机械上用于制造管道、阀门、泵体等，也可用于制造自润滑减摩轴承、活塞环等零件，在医学上可作代用血管、人工心肺装置等。

（2）热固性塑料　热固性塑料是由加热硬化的合成树脂制成的塑料，固化成型后，再加热不再软化，不具备二次可塑性，其固化过程是不可逆的。常用的热固性塑料包括酚醛塑料、氨基塑料、环氧树脂。

1）酚醛塑料（PF）。酚醛塑料是一种产量较大的热固性塑料，由酚醛树脂加入各种纤维或粉末状填充剂形成。与一般热塑性塑料相比，它刚度好，变形小，耐热耐磨，电绝缘性能优良，其缺点是质脆，抗冲击强度差。酚醛塑料适用于电工结构材料和电气绝缘材料，如线圈架、接线板、电动工具外壳、齿轮、凸轮等。

2）氨基塑料。氨基塑料主要有两种：脲-甲醛塑料（UF）和三聚氰胺-甲醛塑料（MF）。UF俗称电玉粉，通常用于压制电气绝缘零件，如插座、开关、旋钮等，MF又称密胺塑料，能耐沸水，容易去除污渍，且重量轻、不易碎，故适用于制作餐具、茶杯等，也广泛用于制作电气绝缘零件。

3）环氧树脂。环氧树脂种类繁多，应用广泛，有许多优良性能，其最突出的特点是黏结能力很强，是"万能胶"的主要成分。同时，其耐热、耐化学腐蚀、电气绝缘性能良好，故可用于金属和非金属的黏合剂，用于封装各种电子元件，配以石英粉等能浇铸各种模具。

根据用途分类，塑料可分为通用塑料、工程塑料及特殊塑料。通用塑料是指产量大、用途广、价格低的塑料。主要包括聚乙烯、聚氯乙烯、聚苯乙烯、聚丙烯、酚醛塑料和氨基塑料六大类，占塑料总量的80%。工程塑料是指可用于做工程结构材料的塑料，其力学性能较好，可代替金属做某些机械构件，主要包括聚酰胺、聚甲醛、聚碳酸酯、ABS、聚四氟乙烯及各种增强塑料。特殊塑料是指具有某些特殊功能的塑料，如耐高温、耐腐蚀等。

3. 塑料的成型工艺

根据塑料的种类及塑件形状特点，采用不同的成型工艺方法，塑料的成型工艺主要有以下几种。

（1）注射成型（注塑成型）　注射成型是将塑料原料先在注射机的加热料筒进行加热熔融，在注射机螺杆和活塞推动下，经喷嘴和模具的浇注系统进入模具型腔，在模具内固化定型，如图6-2所示。注射成型所用的模具称为注射模具。注射成型主要用于热塑性塑料制品的成型。注射成型在塑料制件成型中占很大比重。因受注射成型设备尺寸限制，除了尺寸很

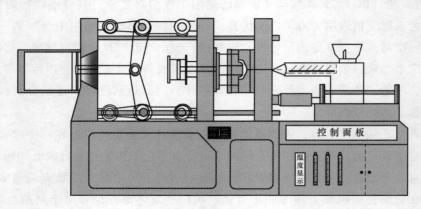

图6-2　注射成型

大的管、棒、板等型材不能用注射成型外，其他各种形状、尺寸的塑料制品都可以用这种方法生产。

（2）压缩成型（压制成型） 压缩成型是将塑料原料直接加在敞开的模具型腔内，再将模具闭合，塑料在热和压力作用下成为流动状态并充满型腔，然后由化学或物理变化使塑料硬化成型，如图6-3所示。压缩成型主要用于热固性塑料的成型，也可用于某些流动性很差的热塑性塑料（如聚四氟乙烯）的成型。

（3）压注成型（传递成型） 压注成型是将塑料原料加入预热的加料室，然后通过压柱向塑料施加压力，塑料在高温高压下熔融并通过浇注系统进入模具型腔，逐渐硬化成型，如图6-4所示。压注成型也主要用于热固性塑料的成型。

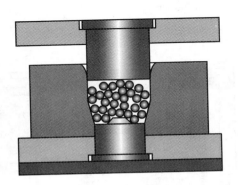 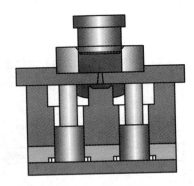

图6-3 压缩成型　　　　　　　　　　　图6-4 压注成型

（4）挤塑成型 挤塑成型是通过挤塑机螺杆的推动，使粘流状态的塑料在高温高压下，通过具有特定断面形状的机头口模，然后连续进入温度较低的定型模并固化，生产出具有所需断面形状的连续型材，如图6-5所示。

图6-5 挤塑成型

除了以上成型工艺方法外，还有中空吹塑成型、真空成型、泡沫塑料成型等。

6.2.2 注射模典型结构与基本组成

1. 注射模的概念

注射模是一种可以重复地大批量地生产塑料制品的一种生产工具。这种模具是靠成型零件在装配后形成一个或多个型腔，成型所需的塑件形状。

注射模工作时必须安装在塑料注射机上，由注射机来实现模具的开合，其工作顺序为：

合模→注射塑料熔体进入型腔→保压并冷却→开模→推出塑件后再合模。

2. 注射模的分类

注射模的分类方法有很多。按注射模浇注系统基本结构的不同可分为三类：第一类是二板模（也称单分型面模、大水口模）；第二类是三板模（也称双分型面模、细水口模）；第三类是热流道模（也称无流道模）。

（1）二板模　二板模是注射模中最简单、应用最普及的一种模具，它的主要成型零件为动模板和定模板，故命名为二板模。它以分型面为界将整个模具分成动模和定模两部分，定模安装在注射机的固定模板上，动模则安装在注射机的移动模板上。一部分型腔在动模，一部分型腔在定模，分流道开设在分型面上。开模后，塑件和流道留在动模，塑件和浇注系统凝料从同一分型面内取出。二板模结构及开模如图 6-6 所示。

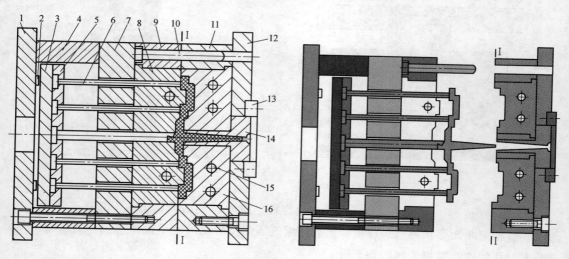

图 6-6　二板模结构及开模示意图

1—动模座板（底板）　2—止动销（限位钉）　3—推杆底板　4—方铁（垫块）　5—推杆固定板　6—推杆

7—支承板　8—型芯（凸模）　9—动模板（B 板）　10—导柱　11—定模板（A 板）　12—定模座板

（面板）　13—定位环（定位圈）　14—主流道衬套（浇口套）　15—冷却水道　16—型腔（凹模）

（2）三板模　三板模的成型零件除了动模板和定模板外，增加了一块流道板（也称中间板）。中间板是先动后不动。开模时，由于弹簧的作用，模具首先在中间板与定模板之间的分型面Ⅰ打开，中间板随着动模一起后移，主浇道凝料随之拉出，当动模部分移动一定距离后，固定在中间板上的定距限位销与定距拉板左端接触，使中间板停止移动，而动模继续后移，动模板与中间板在主分型面Ⅱ处打开，浇注系统凝料与塑件在浇口处自行拉断。浇注系统凝料和塑件分别从分型面Ⅰ和主分型面Ⅱ处内取出。三板模的结构及开模如图 6-7 所示。

3. 注射模的基本组成

注射模主要由动模与定模两大部分组成。根据模具中各个零部件的不同作用，注射模一般可以分成八个主要部分。

（1）成型零件　型腔是直接成型塑件的部分，它通常由凸模（成型塑件内部形状）、凹

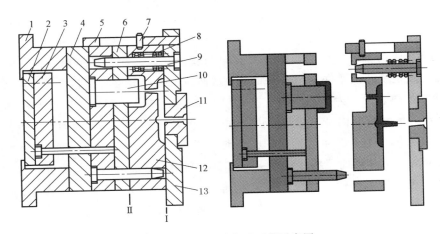

图 6-7　三板模结构及开模示意图

1—动模座（模脚）　2—推杆底板　3—推杆固定板　4—支承板　5—定距拉板　6—脱模板（推板）

7—定距限位销　8—弹簧　9—导柱　10—型芯（凸模）　11—主流道衬套（浇口套）

12—型腔板（流道板、中间板）　13—定模座板

模（成型塑件外部形状）、型芯或成型杆、镶件等构成。这些零件决定了制件的几何形状和尺寸，是注射模最重要的零件，如图 6-8 所示。

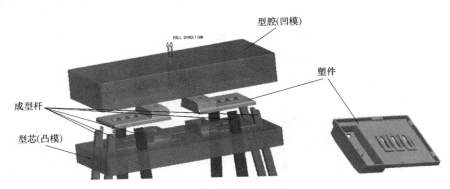

图 6-8　注射模成型零件

（2）浇注系统　将塑料熔体由注射机喷嘴引入型腔的流道称为浇注系统，它由主流道、分流道（根据分流次数又分为一次分流道、二次分流道等）、浇口、冷料阱组成，如图 6-9 所示。

（3）导向部分　为确保动模与定模合模时的准确对中而设置导向零件，如导套、导柱。有时为保证推出机构的平稳运动，在推板和定模座板之间也设置推板导套、推板导柱。

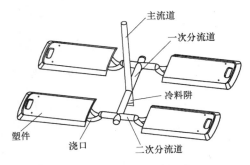

图 6-9　浇注系统的组成

（4）推出机构　在开模过程中，将塑件和浇注系统凝料从模具中推出的装置称为推出

机构，如推杆（顶杆）、推杆固定板、推板、拉料杆等。常用的推出方式有推杆推出、脱模板推出、推管推出。

（5）侧向分型与抽芯机构　当塑件带有侧凹或侧孔时，在开模推出之前，必须把成型侧凹或侧孔的成型型芯或镶件从塑件中脱出，从而应用侧向分型与抽芯机构。

（6）冷却加热装置　为满足注塑工艺对模具温度的要求，模具一般设有冷却或加热系统。冷却系统一般在模具内开设冷却水道，加热系统则在模具内部或四周安装电加热元件。

（7）排气系统　为了在注射过程中将型腔内的空气排出，常在分型面开设排气槽。但注射成型尺寸较小的塑件时，排气量不大，可直接利用分型面之间的间隙进行排气。

（8）支承及固定零部件　对成型零件和推出机构零件起支承和固定作用的其他零件。包括支承板、垫块、定模座板、动模座板、各类螺钉及销钉等。

6.2.3　注射模成型零件设计

1. 型腔数量的确定

在确定模具型腔数量时，应考虑以下因素。

（1）塑件精度　由于分流道和浇口的制造误差，很难将各型腔的注射工艺参数同时调到最佳值，故塑件的收缩率难以均匀一致，对精度要求很高的塑件，其互换性受影响。

（2）经济性　型腔越多，模具外形尺寸越大，注射机注射成本越高，同时模具制造难度越大，制造费用越高。

（3）成型工艺　型腔数量增多，分流道增长，注射压力与熔体热量损失较大，塑件易形成不完整或熔接不良等质量问题。

（4）保养和维修　型腔数量越多，故障发生率也越高，影响生产率。

2. 分型面的确定

选择分型面时一般应遵循几项基本原则。

（1）分型面的选择　分型面应选在塑件外形最大轮廓处，否则塑件无法从型腔中脱出。常见的盒盖塑件底边处有外侧唇边（凸止口）或倒角时，分型面需选外轮廓最大尺寸处，如图 6-10 所示。

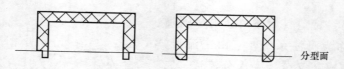

图 6-10　外侧唇边或倒角时分型面的选取

（2）有利于脱模　通常分型面的选择应尽可能使塑件在开模后留在有推出机构的动模一侧。一般定模侧型腔决定成型塑件的外形，动模侧型芯决定成型塑件的内形，这样当塑件冷却后，将包紧在动模侧的型芯上，便于塑件的推出。

（3）保证塑件的精度要求

1）有同轴度要求的结构应全部在动模侧或定模侧成型，如图 6-11 所示塑料齿轮的注射成型，如分别在不同侧，则因模具制造与装配误差难以保证同轴度。

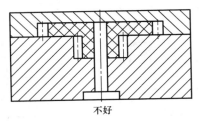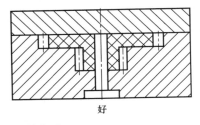

图 6-11 塑料齿轮注射成型

2）应尽量减小脱模斜度对塑件尺寸带来的影响。如图 6-12 所示塑件，如型腔设置于同一镶件，则由于脱模斜度造成两端尺寸差异大，如对称分布，则可消除脱模影响。

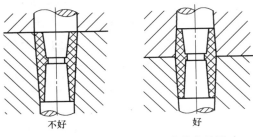

图 6-12 脱模斜度对塑件尺寸精度的影响

3）满足塑件的外观质量要求。分型面尽可能选择在不影响塑件外观的部位以及塑件表面棱线或切线处。如图 6-13 所示塑件，分型面选择在球面处时，飞边不易清除将影响塑件外观质量。

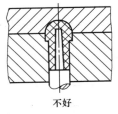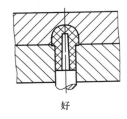

图 6-13 考虑分型面飞边对塑件外观影响

（4）便于模具的加工制造 为了便于模具加工制造，尽量采用平直分型面。在确定分型面时，要做到能用平面（与开模方向垂直）不用斜面，能用斜面不用曲面。

（5）减少锁模力 分型面设计应尽量减小塑件在合模平面上的投影面积，以减小锁模力，如图 6-14 所示。

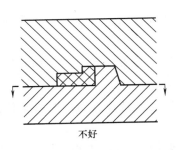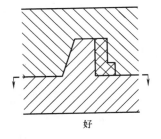

图 6-14 减小塑件在分模平面上的投影面积

（6）尽量避免侧向抽芯　选择分型面应尽可能避免侧向分型或抽芯，若无法避免，则应使抽芯距离尽量短。

（7）便于排气　分型面是主要排气的地方，为了有利于型腔内气体排出，分型面尽可能与料流末端重合，如图6-15所示。

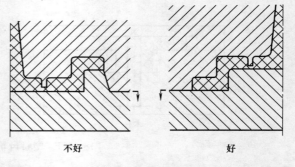

图6-15　分型面应有利于排气

3. 型腔布局（排位）设计

型腔布局是根据模具型腔的数量、塑件的品种和大小确定成型塑件的摆放位置，也称为排位。型腔布局确定了模具结构，并直接影响后期的注塑工艺。一般说来塑件排位应遵循以下基本原则。

（1）紧凑原则　在保证型腔壁厚及流道设计的基础上，尽可能排列紧凑，既可以减小模具的整体尺寸，又可缩短各型腔与主流道的距离，从而减少压力和熔体热量损失，如图6-16所示。

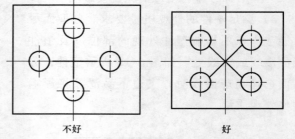

图6-16　排位尽量紧凑

（2）比例协调原则　型腔布局要考虑模具的长宽比例适当（在1.2~1.5之间较合理），长度不宜超过宽度的一倍。如图6-17所示长条形塑件进行两腔排位时，应选择横排，使模具长宽比协调。

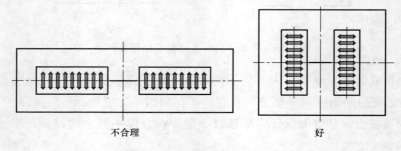

图6-17　排位要考虑模具长宽比

（3）浇口位置统一原则　一件多腔排位应保证浇口位置一致，不对称件采用对角排位（俗称鸳鸯模），如图6-18所示。

（4）对称原则　多件多腔时，必须保证模具的压力平衡和温度平衡，故尽量将塑件对称排位或对角排位，如图6-19所示。

（5）大近小远原则　对于同一塑件，大近小远指的是模具布局时将塑件的大头靠近模具中心，以便于充满，如图6-20所示。

对于一模多件，大近小远是指将体积较大的塑件靠近模具中心，如图6-21所示。

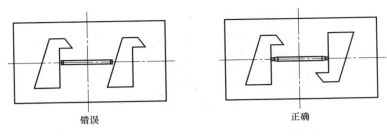

图 6-18   同一制件各型腔浇口位置一致

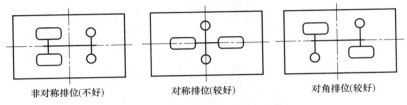

图 6-19   对称排位与对角排位

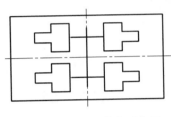

图 6-20   同一塑件大近小远

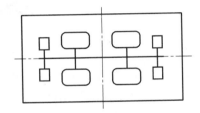

图 6-21   多个塑件大近小远

（6）进料平衡原则   要保证熔体同时均匀地充满各个型腔。排位有平衡式与非平衡式。

平衡式排位的特点是从主流道到各型腔的分流道的长度、形状及尺寸均对应相同，如图 6-22 所示。平衡式排位容易保证平衡进料，但当型腔数多时，流道总长度较大。

非平衡式排位的特点是当型腔数多时为缩短流道总长度，主流道到各型腔的分流道的长度不相等，如图 6-23 所示。非平衡式排位需要通过调整各浇口或分流道的尺寸以达到平衡进料，一般流道较长的型腔相应增加分流道并加大浇口尺寸，反之流道较短的型腔应减少分流道并减小浇口尺寸。

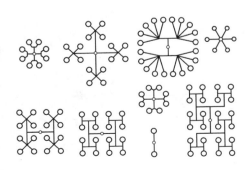

图 6-22   平衡式排位

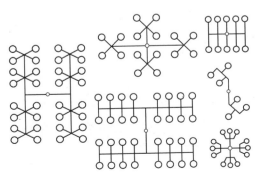

图 6-23   非平衡式排位

4. 成型零件的外形尺寸设计

（1）成型零件设计的基本要求　构成注射模型腔部分的模具零件统称为成型零件，又叫内模镶件（或模仁）。注射模设计与制造时，一般将模架和内模成型零件分开，如图6-24所示，其目的是为了加工和维修方便，同时降低成本，并保证模具有足够的寿命。模架的结构零件采用普通钢，而成型零件采用优质模具钢，以提高模具的强度、刚度和耐磨性。

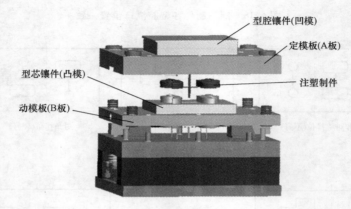

图 6-24　内模镶件与模架

设计模具成型零件的基本要求包括以下几个方面。

1）具有足够的强度与刚度。成型零件要承受高温熔体的高压，强度不足将产生过大塑性变形使模具破裂；刚度不足将产生过大弹性变形，影响塑件精度。

2）能获得符合要求的塑件。

3）尽可能将塑件的所有结构在型腔中一次成型，将后加工及二次加工减至最少。

4）成型可靠，结构简单、实用。

5）便于加工和维修，易损坏及难加工处要考虑镶拼结构，以便损坏后快速更换及降低加工难度。

（2）内模成型零件的外形尺寸　确定内模成型零件尺寸的总体原则是必须保证模具有足够的强度和刚度，使模具在使用寿命内不致变形。在实际工作中一般采用经验确定法。

如图6-25所示，凹模（型腔）零件外形尺寸主要取决于型腔至成型零件的边缘壁厚 A、型腔间壁厚 B、凹模底厚 C；凸模（型芯）零件的长宽尺寸一般与凹模一致，高度尺寸主要决定于底厚 D。这些尺寸根据塑件的最大尺寸及型腔深度变化，可参考表6-1确定。

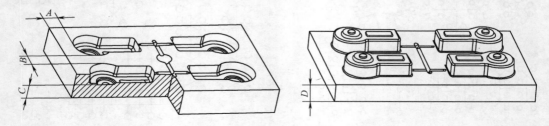

图 6-25　内模成型零件的外形尺寸

表 6-1　内模成型零件的外形尺寸经验值　　　　　（单位：mm）

塑件最大尺寸	型腔深度	边缘壁厚 A	型腔间壁厚 B	凹模底厚 C	凸模底厚 D
≤200	≤20	15~20	15~20	15~25	20~25
	20~30	20~25	20~25		
	30~40	30~35	25~30		25~30
	>40	35~50	30~40		
>200	≤30	30~40	25~30	25~30	30~40
	>30	40~50	30~40		

5. 凹模（型腔）的结构设计

凹模是装在定模里的成型零件，用以成型塑料制品的外表面。凹模有整体式和组合式两种。组合式凹模的刚性不及整体式，且易在塑件表面留下飞边痕，影响外观，模具结构也比较复杂，所以凹模尽量不采用组合式。但从模具加工及维修的角度考虑，以下情况宜采用组合式凹模。

1）凹模型腔复杂，采用整体式难以加工。如图 6-26 所示塑件型腔底部结构复杂，采用镶拼式结构便于加工。

2）内模镶件高出分型面。如图 6-27 所示，凹模侧内部结构高出分模面较多时，为方便加工及省料，宜采用镶拼式结构。

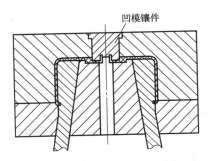

图 6-26　型腔复杂部位采用镶拼式结构

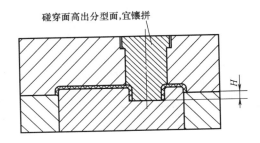

图 6-27　定模碰穿高于分型面

3）一模多件，各腔分型面差异大时，宜采用组合式，图 6-28 所示为一模两件凹模。

4）易于损坏的部位宜采用镶拼，以方便维修，如图 6-29 所示。

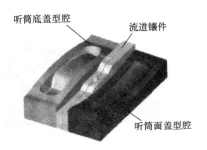

图 6-28　一模两件凹模

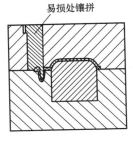

图 6-29　易损零件的镶拼

5）文字标记。产品销往多个国家时，模具上成型文字要镶拼，以便更换。

6. 凸模（型芯）的结构设计

凸模是装在动模里的成型零件，用以成型塑料制品的内部结构。凸模也有整体式与组合式两种。为方便模具加工、模具排气、维修及节省材料，凸模常采用组合式，组合原则及设计要点如下。

（1）小型芯尽量镶拼　小型芯容易损坏，为方便加工和维修更换，常采用镶拼结构，如图 6-30 所示。对于非圆形小型芯，装配部位宜做成圆形，但要注意装配后防转，如图 6-31 所示。

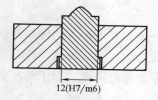

图 6-30　小型芯镶拼

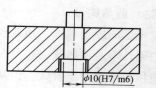

图 6-31　非圆形小型芯结构

（2）复杂型芯多件镶拼　对于复杂的型芯，可将凸模做成数件拼合，如图 6-32 所示。

（3）圆孔成型镶件　成型圆孔一般采用镶圆形镶件，俗称镶针，一般选用标准件，以便更换。通孔的成型有碰穿和插穿两种方法；台阶孔成型有对碰、对插、插穿三种方式，如图 6-33 所示。成型圆孔宜采用插穿，尤其是斜面或曲面上的孔。

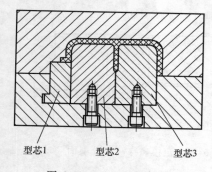

图 6-32　型芯多件镶拼

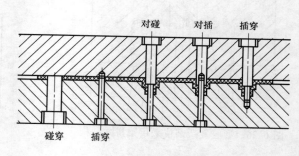

图 6-33　圆孔成型

（4）异形孔成型镶件

成型异形孔时，如果孔很深，而尺寸又较小，生产时易损坏，应采用镶件，否则可不镶拼。异形孔成型原则：能做碰穿不做插穿，能做插穿不做侧抽，能大角度插穿，不小角度插穿，如图 6-34 所示。插

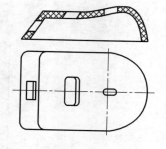

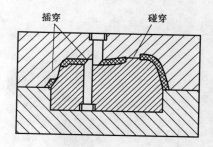

图 6-34　异形孔的成型

穿面应有斜度，以减小型芯和凹模磨损，并方便模具制造和装配，如图6-35所示。

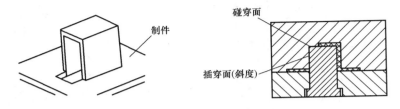

图 6-35 插穿斜面设计

（5）冬菇形镶件 冬菇形镶件是指固定部位较小而成型部位较大的镶件，如图 6-36 所示。

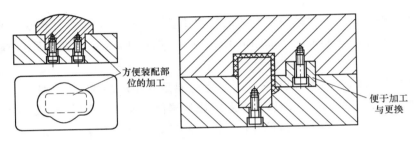

图 6-36 冬菇形镶件

7. 镶件的固定

内模镶件或型芯一般采用螺钉或台阶方式进行固定。

（1）螺钉固定 如图 6-37 所示，对于整体尺寸较大的内模镶件或型芯，一般采用螺钉固定。当型芯采用单个螺钉固定时，要采用销钉防转，如图 6-38 所示。

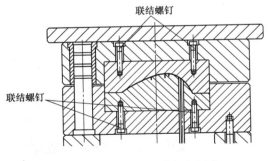

图 6-37 内模镶件整体螺钉固定

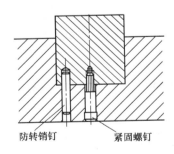

图 6-38 单个螺钉固定

（2）台阶固定 台阶固定常用于尺寸相对较小的方形内模镶件，以及圆形型芯或异形型芯，如图 6-39 和图 6-40 所示。

（3）无框模具 当塑件结构简单，在分型上的投影面积大时，可不做内模镶件，直接在动模 A 板和定模 B 板上成型，即定模板做凹模，动模板做凸模。这种模具称为无框模具。

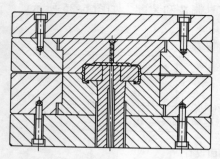

图 6-39 内模镶件整体台阶固定

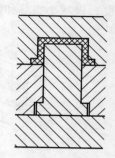

图 6-40 台阶固定型芯

6.2.4 Pro/E 注射模分模介绍

在 Pro/E 软件中，与注射模设计有关的模块主要有三个：分模设计模块（Pro/MOLDE-SIGN）、模座设计模块（Expert Moldbase Extension，简称 EMX）和塑料顾问模块（Plastic Advisor）。

分模设计模块（Pro/MOLDESIGN）的主要功能是利用产品模型为参照零件，进行注射模的成型零件设计，形成凸模、凹模、型芯或成型镶件等零件。完成分模设计后，将形成分模制造文件（.MFG）、成型零件组件文件（.ASM）、成型零件的各零件文件（.PRT）等。

分模设计的基本操作流程为创建分模文件→调入参照零件并进行布局和定位→创建工件（即生成成型零件的坯料）→设置收缩→创建分型面（或镶件分割面）→利用分型面分割出各成型零件体积块→抽取成型零件体积块→创建浇注系统→铸模及开模仿真→保存文件。

因为成型零件是注射模中最重要的零件，故分模也是模具三维设计最重要的环节，分模设计的成型零件决定了该模具的类型、基本尺寸、推出机构等。

6.3 项目实施

6.3.1 塑件造型设计

1）在计算机硬盘中创建一个文件夹，命名为"肥皂盒盖注射模设计"。

2）新建塑件文件，命名为"FZHG.PRT"，根据图 6-1 塑件图完成该塑件的造型设计。

6.3.2 创建分模文件

1）新建 Pro/E 文件，选择【制造丨模具型腔】，输入文件名称，并去除【使用缺省模板】勾选，如图 6-41 所示。

2）在弹出的模板对话框中选用"mmns_mfg_mold"公制模板，单击【确定】后便创建了分模文件，进入模具型腔制造（即分模）界面。

绘图窗口包括默认坐标；三个默认基准面，分别为【MOLD_FRONT】（模具前基准面）、【MOLD_RIGHT】（模具右基准面）、【MAIN_PARTING_PLN】（模具主分型面）；一个脱模方向箭头【PULL_DIRECTION】，其中脱模箭头 PULL_DIRECTION 是垂直于模具主分型面 MAIN_PARTING_PLN）。同时进入分模界面后，立刻弹出了【菜单管理器】，分模的大部分操作都在该菜单下完成，如图 6-42 所示。

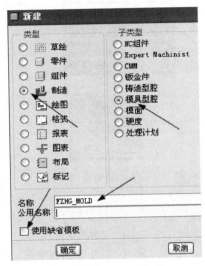

图 6-41　创建分模文件

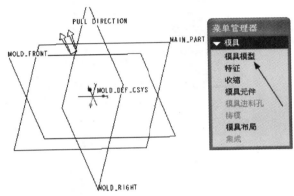

图 6-42　绘图窗口与菜单管理器

6.3.3　定位参照零件

第一步：调入参照零件

单击菜单管理器的【模具模型 | 定位参照零件】，在弹出的窗口中找到肥皂盒盖壳塑件 "FZHG.PRT" 并单击【打开】，在弹出的【创建参照模型类型】对话框中选择默认的【按参照合并】，并单击【确定】。

第二步：确定参照模型起点与方向

在弹出的【布局】对话框中单击【参照模型起点与定向】（即设置参照模型的位置和方向），如图 6-43 所示。将弹出【参照模型】窗口和一个【定向】菜单管理器，单击菜单管理器的【动态】，如图 6-44 所示。将弹出【参照模型方向】对话框，并在动态窗口中显示一个红色定位坐标系，如图 6-45。

正确定位参照零件的位置与方向。定位的方法是将该红色定位坐标系通过旋转或平移，移到合适的方位。合适的方位有两个标准：坐标系 Z 轴指向塑件开模方向；X 与 Y 轴所在的平面为主分型面。

图中 Z 轴指向侧面，需将其围绕 X 轴旋转 90° 以将 Z 轴指向肥皂盒上方。操作方法：选用菜单管理器默认的【旋转】方式及默认的 X 轴。在【数值】栏中输入 "90" 后单击【确定】。这时模型窗口中的定位红色坐标变成了 Z 轴向上，X 轴为长度方向，Y 轴为宽度方向，如图 6-46 所示。单击【确定】→【完成】→（确定退出？）→单击【否】。然后回到了【布局】对话框。

图 6-43 【布局】对话框

图 6-44 【定向】菜单管理器

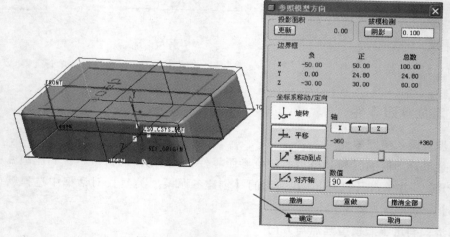

图 6-45 【参照模型方向】对话框

（提示：本参照模型的 X、Y 轴所在平面与模型分型面重合，不需要平移，否则在旋转后还需要平移，将坐标系移至分型面所在的平面上。模型定位的复杂程度取决于塑件造型时所选的基准位置，所以，在塑件造型时就要考虑其方向和位置，一般将其基准坐标设置在分模界面上，并且使 Z 轴方向为开模方向。）

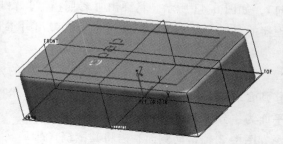

图 6-46 旋转调整后参照零件的坐标方向

第三步：进行一模四腔的布局

完成定位设置后，在【布局】对话框中单击【预览】，可在分模窗口中看到参照模型的定位布局如图 6-47 所示，其脱模箭头方向及主分型面所在位置符合分模要求。再在【布局】对话框中的布局类型中选择【矩形】；在定向中选择【Y对称】；设置X和Y方向型腔数目都为 "2"；设置X方向的增量为 "160"，Y方向的增量为 "80"，如图6-48所示，单击【预览】，参照模型一模四腔布局如图6-49所示，再单击【确定】完成布局操作。

（提示：如果是单型腔，则直接用默认的【单一】布局，完成参照零件定位即可。【矩形】布局是偶数个多型腔模具常用的布局方法，因为各型腔的浇口必须处于塑件的同一部位，故该塑件在布局时需设置其定向为【Y对称】或【X对称】）。X方向和Y方向上的增量一般考虑：型腔的最小壁厚（>20mm）及流道和浇口位置。因为该塑件一模四腔需要一次和二次分流道，浇口设置在直端面，故X方向的增量较大，以留出空间做浇注系统，但各型腔的距离不宜太大，这样会浪费材料，且流道长塑料熔体热损失及注射压力损失大，不利于充型。在设置增量值时，可多次应用预览，将增量值调至合适大小。）

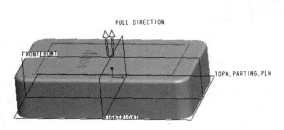

图6-47 定位后参照模型的位置与方向

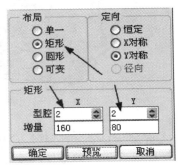

图6-48 模型布局操作

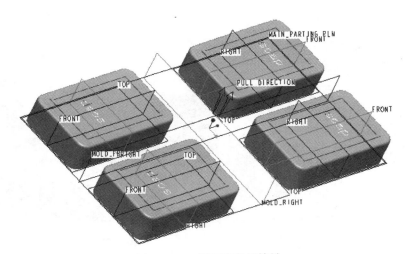

图6-49 一模四腔布局效果

6.3.4 创建工件

工件是分模形成内模成型零件的毛坯，其尺寸即为分模后内模成型零件的总体尺寸。具体操作如下。

1）在菜单管理器中单击【模具模型｜创建｜工件｜自动】，则弹出【自动工件】对话框。

（提示：手动即通过创建拉伸或旋转等特征操作进行工件的创建，在后面项目中将应用该方法，一般形状简单较规则的工件用自动更方便。）

2）在【自动工件】对话框中单击【模具原点】下的箭头按钮，再在绘图区单击选择坐标系【MOLD_DEF_CSYS】为模具原点坐标，如图 6-50 所示。

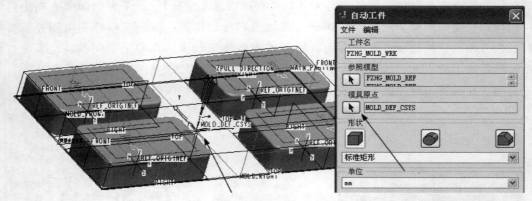

图 6-50　【自动工件】模具原点的选择

完成模具原点的选择后，在【统一偏距】数值框内输入"25"后回车，再将工件的 X、Y、$+Z$ 和 $-Z$ 方向的整体尺寸的非整数值改为相近的整数值，如图 6-51 所示。单击【确定】完成后便创建了一个标准矩形工件，默认设置为半透明绿色，如图 6-52。

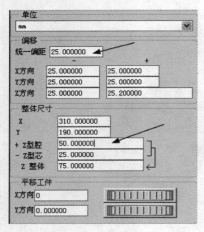

图 6-51　设定参数

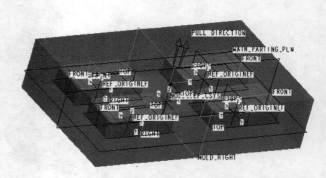

图 6-52　完成创建工件

（提示：偏距指的是以模具原点为中心，模具各方向的尺寸以参照模型的位置尺寸再加上偏距值而确定，偏距值的大小决定了模具型腔的最小壁厚，在偏距基础上形成的模具整体尺寸再进行整数化调整。）

6.3.5　设置收缩率

塑料制品在模具中经冷却定形固化再从模具脱出，其体积将收缩。塑料的收缩性用收缩

率表示，定义为

$$S=\frac{L_\mathrm{M}-L}{L_\mathrm{M}}\times100\%$$

式中，S 是收缩率（%）；L_M 是模具型腔尺寸；L 是收缩后塑件的尺寸。

　　塑料收缩受塑料品种、塑件结构、模具结构、成型工艺的影响而变化，因此收缩率不是一个固定值，而是在一定范围内变化。在确定收缩率时，一般选中等偏小的值，使试模后有修正余地。注射成型常用塑料的收缩率如表 6-2 所示。

表 6-2　注射成型常用塑料的收缩率

序号	塑　料	收缩率（%）	序号	塑　料	收缩率（%）
1	聚乙烯（PE）	1.5~5.0	6	聚酰胺（PA）	0.6~2.5
2	聚氯乙烯（PVC）	软质：1.5~2.5 硬质：0.6~1.0	7	聚甲基丙烯酸甲酯 （PMMA）	0.2~0.8
3	聚苯乙烯（PS）	0.4~0.7	8	聚甲醛（POM）	1.5~3.5
4	聚丙烯（PP）	1~2.5	9	聚碳酸酯（PC）	0.2~0.5
5	ABS	0.3~0.8	10	聚四氟乙烯（PTFE）	0.5~2.5

　　设置收缩率是为了对模具型腔进行收缩补偿。具体操作：单击菜单管理器【收缩】，根据信息栏提示在绘图窗口任选一个参照模型，再选择【按尺寸】，在弹出的【按尺寸收缩】对话框中选择默认的【1+S】公式，去除【更改设计零件尺寸】的默认勾选，在比率数值栏输入"0.015"，如图 6-53 所示，再单击下方的 ✔，再单击【完成】。

　　（提示：PP 的收缩率约为 1%~2.5%。）

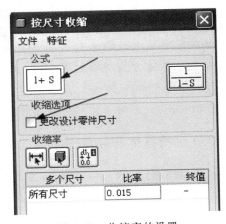

图 6-53　收缩率的设置

6.3.6　创建分型面

　　注射模中分开模具取出塑件的界面称为分型面，在 Pro/E 分模时，分型面也是将工件分割为动模体积块和定模体积块的分割面。一般来说，要将工件分割为 N 个模具体积块，需要创建（$N-1$）个分割面。分割面的基本创建方法有复制、拉伸、旋转、延伸、合并和曲面特征创建与操作等，分割面的高级创建方法有"阴影曲面""裙边曲面"等，复杂的分割面往往需要多种方法的结合。

　　本项目的肥皂盒塑件为典型的盒盖类塑料件，形状简单，分模只需将工件分割为动模体积块和定模体积块两部分，故只需要创建一个分割面即模具分型面即可，可利用"阴影曲面"工具快速创建。具体操作如下。

　　1）单击工具栏【分型曲面】工具 📖，进入分型面创建界面。

　　2）单击菜单栏【编辑 | 阴影曲面】，弹出【阴影曲面】对话框及菜单管理器。

　　3）根据信息栏提示在绘图窗口按住【Ctrl】键选择四个参照模型为做阴影参照零件，

再单击菜单管理器【完成参考】。再根据信息栏提示选择【MAIN_PARTING_PLN】主分型面为切断平面，如图 6-54 所示。单击菜单管理器【完成】，再单击【确定】按钮。

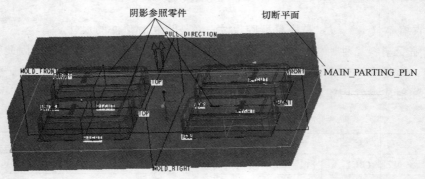

图 6-54　分型面的创建

4）单击工具栏✔完成分型面（分割面）的创建，完成后如图 6-55 所示。

（提示：本项目的分型面也可以通过分型面基本创建，即首先复制各参照模型的内表面或外表面，再拉伸创建主分型面，然后利用【合并】工具将模具的内表面分别与拉伸的主分型面进行合并；或者在复制模型的内表面或外表面后通过曲面延伸的方法将其延伸到工件的各端面。不管用何种方法，最后创建的分型面都如图 6-55 所示。对于本项目，利用"阴影曲面"是最快捷的方法。）

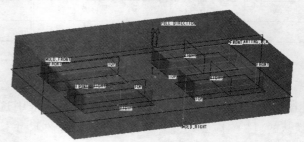

图 6-55　创建后的分型面

6.3.7　模具体积块的分割

分型面创建之后，可利用分割面将工件分割为模具体积块。具体操作如下。

1）单击工具栏【体积块分割】工具🗄，弹出菜单管理器，选用默认的【两个体积块 | 所有工件】，如图 6-56 所示，单击完成，弹出【分割】对话框。

2）根据信息栏提示，在绘图窗口选择前面所创建的分型面为分割曲面，再单击确定，再单击分割对话框的【确定】，如图 6-57 所示。

3）在弹出的体积块【属性】对话框中输入模具体积块的名称，根据绘图窗口着色部分凸模命名为凸模体积块"CORE"（型芯），如图 6-58 所示，再单击【确定】。接着弹出另一部分体积块【属性】对话框，命名为凹模体积块"CAVITY"（型腔），如图 6-59 所示，单击【确定】，便完

图 6-56　分割"菜单管理器"

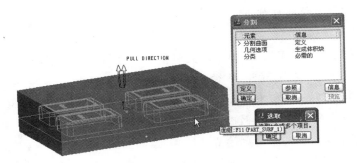

图 6-57　分割曲面的定义

成了体积块的分割和命名。

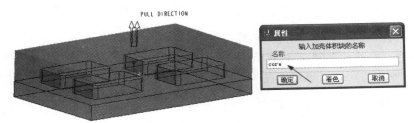

图 6-58　凸模体积块"CORE"

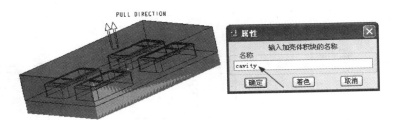

图 6-59　凹模体积块"CAVITY"

6.3.8　模具体积块的抽取

　　分割后的模具体积块只是"分割标识"，需要进行抽取成为实体零件。具体操作如下：单击菜单管理器【模具元件丨抽取】，在弹出的抽取对话框中，选择所有体积块进行抽取，再单击确定，如图 6-60 所示。完成后在模型树中将出现"CORE. PRT"和"CAVITY. PRT"两个零件。

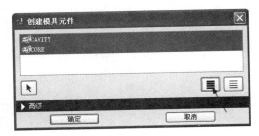

图 6-60　模具体积块的抽取

6.3.9　浇注系统的创建

　　模具体积块抽取之后，可将原工件进行"遮蔽"或"隐藏"（但不可删除），以便于接下来的操作。

　　本模具为一模四腔，浇注系统的创建包括主流道衬套安装孔（即安装主流道衬套的切口），分流道、浇口。具体操作如下。

第一步：创建分流道

单击菜单栏【插入 | 流道】，在弹出的流道菜单管理器中选择形状为【倒圆角】（即圆形截面），在窗口下方输入流道半径"6"，回车。根据提示选择【MAIN_PARTING_PLN】为流道草绘平面，再分别选择【正向 | 缺省】，进入流道草绘界面。绘制流道草绘如图6-61所示。

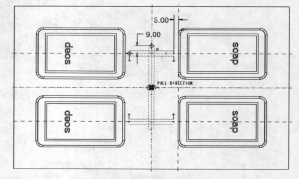

图6-61 流道草绘

（提示：本项目的一次分流道和二次分流道一次创建，草绘时注意选择中间对称面为参照，并创建中心线以进行对称操作。一次分流道的冷料阱长度设置为 $1.5 \times R = 9mm$，二次分流道到参照模型端面为5mm，即流道前端球形端半径3mm+预留的浇口长度2mm。）

完成草绘后单击 ✔，弹出【相交元件】对话框，单击【自动添加】，再单击全选工具，然后单击【确定】，如图6-62所示。完成后单击流道创建对话框的【确定】便完成了流道的创建，创建后的分流道如图6-63所示。

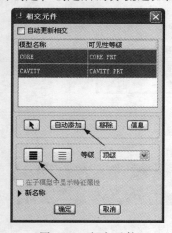

图6-62 相交元件

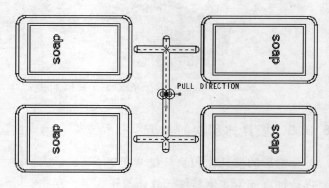

图6-63 创建后的分流道

第二步：创建浇口

本模具采用侧浇口（也称普通浇口），浇口为分流道到型腔的通道，采用拉伸切除材料创建。操作方法如下：单击【插入 | 拉伸】，同样以【MAIN_PARTING_PLN】基准面为拉伸草绘平面。绘制如图6-64a所示矩形（只需标浇口的横向宽度尺寸为2mm，长度值确保跨过二次分流道端点及型腔边线，绘制时先以二次分流道线为参照线并绘制中心线，以便使矩形上下对称，浇口处于二次分流道中间），然后用可用镜像将此矩形镜像至另外三个二次分流道的端点处，浇口草绘如图6-64b所示。

完成草绘后单击草绘工具栏 ✔，回到拉伸控制栏中后，设置拉伸方向为开模方向，拉

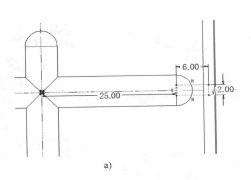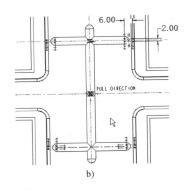

图 6-64 浇口草绘

伸高度为 2mm。单击控制栏 ✔ 完成拉伸。完成后打开型腔和型芯零件检查流道和浇口（流道在型腔和型芯上各一半，浇口在型腔上），如图 6-65 所示。

图 6-65 完成流道和浇口创建后的型腔和型芯

第三步：创建主流道衬套安装孔

主流道一般采用标准衬套，标准衬套在 EMX 中调入和编辑，将在后面项目中进行介绍。分模时只需在型腔零件中将标准衬套安装孔切出即可（常用的浇口衬套标准件外径为 ϕ16mm 或 ϕ20mm）。操作方法如下：在模型树中右键单击"CAVITY.PRT"，选择【打开】，即在新的窗口单独打开 CAVITY.PRT 零件。打开后的 CAVITY.PRT 零件窗口无默认的基准面，为了便于操作，需自己创建基准面。快捷方式是单击菜单【插入丨模型基准丨偏移平面】，如图 6-66 所示。在 X、Y、Z 方向的偏距值用默认的"0"，即按三次回车键即可。创建基准面后，在型腔零件中心用拉伸切出一个 20mm 的通孔，完成切口后的型腔如图 6-67 所示。完成后关闭零件窗口，回到制造组件窗口。

6.3.10 铸模仿真

铸模仿真是利用已完成的模具零件进行充型仿真，并形成充型零件（包括浇注系统）。操作方法如下：回到制造组件窗口并激活，单击菜单管理器【铸模丨创建】，在窗口下方的消息输入窗口中输入铸模零件名称"molding"并回车，完成铸模零件创建，在模型树的最下方出现"molding.prt"零件。右键单击 molding.prt 并打开，铸模零件如图 6-68 所示。

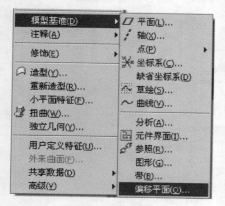

图 6-66　创建模型基准

图 6-67　完成切口后的型腔

6.3.11　开模仿真

　　开模仿真即将模具成型零件移动打开，以检查分模效果。操作方法如下。先将分型面和
参照零件全部遮蔽或隐藏，再单击
菜单管理器【模具进料孔｜定义间
距｜定义移动】，根据信息栏提示选
择型腔零件为移动元件，单击【确
定】，再根据信息栏提示选择型腔零
件与开模方向平行的棱边为移动分
解方向，如图 6-69 所示。根据箭头
方向输入移动距离"80"后回车，
再单击完成，则型腔零件向上移动

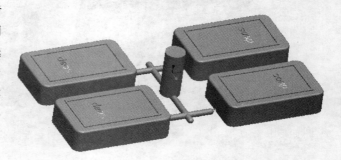

图 6-68　铸模零件

80mm。再【定义间距｜定义移动】创建将型芯零件往下方移动 80mm（如分解方向箭头往
上，即输入"-80"），单击【完成】后开模仿真效果如图 6-70 所示。

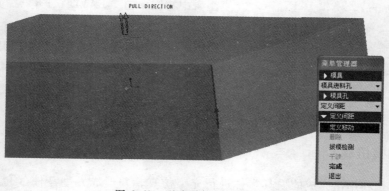

图 6-69　型腔零件的开模移动

　　（提示：开模仿真其实就是组件的分解，故也可通过创建组件分解视图达到同样效果。
其操作更为简便。）

6.3.12　保存分模文件

完成分模的所有操作之后，保存分模文件至指定的工作目录中。在工作目录中有一个组件文件，一个制造文件，六个零件文件，如图 6-71 所示。如要对分模操作进行修改和编辑，打开模具制造文件，则进入了分模界面。

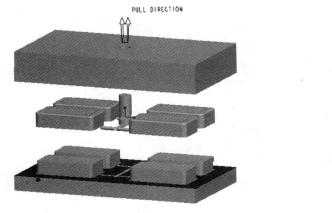

图 6-70　开模仿真效果

图 6-71　分模结果文件

6.4　拓展练习

6.4.1　电器塑料壳分模

图 6-72 所示为电器塑料壳塑件，材料为 ABS（收缩率 0.5%），大批量生产。利用 Pro/E 软件进行该塑件一模四腔注射模分模设计，完成模具成型零件（型腔和型芯）的三维及

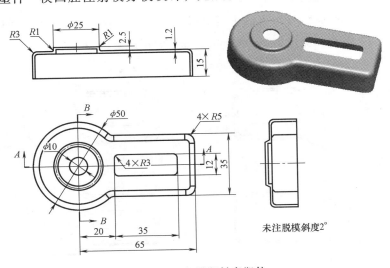

图 6-72　电器塑料壳塑件

二维工程图设计。

关键步骤操作提示如下所述。

第一步：定位参照零件

参照模型布局为矩形 2mm×2mm，定向为关于 Y 轴对称，X 轴方向增量 180mm，Y 轴方向增量 70mm，如图 6-73 所示。

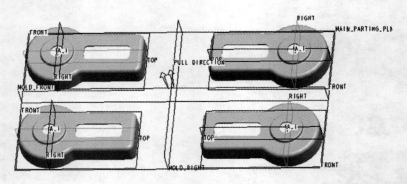

图 6-73　参照零件布局

第二步：创建自动工件

创建自动工件，设置偏距为 20mm，并调整工件尺寸为整数。

第三步：设置工件收缩

设置按尺寸收缩，收缩率为 0.005。

第四步：创建分型面

以阴影曲面方式创建分型面。

第五步：分割模具体积块

模具体积块的分割与模具元件的抽取，上凸模分别命名为 CAVITY、CORE。

第六步：创建浇注系统

型腔零件通过拉伸创建 ϕ20mm 的主流道衬套安装孔，分流道为 ϕ5mm 的圆形截面，分流道草绘如图 6-74 所示，浇口为 2mm×2mm×2mm 的矩形侧浇口。

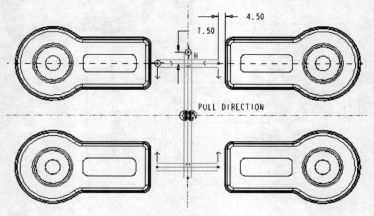

图 6-74　分流道草绘

第七步：铸模与开模仿真

完成分模后，将工件、参照模型及分型面遮蔽，电器塑料壳分模组件如图 6-75 所示。

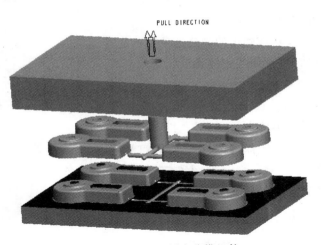

图 6-75　电器塑料壳分模组件

6.4.2　连接套筒分模

图 6-76 所示为连接套筒塑件，材料为 ABS（收缩率 0.5%），中等批量生产，未注公差采取 MT7 级精度。利用 Pro/E 软件进行该塑件一模一腔注射模分模设计，完成模具成型零件（型腔和型芯）的三维及二维工程图设计。

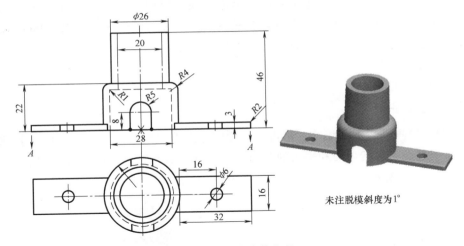

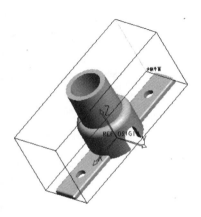

未注脱模斜度为1°

图 6-76　连接套筒塑件

关键步骤操作提示如下所述。

第一步：定位参照零件

利用动态设置坐标系 Z 轴向上，再围绕 Z 轴旋转将 X 轴转至参照零件长度方向，即模具的长度方向，如图6-77 所示。

第二步：创建工件（手动）

本项目的工件可用自动，也可用手动方法。手动方法就是用创建特征的方法（拉伸或旋转等）来创建工件，具体操作如下。

1）在工件创建方法中单击【手动】。

2）在弹出的【元件创建】窗口中输入创建工件的名

图 6-77　定位参照零件

称 "workpiece"。

3）在弹出的创建选项菜单的【创建方法】中选择【创建特征】。

4）在特征操作栏中选择【实体 l 加材料】，再在实体选项中选择【拉伸 l 实体】，再单击【完成】，进入拉伸操控栏。

5）选择【MOLD_FRONT】基准面为草绘平面，绘制如图 6-78 所示工件草绘（注意左右对称）。

6）完成草绘后单击 ✔，在操控栏的拉伸方法栏选择对称拉伸 ，输入拉伸距离值 "74"，再单击 ✔ 完成拉伸特征创建→【特征操作】管理器中单击【完成】→单击【模具模型】管理器的【完成】。（注：手

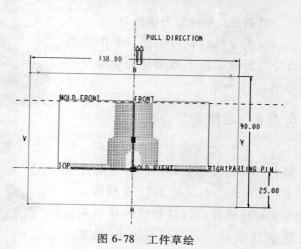

图 6-78　工件草绘

动方法创建工件的尺寸设定原则其实与自动一样，一般保证型腔壁厚在 20~35mm 之间，然后外形尺寸取整数。很明显，对于较规则的工件，用自动方法更快捷。）

第三步：设置收缩

设置参照零件收缩率 0.5%。

第四步：创建主分型面

1）复制参照零件表面并填充。单击工具栏中分型面创建工具 ，按【Ctrl】键选取参照零件所有上表面，包括顶面和平板的侧面和端面（注意在筛选器中用【几何】），再复制和粘贴，如图 6-79 所示。

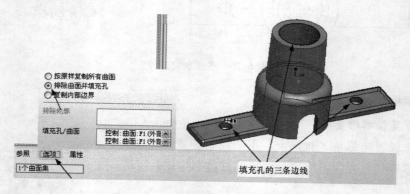

图 6-79　复制参照零件表面并填充

在分型面操控栏中单击【选项 l 排除曲面并填充孔】，再在绘图窗口选择参照零件的三个圆孔边，这时分型面黄色网格线覆盖了孔（孔被填充）。单击 ✔ 完成分型面的复制及填充。完成后的分型面如图 6-80 所示。

2）延伸参照零件侧槽分型面至底面。先遮蔽参照零件，只显示上一步复制的分型面，取消基准面的隐藏。在绘图区选取分开型面一侧槽的一条边线→单击菜单栏【编辑 l 延伸】；在

弹出的【延伸】操控栏中单击【参照 | 细节】，再按住【Ctrl】键选择侧槽圆弧边线，这时在弹出的链窗口中出现所选的两条边为参照，再单击链窗口的【确定】，如图 6-81 所示。

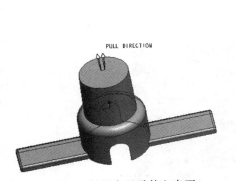

图 6-80 复制参照零件上表面
并填充后的分型面

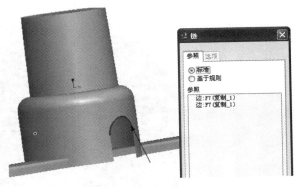

图 6-81 选中侧槽边线

在操控栏中单击【将曲面延伸到参照平面】 ，选择【MAIN_PARTING_PLN】（主分型基准面）为延伸参照平面。这时边线被延伸到了主分型面（黄色网格线将侧槽封闭），如图 6-82 所示。单击 ✔ 完成延伸。用同样方法将另一侧的槽边线延伸到主分型面。完成后的分型面如图 6-83 所示。

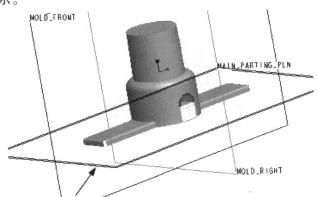

图 6-82 边线延伸至主分型面

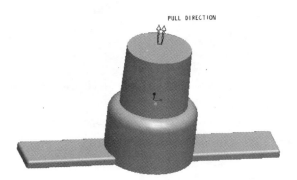

图 6-83 完成两侧槽边线延伸后的分型面

3）撤销遮蔽。撤销工件的遮蔽，再用分型面创建工具 中的拉伸创建主分型面。

4）合并拉伸与延伸面。将拉伸面与复制延伸面合并（注意合并方向），合并效果如图 6-84 所示。

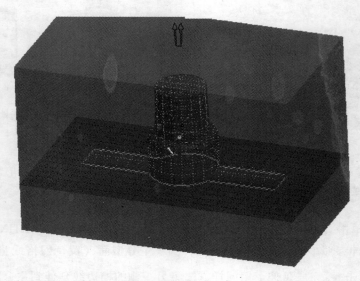

图 6-84　拉伸面与复制延伸面的合并效果

（提示：也可以将复制延伸后的分型面各边线水平延伸至工件的四个侧端面，则不需要主分型面拉伸及合并。）

第五步：创建大型芯分割面

撤销参照零件的遮蔽，单击工具栏中分型面创建工具 ，采用拉伸创建方法，以工件下端面为草绘平面，复制参照零件的中间侧槽外圆、侧槽直边、大圆筒内侧边，大型芯分割面草绘如图 6-85 所示。在操控栏选择拉伸至工件的上端面，并在【选项】栏中勾选【封闭端】（否则拉伸的圆筒分型面为开口），如图 6-86 所示。创建的大型芯分割面如图 6-87 所示。

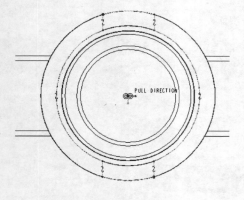

图 6-85　大型芯分割面草绘

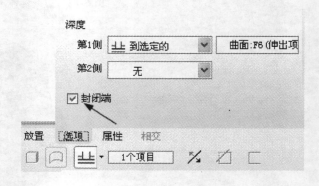

图 6-86　拉伸曲面的"封闭端"

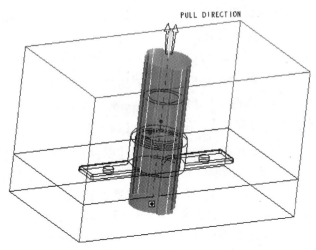

图 6-87　创建后的大型芯分割面

第六步：创建两个小型芯分割面

单击工具栏中分型面创建工具 ，采用拉伸创建方法，以工件下端面为草绘平面，复制参照零件平板上一个小孔的轮廓边线，拉伸至参照套筒平板的上端面，如图 6-88 所示。在拉伸操控栏中的【选项】栏中勾选【封闭端】（操作时注意选用线框模式）。完成后再用同样的方法创建另一个小孔的分割面。完成后的分割面如图 6-89 所示。

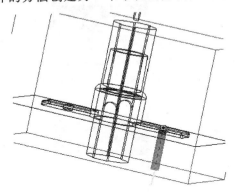

图 6-88　拉伸创建小型芯分割面

图 6-89　完成创建后的两个小型芯分割面

第七步：模具体积块的分割

创建了四个分割面，目的是将工件分割成五个体积块，即定模型腔（CAVITY）、动模型芯（CORE）、大型芯（CORE_1）、两个小型芯（CORE_2、CORE_3）。其分割顺序是：先用主分割面将工件分割成 CAVITY 和 CORE，再分别用三个型芯分割面将 CORE_1、CORE_2 和 CORE_3 从动模型芯 CORE 中单独分割出来。

具体操作如下。

1）将工件、参照零件、所有分割面处于显示状态。单击工具栏中体积块分割工具 ，在菜单管理器中采用默认的【两个体积块 | 所有工件】，单击【完成】，弹出分割编辑窗口

193

后，根据信息栏提示，选取主分割面为分型面，单击【确定】，将分割后的两个体积块分别命名为 CAVITY 和 CORE，单击【完成】。

2）在第二次分割前，在模型树中将刚才分割出的两个模具体积块的分割标识遮蔽（以便于型芯分割面的选取），如图 6-90 所示。单击工具栏中体积块分割工具 ，在菜单管理器中采用【一个体积块 | 模具体积块】（即从现有分割出来的模具体积块中分割一个体积块出来）如图 6-91 所示，单击【完成】，在弹出的【搜索】工具窗口中，选择项目【面组：F17（CORE）】单击 >> 将其调入选取右侧的【项目】栏中（即选取 CORE 为分割对象），再单击【关闭】，如图 6-92 所示。再根据提示单击选取大型芯分割面为分型面后单击确定，再在【岛列表】中勾选【岛 2】，单击【完成选取】如图 6-93 所示。（模具体积块被分割面分割成两个部分，需要设计者选取所需分出来的部分，在鼠标放置在岛列表的所选岛上时，绘图窗口中的对应体积块部分呈高亮显示）。将分割出来的体积块命名为"CORE_1"（用着色查看分割体积块的效果）。

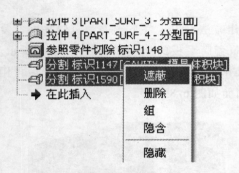

图 6-90　第一次分割标识的遮蔽

图 6-91　第二次分割管理器选项

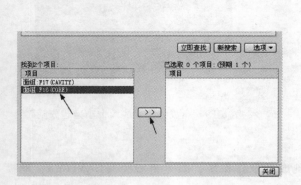

图 6-92　分割模具体积块的选取

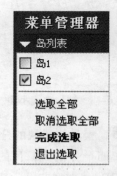

图 6-93　分割岛的选取

3）用同样方法将另两个小型芯单独分割出来，并分别命名为"CORE_2"和"CORE_3"。（分割对象同样为 CORE）。

第八步：模具体积块的抽取

执行【模具元件 | 抽取】，抽取分割出来的所有模具体积块（共 5 个）。

第九步：开模仿真

利用【模具进料孔】或视图分解进行开模仿真，开模效果如图6-94所示。

第十步：浇注系统设计（轮辐式浇口）

1）切出主流道。单击菜单栏【插入 | 旋转】，选取中间【MOLD_FRONT】为草绘平面，绘制主流道的旋转切口草绘如图6-95所示。（主流道为倒锥形，脱模斜度为2°，上端半径为2mm，下端设置圆弧冷料阱），单击 ✓ 完成。

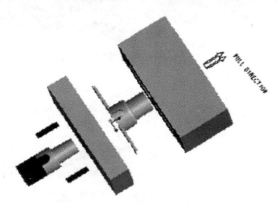

图6-94 体积块抽取后的开模效果

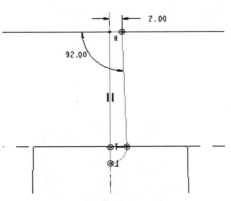

图6-95 主流道的旋转切口草绘

2）创建分流道。单击菜单栏【插入 | 流道 | 半倒圆角】（截面为半圆），直径值为3mm，选取套筒参照零件的上端面为草绘平面（选取被遮位的零件面时，可按将鼠标放置在该位置，不断单击鼠标右键，直至选中所需平面呈高亮显示，再单击左键，确认选取）。绘制如图6-96所示流道草绘（两条垂直流道，分别为上下对称、左右对称，长度都为11mm），完成后自动添加相交元件，选取全部。

3）创建浇口。单击菜单栏【插入 | 拉伸】，同样选取套筒参照零件的上端面为草绘平面，切出宽度和深度都为1.2mm的浇口（往凸模方向拉伸），如图6-97所示。

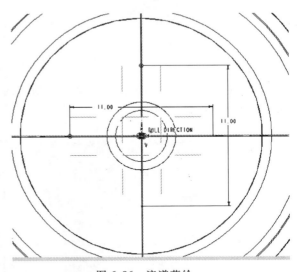

图6-96 流道草绘

第十一步：铸模仿真

创建套筒铸模仿真件并命名为"molding"，完成后的效果如图6-98所示。

第十二步：成型零件修改

1）在大型芯和小型芯上拉伸出安装台肩。分别单独打开三个型芯，并选择菜单栏【插入 | 模型基准 | 偏移平面】。分别在各型芯下端拉伸如图6-99和图6-100所示台肩（拉伸高度全为5mm）。

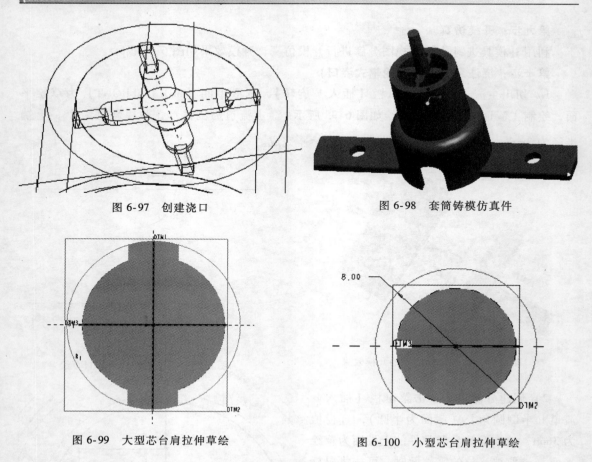

图 6-97　创建浇口

图 6-98　套筒铸模仿真件

图 6-99　大型芯台肩拉伸草绘

图 6-100　小型芯台肩拉伸草绘

2）在动模型芯 CORE 上切出各型芯对应的安装台肩，径向值比对应型芯大 1mm，深度为 5mm。如图 6-101 所示。

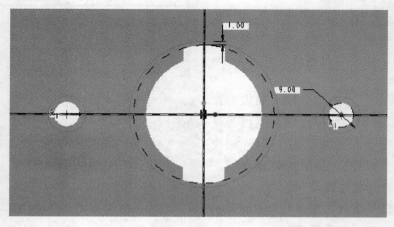

图 6-101　型芯安装台肩切口

第十三步：整体设置及开模检查

完成后开模仿真，如图 6-102 所示。（可将动模型芯和定模型腔设置为半透明以显示内

部结构）

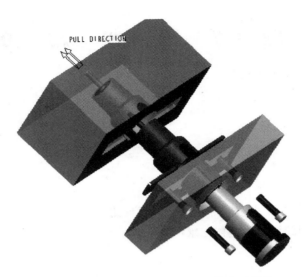

图 6-102　完成设计后的套筒注射模成型零件

6.5　项目小结

1）在分模前要设置好工作目录，使所有相关文件在同一文件夹目录中，并养成随时保存的习惯。

2）所有文件全部使用公制模板。

3）产品塑件的造型基准的选择直接影响参照零件的布局定位，故造型时一般将塑件的开模方向设置在参照坐标系的 Z 方向，主分型面设置与 FRONT 基准面重合。在调入参照零件后则不需要对参照零件进行旋转和平移。

4）要将工件分割成 N 个体积块，一般需要创建 N-1 个分割面（分型面）。

5）分型面的基本创建方法包括：复制参照零件表面、拉伸或旋转、延伸、合并等。简单盒盖类塑件可用"阴影曲面"高级方法创建。

6）进行工件的多次分割时，一般先分割出上凸模（CAVITY 和 CORE），再根据需要在凹模或凸模中将单独的型芯分割出来。

7）分模操作时，随时注意窗口下方信息栏的提示。

8）根据需要灵活对各元件及分型面进行遮蔽或隐藏处理、着色或线框显示、各基准的关闭或显示等操作。

9）分模文件经多次保存后，将形成零件和组件的旧版本。在制造组件模式下单击菜单栏【窗口 | 打开系统窗口】，在弹出的系统窗口中输入"PURGE"并回车，将删除所有旧版本。

项目7 屏蔽罩二板注射模设计

7.1 项目引入

7.1.1 项目任务

图 7-1 所示为屏蔽罩塑件，材料为 ABS，塑件未注脱模斜度为 1°，大批量生产。利用 Pro/E 软件进行一模四腔注射模整体三维设计。

7.1.2 项目目标

◇ 了解塑料制品的结构工艺性和结构设计要点。
◇ 掌握注射模浇注系统的结构组成及设计要求。
◇ 熟悉二板模模架结构及规格，并能合理选用。
◇ 了解 EMX 的安装及主要功能。
◇ 掌握内模镶件在模架中的位置及固定安装方式。
◇ 能应用 EMX 完成标准模架的调用。
◇ 初步了解模具推出系统和冷却系统的结构及工作原理。
◇ 能综合应用 Pro/E 及 EMX 完成二板模的整体结构设计及各零部件设计。

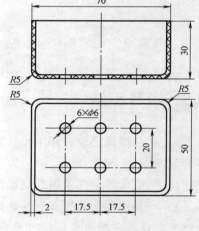

图 7-1 屏蔽罩塑件

7.2 项目知识

7.2.1 塑料制品的结构工艺性

塑料制品的结构直接影响模具结构与成型工艺。模具工程师必须熟悉塑料制品的结构、能进行塑料制品结构优化，从而简化模具结构。

1. 塑料制品设计的一般原则

（1）力求简单、紧凑，整体尺寸小 塑件成型尺寸受注射机注射量、锁模力等限制。结构复杂、尺寸大的塑件必将导致模具制造成本与注塑成型成本增加。因此，在满足制品功能要求下，尽量使塑件结构简单、紧凑。

（2）壁厚均匀 壁厚均匀是塑件结构的重要原则。壁厚不均匀会使塑件冷却后收缩不均匀，造成收缩凹陷，产生内应力，导致变形及破裂。塑件壁厚一般为 1~4mm，大型塑件的壁厚可达 8mm。当壁厚有较大差别时，应改进厚的部分，力求均匀化。壁厚常见改进方法如表 7-1 所示。

表 7-1　壁厚常见改进方法

不合理	改进后	不合理	改进后

（3）保证强度和刚度　提高塑料制品强度和刚度的最简单实用的办法就是设计加强筋。设置加强筋，可以在不增加壁厚的前提下提高塑件的强度和刚度，防止和避免塑料的变形和翘曲，还可以改善熔体充模流动性，减少内应力，避免气孔、缩孔和凹陷等缺陷。

加强筋的设计要点。

1）加强筋的尺寸。如图 7-2 所示，加强筋的间距 $L \geq 4T$；筋高 $H \leq 3T$；筋宽（大端）$B = (0.5 \sim 0.7)T$；筋根倒角 $R = T/8$；脱模斜度 α 一般取 $0.5° \sim 2°$。

2）加强筋的布置尽量对称分布，避免塑件局部应力集中。

3）加强筋交叉处易产生过厚，应避免集中交叉，或做减料处理，如图 7-3 所示。

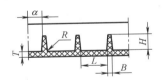

图 7-2　加强筋的尺寸

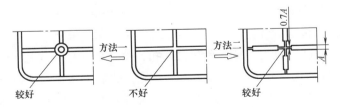

图 7-3　加强筋交叉结构优化

对于容器类制品，提高强度和刚度的方法通常是在边缘加强，同时在底部加圆骨或做拱起等结构，如图 7-4 所示。

（4）尽量避免侧抽　因为侧向凹凸结构需要模具增加侧向抽芯或斜顶机构，使模具变复杂，制作成本增加，所以塑件结构尽量避免侧向凹凸结构，见表 7-2。如果侧向凹凸结构不可避免，则在结构允许情况下设计成对插成型结构，如图 7-5 所示。

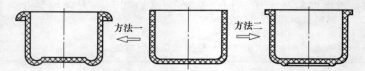

图 7-4 容器类制品的结构强化

表 7-2 避免侧向凸凹

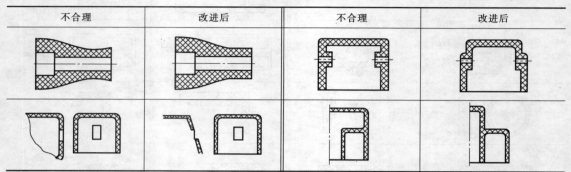

不合理	改进后	不合理	改进后

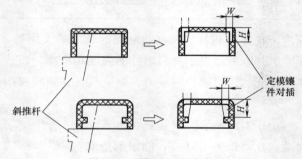

图 7-5 对插成型避免侧抽

（5）避免尖角　塑件的尖锐转角既不安全，又对成型不利，在尖角处模具容易产生应力集中。圆角不但降低应力集中，提高塑料制品的结构强度，也利于成型模流，以及塑件的顶出，更有利于模具加工和模具强度。

圆角大小宜取：外圆角 $R = 1.5T$，内圆角 $r = 0.5T$（其中 T 为塑件壁厚）。

2. 塑料制品常见结构的设计

（1）孔的设计　孔包括圆孔、异形孔和螺纹孔，按结构又分为通孔、台阶孔和不通孔。

从模具结构和熔体流动性看，圆孔都比异形孔好，故能用圆孔则不设计异形孔。从模具结构上看，通孔比不通孔好，可采用插穿成型；但从熔体充型角度看，不通孔比通孔好，不会形成熔接痕。

圆形通孔设计要点：孔间距 $B \geq 2d$；孔边距 $F \geq 3d$；孔与侧壁距 $C \geq d$，如图 7-6 所示。对于薄壁塑件，通孔或开口孔的周边宜加强。

（2）螺柱的设计　螺柱与自攻螺钉配合，常用于塑料制品的装配联接。螺柱中心为一直孔，如图 7-7 所示。

图 7-6 圆形通孔的设计

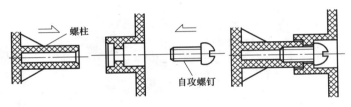

图 7-7　螺柱联接

螺柱设计要点。

1）螺柱的形状以圆形为主，其长度一般不超过本身直径的 3 倍，否则必须设加强筋（俗称火箭腿）。

2）螺柱的位置不能太接近转角或侧壁（模具易破边），也不能离边和角太远（影响联接效果）。

3）螺柱的螺纹底孔前端一般倒角，便于螺钉导入。

4）自攻螺钉直径与螺柱各尺寸关系如图 7-8 及表 7-3 所示。

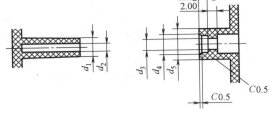

图 7-8　螺柱的尺寸

表 7-3　自攻螺钉直径与螺柱各尺寸关系　　　　　（单位：mm）

螺钉直径	d_1	d_2	d_3	d_4	d_5
2.0	4.00	1.70	2.20	4.20	7.00
2.3	5.00	2.00	2.50	5.20	8.00
2.6	5.00	2.20	2.80	5.20	8.00
3.0	5.20	2.50	3.20	5.50	8.00
3.5	5.60	3.00	3.70	6.00	8.50

（3）标记符号的设计　塑件上的标记符号应放在分型面的平行方向上，并有适当的脱模斜度。最为常用的是在凹框内设置凸起的标记符号，它可以把凹框制成镶块嵌入模具内，如图 7-9 所示。这样既比凹入符号便于加工，又比凸起符号在使用时不易被磨损破坏。

7.2.2　注射模浇注系统设计

注射模的浇注系统的作用是让高温熔体在高压下高速进入模具型腔，实现型腔的填充。模具的进料方式、浇口的形式和数量，往往决定了模具的基本结构及模架的规格型号。浇注系统的设计是否合理，直接影响成型塑件的外观、内部质量、尺寸精度和成型周期。

浇注系统主要由主流道、分流道、浇口、冷料阱组成，如图 7-10 所示。

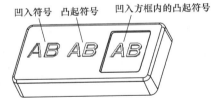

图 7-9　制件上的标记符号形式

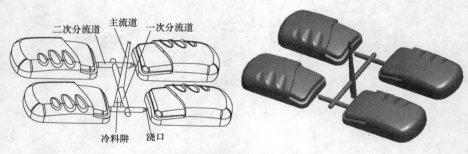

图 7-10　浇注系统基本组成

1. 浇注系统的设计

（1）选择浇注系统的类型　根据塑件的结构、大小、形状及塑件的批量大小，分析其填充过程与填充方式，确定是采用侧浇口浇注系统，或点浇口浇注系统，从而确定是采用侧浇口模架还是点浇口模架。

（2）浇口的设计　根据塑件的结构、大小和外观要求，确定浇口的形式、位置、数量和尺寸。

（3）主流道的设计　确定主流道的尺寸和位置。

（4）分流道的设计　分流道的分布形式主要由型腔数量和布局方式决定，同时要根据塑件的结构、大小及塑料种类，确定分流道的截面形状、截面尺寸。

（5）冷料阱的设计　根据流道的截面尺寸、长短以及制件结构形状，确定冷料阱的位置和尺寸。

2. 主流道的设计

主流道是指紧接着注射机喷嘴到分流道（或直接到型腔）的一段锥形流道，是塑料熔体进入模具时首先经过的通道，其直径大小与塑料熔体流速及充模时间密切相关。直径过大，会造成回收冷料过多，冷却时间增长，而流道空气过多也易造成气泡和组织松散；同时熔体热量损失增大，熔体流动性降低，造成成型困难。直径过小，则增加熔体的流动阻力，不利于成型。

热塑性塑料的主流道，一般在浇口套（也称主流道衬套）内，如图 7-11 所示。浇口套做成单独镶件，镶在定模板上。浇口套一般根据模架大小选用标准件。一些小型模具也可直接在模板上开设主流道，而不使用浇口套，其设计参数如图 7-12 所示。

3. 分流道的设计

（1）分流道的布置　分流道的布置取决于型腔布局（排位），常见的形状有 O 形、H 形、X 形和 S 形，如图 7-13 所示。

（2）分流道的截面形状及尺寸参数　分流道的截面形状主要有圆形、梯形、U 形、半圆形、矩形和正六边形，如图 7-14 所示。

在面积相同情况下，截面周长越小，则分流道的比表面积越小，熔体流动阻力越小，流道效率越高。故流道效率从高到低的排列顺序依次是：圆形→U 形→正六角形→梯形→矩形→半圆形。但流道加工从易到难的排列顺序依次是：矩形→梯形→半圆形→U 形→正六角形→圆形。综合考虑流道效率和加工难易程度，一般选用圆形、梯形和 U 形。塑件的质量及投影面积越大、壁厚越大时，分流道截面面积应设计得大些，反之则设计得小些。常见截面分流道的参数设计如下。

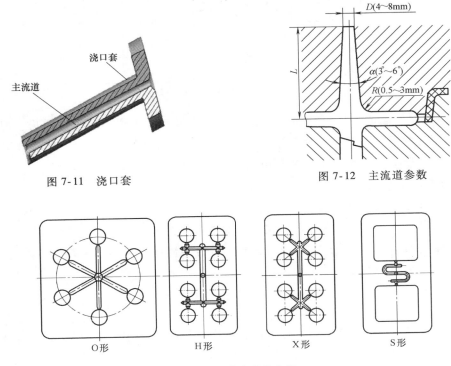

图 7-11　浇口套

图 7-12　主流道参数

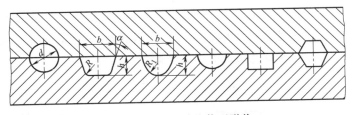

O形　　　H形　　　X形　　　S形

图 7-13　分流道的布置

图 7-14　分流道的截面形状

1）圆形截面的优点是比表面积最小，阻力也小，广泛应用于侧浇口模具中。其缺点是需同时开设在凹、凸模上，且要互相吻合，故加工制造难度较大。

圆形截面分流道主要参数直径 d 为 $\phi3\sim\phi10\text{mm}$。对于常见的 $1.5\sim2.5\text{mm}$ 壁厚的塑料制件，直径一般选用 $\phi4\sim\phi6\text{mm}$。

2）梯形截面的优点是在模具的单侧加工，较省时，主要应用于有推板的二板模，分流道只能做在凹模上。其缺点是相对圆形截面而言，有较大的比表面积，加大了熔体与分流道的摩擦力及温度损失。

梯形截面分流道的形状及设计参数如图 7-15 所示。

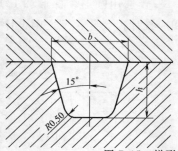

序号	b	h
1	3.00	2.50
2	4.00	3.00
3	5.00	4.00
4	6.00	5.00
5	8.00	6.00

图 7-15　梯形截面形状及参数

3）U 形截面分流道是梯形截面的改良，其流动效率低于圆形与正六边形，但加工容易，比圆形容易脱模，故 U 形截面分流道具有优良的综合性能。

U 形截面的形状与设计参数如图 7-16 所示。h 值大小与圆形截面的 d 相等。

4. 浇口的设计

浇口是连接分流道与型腔之间的一段细短通道，是浇注系统的最后部分，其作用是使塑料以较快的速度进入并充满型腔。它能很快冷却封闭，防止型腔内还未冷却的熔体倒流。设计时须考虑塑件尺寸、截面积尺寸、模具结构、成型条件及塑料性能。浇口应尽量短小，与塑件分离容易，不造成明显痕迹。

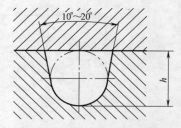

图 7-16　U 形截面形状及参数

浇口形式很多，包括侧浇口、直接浇口、点浇口、潜伏式浇口、护耳式浇口、环形浇口、轮辐式浇口、薄片浇口、扇形浇口等。

（1）侧浇口　侧浇口又称普通浇口，或大水口。熔体从侧面进入模具型腔，是浇口中最简单又最常用的浇口。图 7-17 所示为侧面进料、端面进料两种常见形式的侧浇口。其中侧面进料较常用；端面进料用于侧面为曲面，或侧表面质量要求高，而端面较平整且允许浇口痕的塑件。端面进料的侧浇口也称为搭接式浇口。

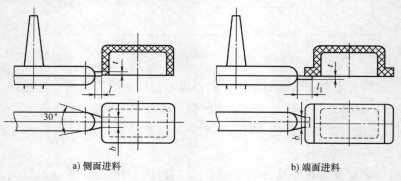

a) 侧面进料　　　　　　b) 端面进料

图 7-17　侧浇口

侧浇口的截面通常为矩形，其主要设计参数长（l）、宽（b）、厚（t）的经验值可参阅表 7-4。

表7-4　侧浇口设计参数

塑件大小	塑件质量/g	长 l/mm	宽 b/mm	厚 t/mm
小	≤40	0.5~0.8	1.0~2.0	0.25~0.50
中	40~200	0.8~1.2	2.0~3.0	0.50~1.0
大	≥200	1.2~2.0	3.0~4.0	1.0~1.2

端面进料侧浇口长度 $l_1 = l + b$。

优点：侧浇口可以根据塑件的形状特征选择其位置。它截面形状简单，浇口的加工和修整方便，浇口位置选择灵活。

缺点：浇口去除麻烦，易留痕迹；压力损失大，壳形件排气不便，易产生熔接痕。

应用：它是应用较广泛的一种浇口形式，普遍用于小型塑件的多型腔两板式注射模，且对各种塑料的成型适应性均较强。

（2）直接浇口　直接浇口是熔体通过主流道直接进入型腔，它只有主流道而无分流道及浇口，主流道和浇口合二为一，故也称主流道浇口，其根部直径 d 不超过塑件壁厚的两倍，如图7-18所示。

优点：无分流道及浇口，流道凝料少；流程短，压力及热量损失少，有利于排气，成型容易；模具结构紧凑，制造方便。

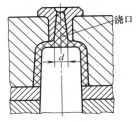

图7-18　直接浇口

缺点：浇口去除困难，有明显浇口痕迹；浇口部位热量集中，型腔封口慢，易产生气孔和缩孔等缺陷；浇口部位残余应力大，平而浅的塑件易产生翘曲或扭曲变形；只能用于单型腔模具，生产率低。

应用：适用于成型单型腔的外形及壁厚尺寸较大的深腔桶形、盒形及壳形塑件。

（3）点浇口　点浇口又称细水口，常用于三板模的浇注系统，熔体可由型腔任何位置一点或多点地进入型腔。点浇口截面通常为圆形，其结构及参数设计如图7-19所示。

第一主流道

分流道

第二主流道

浇口

塑件

浇口颈长0.5~2.0mm

浇口直径 $\phi0.5~\phi1.8$mm

图7-19　点浇口

优点：位置有较大的自由度，方便多点进料；分流道在流道板和定模板之间，不受型腔、型芯的阻碍；浇口可自行脱落，留痕小。

缺点：总体流道较长，注射压力损失较大，流道凝料多；相对于侧浇口模，点浇口模具结构较复杂，制作成本较高。

应用：采用多点进料的大型塑件或避免成型变形的塑件，以及一模多腔且分型面处不允许有浇口痕的塑件；生产批量大，自动化程度高而采用三板注射模的塑件。

（4）潜伏式浇口　潜伏式浇口俗称隧道浇口，一般为圆锥形，是点浇口的变异。根据其位置不同，一般有以下几种。

1）凸模潜伏式浇口。熔体由凸模进入型腔，如图 7-20 所示。开模时，塑件和浇口凝料分别由推杆推出，实现塑件和凝料的自动分离。

2）凹模潜伏式浇口。熔体由凹模进入型腔，如图 7-21 所示，开模时，在拉料杆和凸模包紧力作用下，塑件和凝料被凹模切断而自动分离。

3）推杆潜伏式浇口。熔体经过推杆从塑件底部进入型腔，如图 7-22 所示。

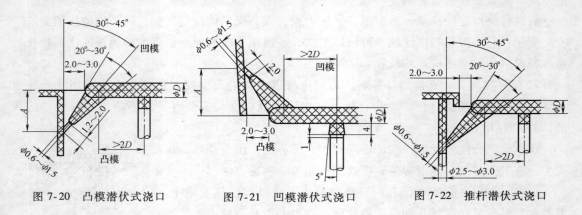

图 7-20　凸模潜伏式浇口　　　图 7-21　凹模潜伏式浇口　　　图 7-22　推杆潜伏式浇口

4）圆弧形潜伏式浇口。也称牛角式潜浇口，如图 7-23 所示。因浇口加工较复杂，一般只应用于塑件表面有特殊要求，只能从内表面进浇，而内表面无筋柱和顶杆的场合。为了加工方便浇口部位需设计成左右镶拼结构，用螺钉或台肩固定。

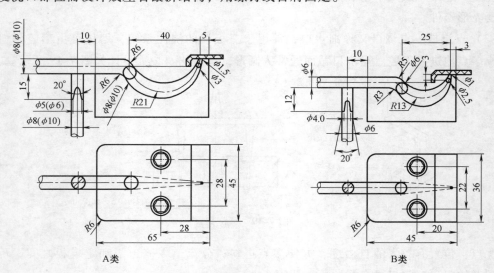

A类　　　　　　　　　　　　　　　B类

图 7-23　圆弧形潜伏式浇口

潜伏式浇口优点：进料位置灵活，并且进料痕迹小，可满足塑件的特殊要求；浇口能自动切断，可以实现全自动化注塑；可以在二板模中实现点浇口的优点。

缺点：加工难度略大；注射压力损失大；只适合弹性好的塑料，对于 PS、PMMA 等质脆塑料，则不宜采用。

应用：塑件外表质量要求高，不允许有进料痕，或采用多点进料避免成型变形，同时生产批量大，自动化程度要求程度高的场合。

（5）护耳式浇口　采用小浇口加护耳的方法来改变塑料熔体流向，以避免熔体通过小浇口后发生喷射流动，影响充模及成型后塑件的质量，如图 7-24 所示。护耳式侧浇口可将喷痕、气纹等成型缺陷控制在护耳上，需要的话，成型后再去除护耳。

护耳的宽度 b 通常等于分流道的直径，长度 l 为宽度 b 的 1.5 倍，厚度约为进口处塑件厚度的 90%，浇口厚度与护耳的厚度相同，宽为 1.5 ~ 3.5mm，浇口长度在 1.5mm 以下。当塑件宽度大于 300mm 时可采用多个浇口和多个护耳。

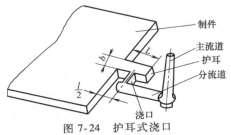

图 7-24　护耳式浇口

优点：护耳可对浇口附近的收缩进行补缩，从而消除收缩下陷；可消除塑件浇品附件的应力集中及其他成型缺陷，塑件成型质量好。

缺点：压力损失大，浇口凝料增加，护耳去除较困难。

应用：常用于高透明度平板类塑件，以及要求变形很小的塑件。

（6）环形浇口　环形浇口是沿塑件的整个外圆周或内圆周进料，其结构形式及设计参数如图 7-25 所示。

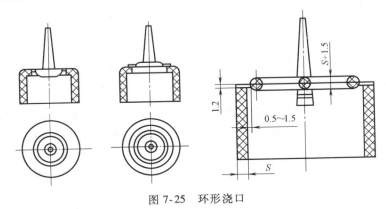

图 7-25　环形浇口

优点：使塑料绕型芯均匀充模，排气良好，熔接痕少；成型容易，无应力。

缺点：浇口切除困难，一般需要专用夹具切除。

应用：适用于薄壁、长管状塑品，主要用来成型圆筒形或中间带孔的塑件。

（7）轮辐式浇口　是环形浇口的一种变异，但它将环形浇口的圆周进料改成了沿圆周均匀分布的多点进料，一般采用四点进料，故又称为十字浇口或四点浇口，如图 7-26 所示。

浇口轮辐相当于分流道，浇口设计参数可参照侧浇口的设计参数。

优点：这种形式的浇口耗料比环形浇口少得多，且去除容易。

缺点：浇口处有部分应力，可能导致圆形精度不高，不是纯圆。

应用：多用于底部有大孔的圆筒、壳型及管状塑件一模一腔的成型。

（8）薄片浇口　浇口截面宽而薄，形成一条窄缝，也称平缝浇口，如图 7-27 所示。其尺寸参数设计：宽度 b 一般取塑件长度的 25%～100%；厚度 $t = 0.2 \sim 1.5mm$；长度 $l = 1.2 \sim 1.5mm$。

优点：通过平行流道与窄缝浇口熔体得到均匀分配，以较低的线速度平稳均匀地流入型腔，降低了塑件的内应力，减少了因取向而造成的翘曲变形。

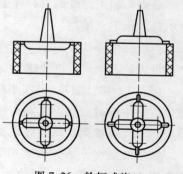

图 7-26　轮辐式浇口

缺点：浇口宽，凝料去除较困难，增加生产成本。

应用：常用于扁平而较薄的塑件，如盖板、标卡和托盘等。

（9）扇形浇口　扇形浇口是沿分流道到型腔方向宽度逐渐增加厚度逐渐减小呈扇形的浇口，如图 7-28 所示。浇口厚度 $h = 0.25 \sim 1.5mm$；浇口宽度 $b = l/4$（$b > 8mm$）。

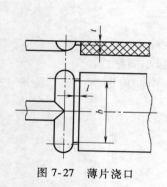

图 7-27　薄片浇口

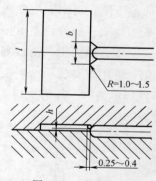

图 7-28　扇形浇口

5. 拉料杆与冷料阱的设计

（1）拉料杆的设计　拉料杆一般应用于侧浇口浇注系统的主流道底部，其作用是开模时将主流道的凝料拉出主流道，确保流道凝料和塑件留在动模侧。按结构分为勾形拉料杆、塔形拉料杆、直身拉料杆、圆头拉料杆，如图 7-29 所示。其中主流道拉料杆常应用勾形拉料杆。

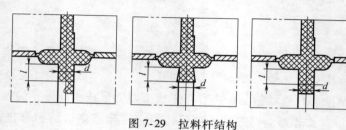

图 7-29　拉料杆结构

推板推出及推管推出的模具拉料杆结构如图 7-30 所示。

拉料杆设计注意以下几点：

1）同一模具内使用的多个勾形拉料杆，其勾形方向应一致，以保证塑件取出。

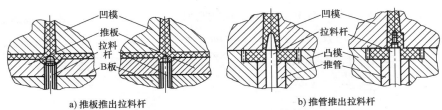

a) 推板推出拉料杆   b) 推管推出拉料杆

图 7-30   推板与推管推出的拉料杆

2）流道处的勾形拉料杆，必须预留一定的空间作为冷料阱，其长度 l 一般取 5～8mm。

3）拉料杆的直径 d 根据流道的大小一般取 5～8mm。

（2）冷料阱的设计   冷料阱是为储存因塑料熔体与低温模具接触而在料流前锋产生的冷料而设置的。这些冷料如果进入型腔将减慢熔体填充速度，最终影响塑件的成型质量。冷料阱一般设置在主流道末端，当分流道较长时，其末端也应设冷料阱。

主流道冷料阱一般设置在拉料杆顶部，其直径与长度一般取 5～8mm。

分流道冷料阱如图 7-31 所示，一般将分流道在分型面上延伸成为冷料阱，其长度取分流道直径的 1.5 倍

7.2.3   注射模标准模架的选用

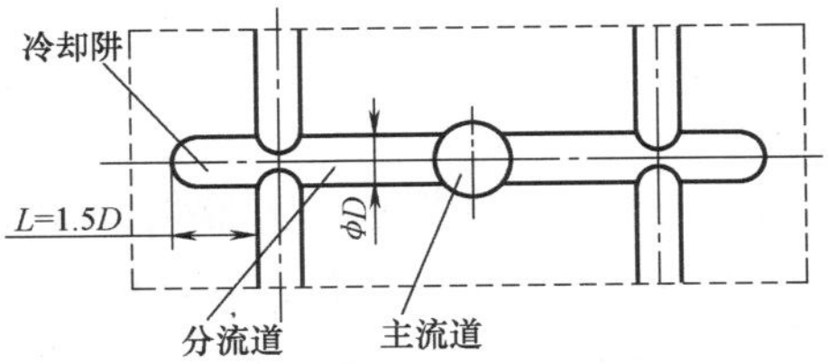

注射模模架（二板模模架）已经标准化，设计只需根据需要选择类型与型号，确定模架大小与各零部件的具体参数。

1. 二板模模架结构特点

目前国内模具企业使用的二板模模架又称大水口模架，其优点是结构简单，成型塑件的适应性强，但塑件与流道凝料连在一起，需人工切除。二板模模架应用很广泛，约占总注射模的 70%。二板模模架结构如图 7-32 所示。

图 7-31   分流道冷料阱

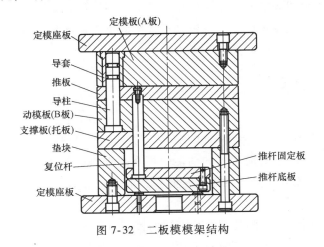

图 7-32   二板模模架结构

2. 二板模模架规格及选用

生产模架的公司较多，不同模架生产公司的模架规格不尽相同。

（1）Futaba 二板模模架　日本双叶电子株式会社（Futaba）是日本最大的模具标准件生产厂，在国际模具行业应用较广。常用的 Futaba 二板模标准模架如图 7-33 所示。

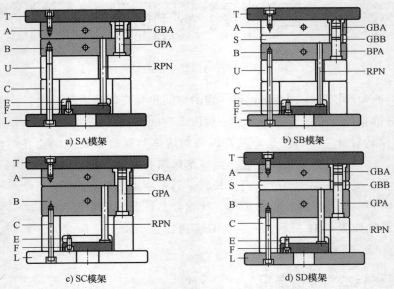

图 7-33　常用的 Futaba 二板模标准模架

SA 模架：有支撑板，无推板；SB 模架：有支撑板，有推板；SC 模架：无支撑板，无推板；SD 模架：无支撑板，有推板。

（2）龙记二板模模架　龙记集团为世界四大模架制造商之一，是国内最大的标准模架生产厂家。常用的二板模模架型号如图 7-34 所示。

AI 模架：有支撑板，无推板；BI 模架：有支撑板，有推板；CI 模架：无支撑板，无推板；DI 模架：无支撑板，有推板。

当内模镶件采用台肩固定时，动模板需开通框，则选用有支撑板模架；如内模镶件采用螺钉固定，则可选用无支撑板模架。推板是否选用取决于塑件的推出方式，当塑件为薄壁件或表面不允许有推杆痕迹，则要采用推板推出方式。

7.2.4　EMX 应用介绍

1. EMX 概述

EMX 是 Expert Mold-base Extension 的缩写，即 Pro/E 的模具设计专家。EMX 提供一系列快速设计模架以及大部分辅助装置的功能，可有效缩短模具整体设计周期。EMX 不单单是一个标准的 3D 模架库和模具零件库，它的"智能式"参数化设计可以让用户轻松实现零件装配及更改。

在实际应用中不同性质的模具都有其不同的模架，而 EMX 只是一个模架及相关零件数据库，对于设计者来说，必须熟悉模架的结构。同时 EMX 并不能提供模具的全部结构零部件，设计者需要在充分利用 EMX 的基础上，通过自定义的编辑和修改，实现自己的设计意图。

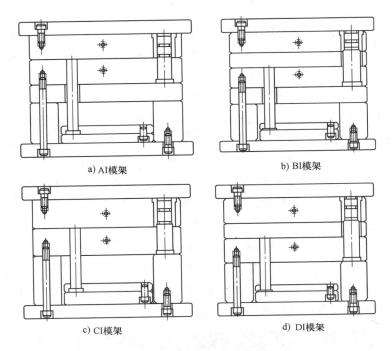

a) AI模架　　　　　　　　　　　b) BI模架

c) CI模架　　　　　　　　　　　d) DI模架

图 7-34　龙记二板模标准模架

2. EMX 的安装简介

（1）EMX4.1 的安装　EMX 是 Pro/E 软件的一个单独的外挂模块，先安装 Pro/E，再单独安装 EMX 后，EMX 才可以使用。安装 EMX 后，在 Pro/E 的对话框将增加用于标准模架设计的工具栏和下拉菜单。

EMX4.1 安装方法与 Pro/E 一样。单击安装执行文件，完成安装后，复制安装目录下 emx4.1 \ text \ config.pro 与 emx4.1 \ text \ config.win 这两个文件至 Pro/E 的启动目录下，然后再次启动 Pro/E Wildfire 即可。

（提示：EMX4.1 挂在 Pro/E Wildfire4.0 版本上时需执行以下操作：用记事本打开安装目录 \ EMX4.1 \ text \ protk.dat 文件；在倒数第 2 行，即"end"之前添加如下一行"unicode_ encoding false"。）

（2）龙记模架库的添加　EMX4.1 自带的标准模架库只有国外标准模架，如"Futaba"、"Hasco"标准模架供应商。在国内模具企业一般使用龙记标准模架库，故需将其添加进 EMX。具体操作方法如下。

1）打开下载的龙记模架库，将"SYSTEM"目录下的"龙记""mm""moldbases"三个文件夹复制到 EMX4.1 \ tcltk \ SYSTEM 目录下。

2）编辑修改 emx \ tcltk \ system \ mm 目录下面的所有".txt"文件（除"base_material.txt"外），在".txt"文件的第一行和第二行分别添加"龙记"和"龙记/mm"。

这样就将龙记标准模架库添加进了 EMX4.1，可直接进行选用。

3. EMX4.1 的主要功能介绍

标准模架一般是在完成了内模镶件设计（即分模设计）的基础上创建的。将内模镶件导入到 EMX 中，进行模架及其他模具结构设计。一般应用步骤为：设置工作目录并打开模具分模文件→EMX 项目新建、准备→在 EMX 组件中调入内模镶件→模架组件定义及装配元件→推出顶杆及冷却水路设置→侧抽组件等其他装置设置→螺钉等紧固件装配→零部件必要的修改编辑。

（1）项目新建及准备　项目新建是进行 EMX 模架设计的第一步。项目是 EMX 的顶级组件，在创建新的模架设计时，必须定义一些将用于所有模架元件的参数和组织数据，主要包括：项目名称定义、单位及模具基体类型的选择等。项目准备就是将内模镶件在项目组件中的位置和功能进行定义，即哪些零件属动模侧，哪些属定模侧等。

（2）模具基体　模具基体是 EMX 模架设计的关键功能模块。通过该模块，可完成标准模架的选择、各模板及导向件参数的设置与元件创建，同时可定义其他浇注系统零件、复位零件等。

EMX 的"模具基体"菜单功能主要包括定义组件及装配元件，如图 7-35 所示。首先通过【组件定义】进入模架定义界面，如图 7-36 所示，逐步完成模架类型的选择、模架尺寸确定、其他零部件参数确定等。单击【确定】后，组件将自动生成所定义的标准模架，再通过【装配元件】将定义好的其他元件自动创建。

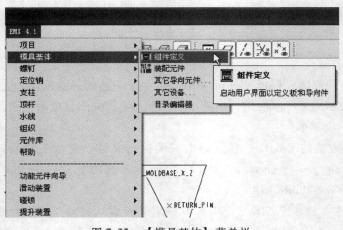

图 7-35　【模具基体】菜单栏

（3）螺钉和销钉的创建　螺钉和销钉的创建都是首先草绘其准点（安装位置参照点），再通过【螺钉】或【定位销】菜单工具启动参数定义对话框完成创建。

（4）其他装置的创建　顶杆、冷却水路及侧抽装置都在 EMX 对应的工具菜单栏进行，一般来说，启动这些装置的设计时，都需要先创建该零部件装配的位置参照基准点或参照基准坐标。

利用 EMX，设计者可以在纯三维的环境下设计任何形状的模具，其中包括所有零件，图样、BOM、干涉检查、成本计算等。这样不但保证了质量，而且大大减少了整体流程时间。但其与 PDX 一样也主要只是标准库，设计者应灵活变通，取长补短，结合 Pro/E 手动零件造型设计与装配，标准件的手动编辑修改，以充分表达设计理念，满足设计要求。

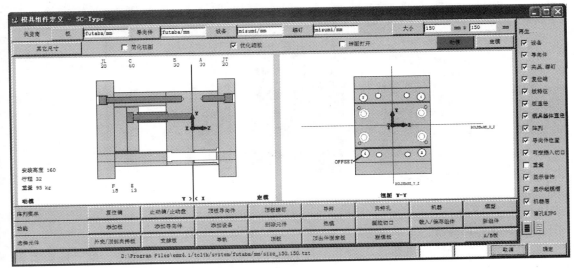

图 7-36　模架定义界面

7.3　项目实施

7.3.1　注塑件造型设计

第一步：创建新文件夹

在计算机硬盘中创建一个文件夹，命名为"屏蔽罩注射模设计"。

第二步：新建塑件文件

命名为"PBZ"，根据图 7-1 零件图完成该塑件的造型设计。基本步骤：主体拉伸特征→拔模→倒圆角→抽壳→孔特征。完成造型后的塑件如图 7-37 所示。

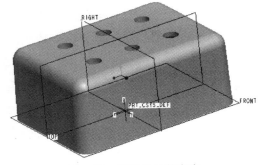

图 7-37　塑件造型的方向

（提示：注意使参照坐标在开口面上，即分模面与"FRONT"基准面重合，且保证脱模方向为 Z 轴方向。）

7.3.2　注射模分模设计

第一步：创建分模文件

新建 Pro/E 文件，选择【制造 | 模具型腔】类型，输入文件名称"PBZ_MOLD"，并选用"mmns_mfg_mold"公制模板。

第二步：调入参照零件并进行布局

单击菜单管理器的【模具模型 | 定位参照零件】，调入屏蔽罩塑件"PBZ.PRT"进行一模四腔矩形布局。查表 6-1，选取型腔壁厚为 30mm，故 X、Y 方向的增量分别设置为

100mm 和 80mm, 如图 7-38 所示。

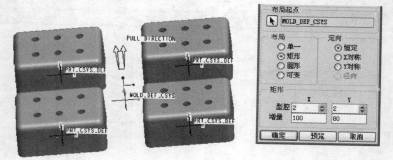

图 7-38　参照零件布局

第三步：创建工件

采用自动方法创建标准矩形工件，选择模具起点为中心模具参照坐标，统一偏距值为 30mm，如图 7-39 所示。

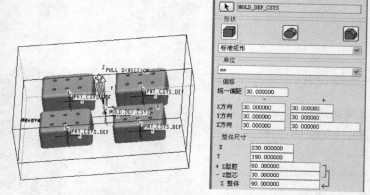

图 7-39　自动工件的创建

第四步：设置收缩率

设置塑料收缩率。塑件材料为 ABS，查表 6-2，取收缩率为 0.005（0.5%）。

第五步：创建分型面

1）主分型面的创建。主分型面采用【阴影曲面】方法创建，完成后的主分型面如图 7-40所示。

（提示：分型必须是从参照零件外面封住顶部的圆孔，这样才能使圆孔成型凸模留在动模。）

2）拉伸创建圆孔成型小型芯分割面。首先通过拉伸创建一个参照零件上六个小型芯的分割面（上下贯穿整个工件），然后再进行多次镜像，最终完成 4×6 个小型芯分割面的创建，完成后如图 7-41 所示。

第六步：模具体积块的分割

因为总共有五个分型面（分割面），需进行五次体积块的分割。

1）上下整体模具体积块的分割。选择主分型面，将工件分割为两个体积块标识，分别命名为 CORE（下模体积块）、CAVITY（上模体积块），如图 7-42 所示。

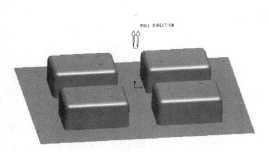

图 7-40　"阴影曲面"创建主分型面

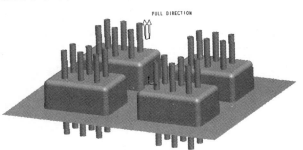

图 7-41　拉伸和镜像创建小型芯分割面

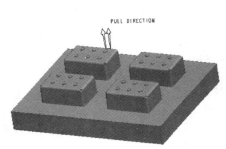

图 7-42　上下模具体积块分割标识

2）圆孔成型小型芯的分割。在进行小型芯的分割前，先遮蔽上下模具体积块分割标识。单击体积块分割工具 ⬚，在菜单管理器中采用【一个体积块｜模具体积块】，分四次分别从下模体积块"CORE"中分割出各参照零件圆孔成型小型芯，分别命名为"CORE_ 1"、"CORE_ 2"、"CORE_ 3"、"CORE_ 4"。

（提示：因为参照零件顶部的六个孔尺寸一致，为提高分模效率，每个参照零件上六个小型芯的分割面是一次创建出来，在体积块分割中也作为一个零件整体抽取。如果要将小型芯单个抽取，可多次分割，并依次只选择一个【岛】。）

第七步：模具体积块的抽取

将前面分割出来的所有模具体积块标识抽取成零件。再进行分解，检查各成型零件。

第八步：创建浇注系统

1）创建直径为 φ5mm 的圆形截面分流道。单击菜单栏【插入｜流道】。选择形状为【倒圆角】，流道直径为 5mm。流道草绘如图 7-43 所示。再通过【自动添加】全选【相交元件】，完成分流道的创建。

2）创建 2mm（长）×2mm（宽）×1.5mm（高）的侧浇口。单独打开上模体积块"cavity.prt"，通过拉伸在分流道与各型腔连接处切出 2mm（长）×2mm（宽）×1.5mm（高）的侧浇口。

3）创建直径为 φ16mm 的主流道衬套安装孔。单独打开上模体积块"cavity.prt"，并选择【插入｜模型基准｜偏移平面】，创建偏距值都为 0 的三个基准面。再在中心位置通过拉

伸切出 $\phi16mm$ 的主流道衬套安装通孔。完成浇注系统创建后的上模体积块"cavity. prt"如图 7-44 所示。

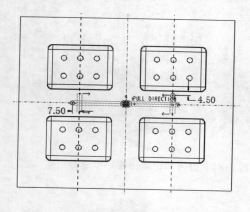

图 7-43　分流道草绘

图 7-44　完成浇注系统创建后的上模体积块

第九步：圆孔小型芯与下模体积块固定台肩创建

1）在各小型芯上创建固定台肩。依次单独打开各小型芯，通过拉伸在各小型芯底部创建 $\phi8mm\times4$ 的固定台肩，如图 7-45 所示。

2）在下模体积块创建固定台肩孔。单独打开下模体积块"core. prt"，在各小型芯的对应安装位置切出 $\phi8.5mm\times4$ 的台肩孔，如图 7-46 所示。

图 7-45　小型芯创建固定台肩

图 7-46　下模体积块创建固定台肩孔

第十步：铸模仿真

创建铸模零件"molding. prt"，如图 7-47 所示。

第十一步：模具零件倒角

将上模体积块及下模体积块外轮廓各棱边倒 $R3mm$ 圆角。完成屏蔽罩一模四腔分模设计后的模具分解图如图 7-48 所示，保存到工作目录。

7.3.3　整体模架设计

第一步：EMX 项目的创建及准备

1）新建 EMX 项目文件。单击菜单栏【EMX4.1 | 项目 | 新建】，在弹出的【定义新项目】中输入本项目名称"PBZZSM"，如图 7-49 所示。单击"确定"后，Pro/E 将自动新建

图 7-47　铸模零件

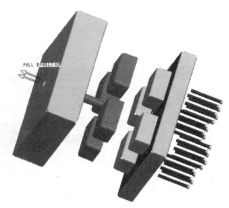

图 7-48　模具分解图

"PBZZSM. asm" 的 EMX 模架组件文件。

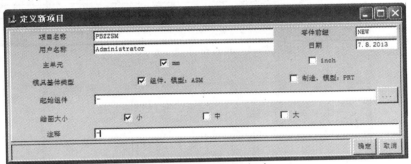

图 7-49　EMX 项目新建

2）调入分模组件（内模镶件）。在 "PBZZSM. asm" 组件对话框中，单击 "〖〗"，选择前面已经完成的分模组件 "PBZ_ MOLD. asm" 进行装配，采用【坐标系】约束方式，选择分模组件的基准坐标与模架组件的基准坐标重合。

3）项目准备。单击菜单栏【EMX4.1丨项目丨准备】，在弹出的 "准备元件" 中为调入的内模镶件各零件选择对应的属性，如图 7-50 所示。再单击【确定】。

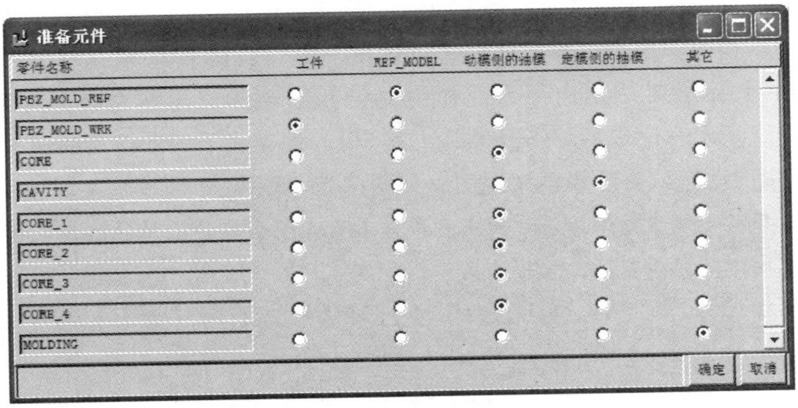

图 7-50　项目准备

第二步：调入标准模架

1）进入 EMX 模架设计界面。单击菜单栏【EMX4.1 | 模具基体 | 组件定义】，进入如图 7-51 所示【模具组件定义】对话框。

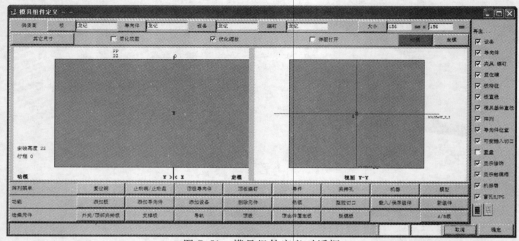

图 7-51　模具组件定义对话框

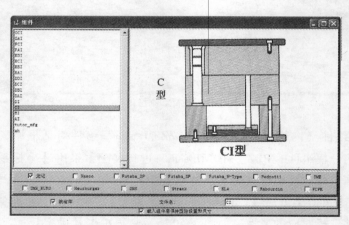

图 7-52　标准模架库供应商及型号选择

2）调入标准模架。单击模具组件定义对话框下方【功能】区域的【载入/保存组件】，在弹出的【组件】定义对话框中下方选择【龙记】模架库，再在左边的型号对话框选择"CI"，如图 7-52 所示。完成后单击【载入 | 确定】，便完成了标准模架的调入，【模具组件定义】对话框中的动态窗口出现模架视图，如图 7-53 所示。

（提示：本模具内模镶件采用螺钉固定方式，不需支承板零件；塑件脱模采用推杆推出。如果 EMX4.1 没有添加龙记模架库，则可选择"Futaba_ 2P"模架库，并选择"SC"型号。）

3）确定模架尺寸。单击【模具组件定义】对话框右上角【大小】按钮，选择"300×350"。

（提示：模架的基本尺寸取决于内模镶件尺寸，通常模架的长、宽方向尺寸比内模镶件大 80～120mm。）

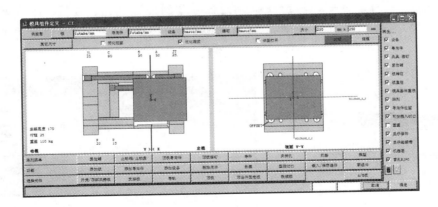

图 7-53　调入模架后的【模具组件定义】动态窗口

4）确定各模板厚度及导柱长度。各模板的长、宽尺寸由模架尺寸确定，但 A 板、B板、垫块的厚度还需根据内模镶件的厚度、塑件的推出高度等因素进行调整。

A 板的厚度＝定模镶件厚度（60mm）＋30mm＝90mm；B 板厚度＝动模镶件厚度（30mm）＋30mm＝60mm；垫块 C 的厚度＝推杆底板厚度（25mm）＋推杆固定板厚度（20mm）＋止动销高度（5mm）＋本塑件的脱模高度（30mm）＋顶出安全高度（10mm）＝90mm。

首先单击对话框上方的【供货商】区域的【板】，从下拉选项中选择【龙记/mm】。再双击动态视图窗口中的 A 板，则弹出【A/B 板参数】对话框，如图 7-54 所示。分别设置 A板厚度值为 90mm，设置 B 板厚度值为 60mm。再双击动态视图窗口中的垫块 C，在其参数对话框中将厚度设置为 90mm。其他各板采用默认厚度值。

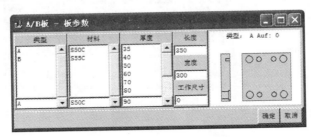

图 7-54　A、B 板参数对话框

导柱的长度＝B 板厚度（60mm）＋制件脱模高度（30mm）＋安全高度（20mm）＝110mm。双击动态视图窗口中的导柱零件，在其参数对话框中将长度值设置为 110mm。

5）添加复位销与止动销。复位销的作用是在模具合模时，将推出机构（推杆、推杆底板及推杆固定板）推回复位。止动销设置在推杆底板和动模座板之间，以减少推杆底板与动模座板的接触面积，防止掉入垃圾或模板变形。

单击模具组件定义对话框下方【阵列菜单】区域的【复位销】，在弹出如图 7-55 所示的参数对话框中，分别设置复位销的直径和数量（阵列宽度和长度宜采用默认值），再单击【更新阵列数据】→【确定】，便完成了复位销的添加。

单击模具组件定义对话框下方【阵列菜单】区域的【止动销/止动盘】，在弹出如

图 7-56 所示的参数对话框中，勾选【CP 销】，再分别设置直径、数量、阵列宽度和长度（采用复位销的阵列尺寸值），再单击【更新阵列数据】→【确定】，便完成了止动销的添加。

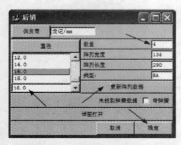

图 7-55　定义复位销参数

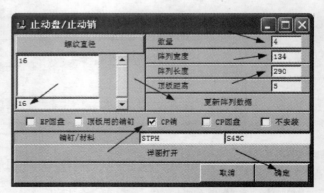

图 7-56　定义止动销的参数

（提示：如果选用 Futaba 模架，则模架调出时已有复位销，不需单独添加，只需添加止动销即可。）

6）添加定位环及浇口套。首先单击对话框上方的【供货商】的【设备】和【螺钉】，从下拉选项中选择【misumi/mm】。单击模具组件定义对话框下方【功能】区域的【添加设备】→在【选择元件】区域中选择【定模侧定位环】，其参数定义如图 7-57 所示，再单击【确定】。

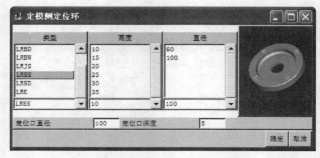

图 7-57　定义定位环参数

浇口套的上端与定位环紧靠，下端与分型面齐平，故其长度值＝定模座板厚度（25mm）＋A 板厚度（90mm）－浇口衬套头部厚度（10mm）－定位环镶入定模座板深度（5mm）＝ 100mm。

同样再单击模具组件定义对话框下方【功能】区域的【添加设备】→在【选择元件】区域选择【浇口衬套】，其定义参数如图 7-58 所示，再单击【确定】。

7）型腔切口。型腔切口就是分别在 A、B 板内切出内模镶件的固定槽。具体操作：单击模具组件定义对话框下方【功能】区域的【型腔切口】，在弹出的【型腔嵌件】设置对话框中，选择【矩形嵌件】，并输入动模侧"预载入距离"为"0.5"（作为排气间隙），如图 7-59 所示，最后单击【确定】完成型腔切口设置。

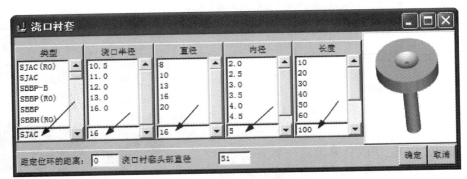

图 7-58　定义浇口衬套参数

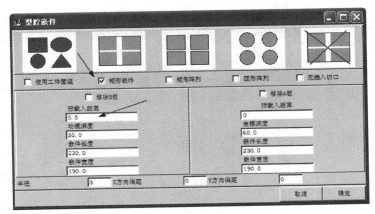

图 7-59　型腔切口设置

　　至此，在模具组件定义对话框中完成了模架的型号及尺寸确定、相关零部件的添加及参数定义，动态窗口如图 7-60 所示。单击确定后，回到 Pro/E 组件界面，"pbzzsm. asm"组件将进行重生，自动将设置好的模架各零件调入组件中，生成的模架组件如图 7-61 所示。

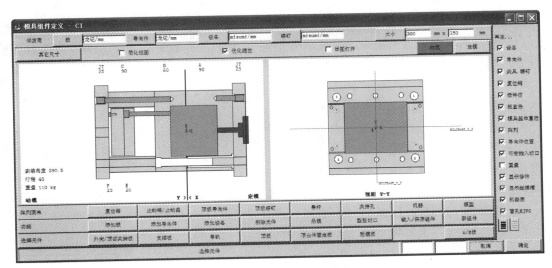

图 7-60　组件定义后的动态窗口

（提示：在 EMX 模架设计过程中，有关注射模结构件设计的详细介绍可参考项目 8。）

7.3.4 推出系统设计

第一步：创建拉料杆

在组件模式下单击菜单栏【EMX4.1丨顶杆丨定义丨在现有点上】，根据提示选择分型面中心位置已有的【PULLER_ PIN】基准点（打开基准点显示开关）。在弹出的【顶杆】对话框设置如图 7-62 所示参数，完成后单击【确定】。

图 7-61　组件定义后调入的模架

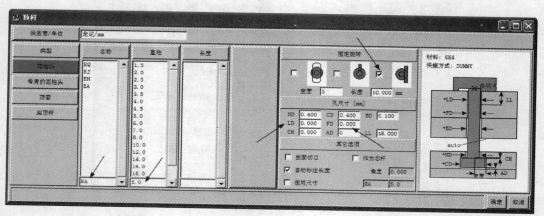

图 7-62　定义拉料杆参数

（提示：本模具中采用勾形拉料杆，后面将在其头部切出勾形，需防转，所以要选择【固定旋转】。）

第二步：创建推杆

1）创建推杆基准点。各推杆基准点需自行先创建。先隐藏定模部分零件及铸模零件，再以内模镶件的分型面为草绘面，绘制如图 7-63 所示十六个基准点（每个制件的四角布置顶杆，对称分布）。

（提示：因本模具中所有推杆尺寸及形状一致，故所有基准点可一次草绘，所有推杆也将一次设置创建，相当于同一推杆零件装配十六次。如果塑件形状不规则，推杆长度及形状不同，则必须分开创建基准点，并分开多次设置推杆。）

2）创建推杆。单击【EMX4.1丨顶杆丨定义丨在现有点上】，选择刚才草绘的基准点，在弹出的【顶杆】对话框设置如图 7-64 所示参数，完成后单击【确定】。

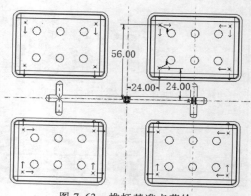

图 7-63　推杆基准点草绘

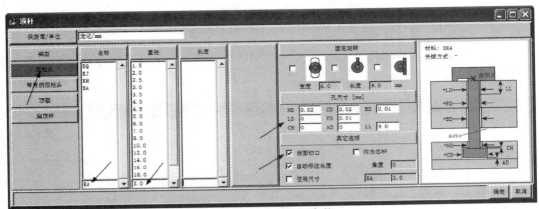

图 7-64 定义推杆参数

（提示：推杆为圆形，无方向性，故不需【固定旋转】。选择【曲面切口】的目的是让推杆顶部延伸到参照零件的内表面上。）

3）装配复位杆及推杆。单击【EMX4.1 | 模具基体 | 装配元件】，在弹出的【装配元件】对话框勾选【顶杆】，单击【确定】，则复位杆和推杆自动装配至组件中。

4）推杆及复位杆修改。推杆装配后，实际为两根不同的推杆，除第一根推杆延伸到了参照零件表面，其余长度只到达分型面，需要延长。选择激活任意一根推杆，利用实体偏移，将其顶部延长到与第一根推杆顶部齐平。

复位杆需在头部切出勾形，可激活可单独打开零件操作，复位杆勾形切口草绘如图 7-65 所示。完成创建复位杆和推杆如图 7-66 所示。

图 7-65 复位杆勾形切口草绘

图 7-66 创建复位杆和推杆

7.3.5 冷却系统设计

第一步：创建冷却水线基准

首先创建动模侧水线路径草绘基准面，单击工具栏【平面】工具，选取 B 板下平面往上方偏移15mm创建基准面。再以该基准面为草绘平面，绘制如图7-67 所示的四条冷却水线路径（注意避开推杆）。

再创建定模侧水线路径草绘基准面，单击工具栏【平面】工具，选取 A 板上平面往下偏移15mm创建基准面，以该面为草绘平面，绘制如图 7-67 所示的四

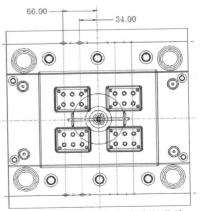

图 7-67 四条冷却水线路径草绘

条冷却水线路径。

第二步：创建冷却孔及水嘴

1）创建冷却孔。单击【EMX4.1｜水线｜创建冷却孔】，在弹出的【冷却装置】对话框，选择【盲孔】，其参数定义如图7-68所示。

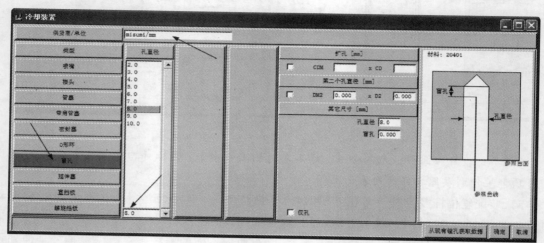

图7-68　定义冷却孔参数

单击【确定】后，根据提示先选取参照曲线（各水线路径），再选择参照曲面（A、B板与水线路径垂直的端面），逐一完成A、B板中八条冷却通孔的创建。

2）创建喷嘴。完成各冷却孔创建后，单击【确定】，回到【冷却装置】对话框，选择【喷嘴】，其参数定义如图7-69所示。单击【确定】后先选取参照曲线（各水线路径），再选择参照曲面（A、B板与水线路径垂直的端面），逐一完成A、B板各端面十六个喷嘴的创建。完成后单击【确定】，回到【冷却装置】对话框后直接选择关闭即可。

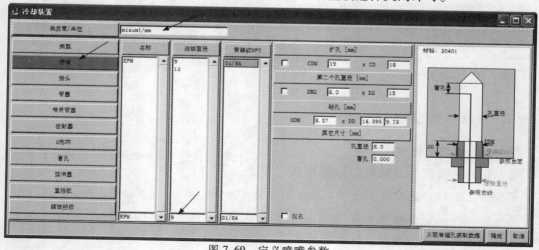

图7-69　定义喷嘴参数

3）装配冷却零件。单击【EMX4.1｜模具基体｜装配元件】，在弹出的【装配元件】对话框中勾选【冷却】，单击【确定】。完成冷却系统创建的模具如图7-70所示。

7.3.6　安装紧固螺钉

第一步：定模镶件的固定

1）绘制紧固螺钉基准点。首先以 A 板上平面为草绘面，绘制四个螺钉基准点（对称分布于镶件四角，距镶件两侧端面距离都为 16mm）。

2）创建螺钉。执行【EMX4.1｜螺钉｜定义｜在现有点上】，选择 A 板上平面的四个基准点，以 A 板上平面为螺钉头参照曲面，定模镶件上平面为螺纹曲面。螺钉参数定义如图 7-71 所示。

图 7-70　冷却系统创建后的模具

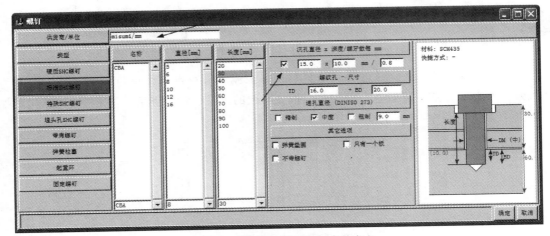

图 7-71　定模镶件紧固螺钉参数定义

第二步：动模镶件的固定

采用同样的步骤与方法创建动模镶件紧固螺钉。

第三步：创建自动螺钉

在创建自动螺钉之前，单击【EMX4.1｜模具基体｜装配元件】，在弹出的【装配元件】对话框将所有选项勾选，单击【确定】。

再单击【EMX4.1｜螺钉｜装配自动螺钉】，再单击选择定位环零件，则在定位环上自动安装了四个紧固螺钉，如图 7-72 所示。

7.3.7　元件修改

第一步：浇口套切口

EMX 调出的浇口套下端是平的，必须切出分流道通口。具体操作如下：在组件单独激活浇口套零件→单击拉伸→以垂直于一次分流道的组件中间基准面为草绘面→复制一次分流道的截面圆→两侧拉伸穿透去除材料，切口后的浇口套零件如图 7-73 所示。

图 7-72　定位环自动螺钉的装配

第二步：修改铸模零件

铸模零件再生后，出现与浇口套、复位杆和推杆等零件体积干涉，需进行修改。铸模零件的修改与模具零件设计无关，是为了使 3D 效果及工程装配图更完整。具体操作如下：单击 菜单栏【编辑 | 元件操作 | 切除】，根据提示选择铸模零件为切除处理零件，再按住【Ctrl】键选取浇口套、复位杆、十六根推杆等零件作为切除参照零件，再逐一点击【完成】。切除操作前与切除操作后的铸模零件如图 7-74 所示。

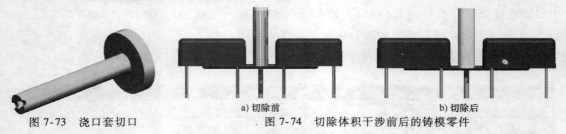

a) 切除前　　　　　　　　　　　b) 切除后

图 7-73　浇口套切口　　　　　　图 7-74　切除体积干涉前后的铸模零件

然后再激活铸模零件，通过旋转加材料，将主流道凝料延长至浇口套上口部，如图 7-75 所示。至此，完成了屏蔽罩一模四腔二板注射模的三维设计，屏蔽罩注射模 3D 结构图如图 7-76 所示。

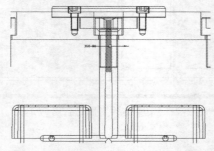

图 7-75　铸模零件主流道凝料旋转延长

图 7-76　屏蔽罩注射模 3D 结构图

7.4　拓展练习

7.4.1　U形壳一模四腔注射模设计

图 7-77 所示为 U 形壳塑件，材料为 ABS，塑件未注脱模斜度为 2°，壳的厚度为 2mm，大批量生产。利用 Pro/E 软件进行一模四腔注射模整体三维设计。

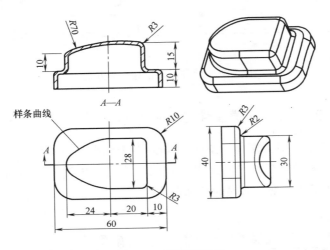

图 7-77　U形壳塑件

关键步骤操作提示如下。

第一步：塑件造型设计

主体拉伸特征→拔模→倒圆角→抽壳。注意使分型面在【FRONT】基准面上，Z 轴方向朝上。

第二步：分模设计

模具布局及流道设计可参照图 7-78 所示。

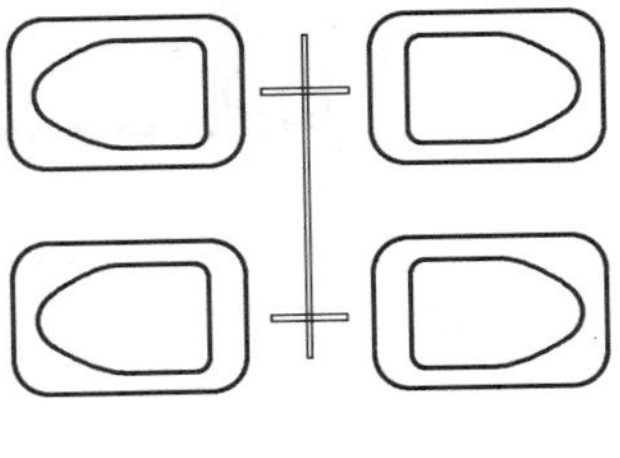

第三步：模架设计

可采用"Futaba_ 2P"的"SA"或"龙记"的"AI"标准模架，即 B 板下有支撑板。A、B 板的厚度分别为定模镶件和动模镶件的厚度（台肩固定方式可整体减小模具整体高度）。

图 7-78　U形壳模具布局及流道设计参考

第四步：推出机构设计

塑件壳厚为 2mm，内表面无特殊要求，可采用推杆推出机构。因塑件顶部为曲面，故设置 EMX 推杆时，分多次进行（即每次草绘一个基准点，装配一根推杆）。

第五步：冷却系统设计

冷却系统设计可参考方案有两种：第一种方案是冷却孔在 A、B 板中创建，如图 7-79a

所示，特点是便于加工，但冷却效果稍差；第二种方案是冷却孔在内模镶件上创建，如图 7-79b 所示，特点是冷却效果好，但加工与装配难度大。

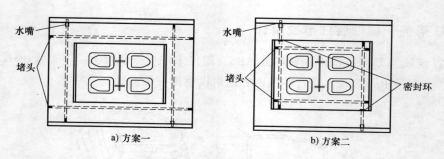

a) 方案一   b) 方案二

图 7-79　冷却系统设计参考方案

7.4.2　充电器面盖、底盖一模多件注射模设计

图 7-80 所示为充电器面盖塑件，图 7-81 所示为充电器底盖塑件，材料均为 ABS，塑件未注脱模斜度为 3°，大批量生产。利用 Pro/E 软件进行一模四腔（面盖和底盖各出两腔）注射模分模设计，并完成整副注射模的三维设计。

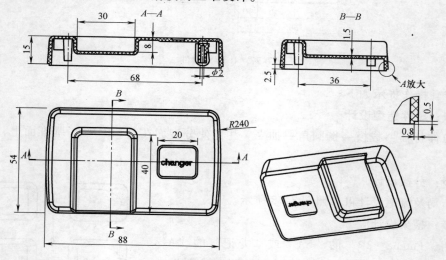

图 7-80　充电器面盖塑件

关键步骤操作提示如下。

第一步：塑件造型设计

因两个塑件是配合组件，在完成其中一个基准件造型设计后，可将其装配到组件以创建另一个配合件。塑件的结构设计要点主要体现在面盖螺柱与底盖螺钉孔的配合设计、螺柱加强筋的设计、面盖、底盖止口的配合设计。

第二步：分模设计

需同时调入面盖和底盖两个参照零件。定位时，面盖的止口在外侧，故其分型面必须设

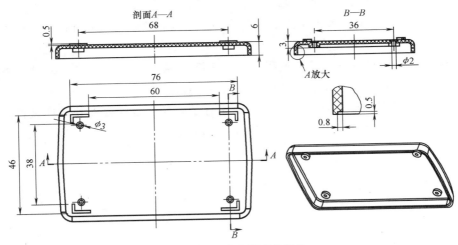

图 7-81　充电器底盖塑件

在止口面上（即由最底面往上偏 0.5mm），否则塑件被卡在型腔内无法脱模。

模具布局采用对角排位方式，如图 7-82 所示。因面盖体积较大，可将二次分流道设置比底盖的二次分流道短些。

因塑件结构与形状较复杂，定模与动模镶件中不便加工的地方必须设计成单独的小镶件，即实施多次体积块的分割。

第三步：模架设计

因塑件高度尺寸不大，故本模具的内模镶件可用螺钉固定方式。但塑件壁较薄，为保证推出时塑件不变形，整体采用推板推出。可采用"Futaba＿2P"的"SD"或"龙记"的"DI"标准模架。

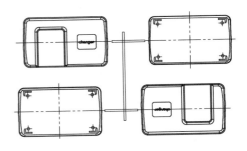

图 7-82　充电器面盖、底盖模具
布局及流道设计参考

第四步：推出机构设计

本塑件结构较复杂，且质量要求较高，在整体采用推板推出结构时，螺钉柱部位需采用推管推出（参考项目 8 中"推出机构设计"）。

第五步：冷却系统设计

冷却水路的设计可参考图 7-79。

7.5　项目小结

1）塑料产品设计工程师必须熟悉模具的结构、加工制造以及模具生产的特点；反过来，优秀的模具工程师也必须熟悉塑料制品的结构工艺。塑件结构的优化和改进可简化模具结构，提高产品质量。

2）浇注系统的设计不仅决定模具型腔的布局，还直接决定模架的类型和复杂程度。最优的浇注系统不仅要满足塑件成型工艺要求，而且能力求模具结构简单，成本低。

3）在产品造型设计时，要根据注塑成型的要求，提前考虑好如何分模，采用何种模具结构，这样可避免一些不必要的返工。

4）在整个产品造型和模具设计过程中，一定要注意设置好工作目录，确认将塑件产品、分模文件、模架组件文件及各零部件设置在同一目录里。

5）在打开 EMX 各类标准件对话框时，要注意了解各参数的含义并合理设置。调用的所有标准零件都可以通过"重定义"，或直接打开进行修改。

项目 8 三通管斜导柱外侧抽芯注射模设计

8.1 项目引入

8.1.1 项目任务

图 8-1 所示为三通管塑件，材料为 PVC，未注公差为 MT5 级精度，中等批量生产。利用 Pro/E 软件进行一模两腔注射模分模设计，并完成斜导柱外侧抽芯注射模的三维设计。

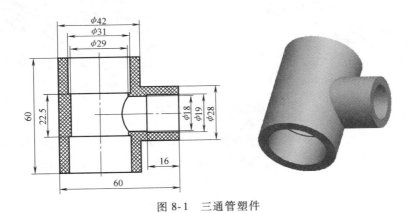

图 8-1 三通管塑件

8.1.2 项目目标

◇ 了解侧抽芯机构的分类及应用。

◇ 掌握斜导柱侧抽芯机构组成及各零部件设计要点。

◇ 熟练掌握注射模结构件的设计原则。

◇ 掌握注射模各类推出机构的特点及应用。

◇ 掌握 Pro/E 侧抽芯模具的分模设计。

◇ 应用 Pro/E 进行潜伏式浇口的设计。

◇ 掌握 EMX 制造（MFG）模式下的分模设计。

◇ 进一步熟练掌握 EMX 各类模架的调用及结构件的设计。

◇ 掌握 EMX 斜导柱侧抽芯机构的调用及编辑修改。

◇ 掌握 EMX 推管推出机构的设计。

◇ 系统掌握斜导柱外侧抽芯模具的三维设计步骤与方法。

8.2 项目知识

8.2.1 斜导柱侧抽芯机构设计

1. 侧抽芯机构及其分类

注射机上只有一个开模方向，因此注射模也只有一个开模方向。但有些塑料制品因为侧壁带有通孔、凹槽或凸台，模具上需要有侧方向的抽芯，这些侧向抽芯必须在塑件脱模之前完成，如图 8-2 所示。这种在塑件脱模之前先完成侧向抽芯，使塑件能够安全脱模，在塑件脱模后又能顺利复位的机构称为侧向分型与抽芯机构。

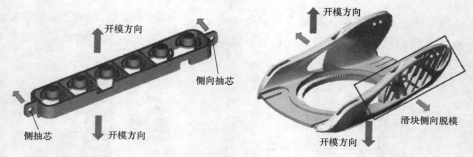

图 8-2　侧抽芯的塑件

（1）侧抽芯机构的概念　侧向分型与抽芯机构，简单地讲就是与动、定模开模方向不一致的开模机构。其基本原理是将模具开合的垂直运动，转变为侧向运动，从而将塑件的侧向凹凸结构中的模具成型零件在塑件被推出之前脱离开塑件，从而让塑件顺利脱模。实现这种将垂直运动转变为侧向运动的机构主要有斜导柱、弯销、斜向 T 形槽、斜顶杆等。

（2）侧抽芯机构的应用　侧向分型与抽芯机构使模具结构变得更为复杂，提高了模具的制作成本。一般来说，模具中每增加一个侧向抽芯机构，其成本大约增加 30%。同时，有侧抽芯机构的模具，在生产过程中的故障发生概率要高。因此，塑料制品在设计时应尽量避免侧向凹凸结构。

需要采用侧向分型与抽芯机构的场合如下。

1）塑件上存在与开模方向不一致的凹凸结构，并且无法强制脱模。当塑件侧面有凹槽、通孔、螺纹、凸起圆柱、标记符号或花纹时，一般需要采用侧向分型与抽芯机构。

2）塑件存在不能有脱模斜度的外侧面。当塑件外侧面为与其他零件的贴合面，精度要求较高，不允许有脱模斜度时，为保证塑件顺利脱模，宜采用侧向分型与抽芯机构。

（3）侧抽芯机构的分类　按抽芯与分型的动力来源可分为手动、机动、液压或气动三种抽芯机构。

1）手动抽芯机构。在开模时，依靠人工将侧型芯或镶件连同塑件一起取出，在模具外使塑件与型芯分离；或在开模前依靠人工直接抽拔或通过传动装置抽出侧型芯。此类机构结构简单，制造方便，但操作麻烦，生产率低，劳动强度大且抽拔力受到人力限制。因此，在实际生产中很少采用。

2）机动抽芯机构。开模时利用注射机开模力作为动力，通过传动机构改变侧向成型零件的运动方向使其进行侧向运动，合模时利用合模力使其复位。这类机构具有较大的抽芯力与抽芯距，生产率高，操作简便，动作可靠等优点，因而被广泛采用。

3）气动或液压抽芯机构。在模具上配置单独的液压缸或气压缸，以液压力或压缩空气作为抽芯动力，其优点是抽拔距离长、抽拔力量大，传动平衡。新型注射机一般已设置了液压抽芯装置，如果注射机不带这种装置，则需另行选购设计或制造。

机动抽芯机构按其结构特点，一般分为斜导柱滑块侧抽机构、弯销滑块侧抽机构、T形块滑块侧抽机构、斜滑块侧抽机构、斜顶杆侧抽机构。

图 8-3 所示为三种典型的侧向抽芯机构。

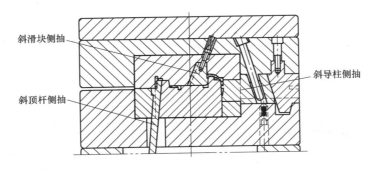

图 8-3　三种典型的侧抽芯机构

2. 斜导柱侧抽芯机构组成及设计原则

（1）斜导柱侧抽芯机构组成　斜导柱侧抽芯是利用成型后的开模动作，使斜导柱与侧抽滑块产生相对运动，滑块在斜导柱的作用下一边沿开模方向运动，一边沿侧向运动，其中沿侧向的运动使模具的侧向成型零件脱离塑件。斜导柱侧抽芯包括动模外侧抽芯和动模内侧抽芯，其中外侧抽芯机构最常用，其模具结构及开模过程如图 8-4 所示。

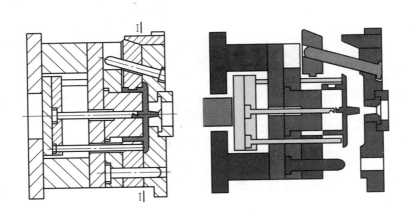

图 8-4　斜导柱外侧抽芯模具结构及开模示意图

斜导柱外侧抽芯机构如图 8-5 所示，一般由以下五个部分组成。

1）动力部分：如斜导柱等。

2）锁紧部分：如锁紧块等。

3）定位部分：如弹簧顶销，弹簧滚珠等。

4）导滑部分：如模板上的导向槽、压块等。

5）成型部分：如侧抽芯、成型滑块等。

（2）斜导柱侧抽芯机构设计原则

1）侧型芯与滑块连接应有一定的强度和刚度，防止在抽芯时松动滑脱。如果加工方便，可将侧型芯与滑块做成一体。

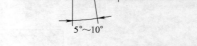

图 8-5 斜导柱外侧抽芯机构

2）滑块在滑槽中滑动要平稳，不能发生卡滞、跳动等现象。

3）滑块的定位装置要能承受注射时的胀型力，应选用可靠的方式固定在模板上。当滑块承受较大的侧向胀型力作用时，锁紧块要插入导向槽内，反斜面角度为 5°~10°（见图 8-5）。

4）滑块完成抽芯后，留在导滑槽内的长度不应小于滑块全长的 3/4，否则，滑块在开始复位时受较大扭力而倾斜变形。

5）因定模侧抽芯使模具结构更复杂，一般将滑块设计在动模侧，应确保侧型芯及其连接的滑块在开模时可随着动模移动。

3. 斜导柱的设计

斜导柱的设计包括倾角设计、长度及直径设计。

（1）斜导柱的倾角 α　斜导柱的倾角 α 大小影响开模距离及脱模力。当侧抽芯距离一定时，倾角 α 越大，所需的开模距离越小，斜导柱的长度也可越小，但斜导柱所受弯曲力越大，所需开模力也越大。

倾角 α 一般在 15°~25°之间，最常用的是 18° 和 20°，特殊情况也不能超过 30°。

（2）斜导柱的长度 L　斜导柱的长度取决于侧抽芯距 S 和倾角 α。

一般规定侧抽芯距 S = 塑件侧向凹凸深度 + (2~5) mm（安全距离）。则斜导柱的长度 $L = L_1 + L_2 = S/\sin\alpha + H/\cos\alpha$，（其中 S 为抽芯距、α 为倾角、H 为固定板厚度）如图 8-6 所示。

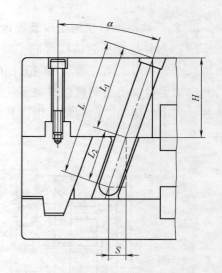

图 8-6 斜导柱长度计算

（3）斜导柱的直径和数量　斜导柱的直径和数量主要根据侧抽滑块的宽度确定，一般当滑块宽度大于 100mm 时考虑安装两根斜导柱。斜导柱直径一般根据经验确定，可参考表8-1。

表 8-1　斜导柱的直径经验确定表　　　　　　　　　　（单位：mm）

滑块宽度	20~30	30~50	50~150	>150
斜导柱直径	6~10	10~12	12~16	16~24

4. 滑块的设计

（1）导滑槽的结构形式　滑块在导滑槽中的滑动必须顺利、平稳，不能出现卡滞和跳动现象。导滑槽的常见结构如图 8-7 所示。

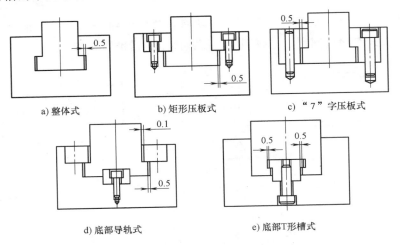

图 8-7　导滑槽常见的结构

其中，整体式导滑槽结构紧凑，但加工困难，一般用于模具较小的场合；矩形压板式和"7"字压板式加工简单，强度较好，应用广泛；底部导轨式结构较复杂，一般应用于滑块较长和模温较高的场合；底部 T 形槽式一般应用于内侧抽芯等空间较小的场合。

（2）滑块尺寸及滑行距离　滑块的宽度不宜小于 30mm，滑块的长度不宜小于滑块的高度，以保证滑块开合模时滑动的稳定顺畅。

滑块离导滑槽的长度不大于滑块长度的 1/4，即完成侧抽后，滑块至少有 3/4 的长度留在导滑槽，较大较高的滑块脱模后必须全部留在滑槽内，以保证复位安全可靠。

（3）滑块的耐磨条　当滑块宽度大于 50mm 时，需在滑块的底面、锁紧斜面等摩擦面安装耐磨条，以减少滑块磨损并方便更换，如图 8-8 所示。

耐磨条的厚度 H 一般在 8~12mm，采用 M5 或 M6 的沉头螺钉固定；斜面的耐磨条要高出滑块斜面 0.5mm。

（4）滑块的定位　开模后，必须保证滑块停在刚刚脱离斜导柱的位置，不可发生任何移动，以避免合模时斜导柱不能准确地插入滑块的斜孔，所以在滑块上要设置定位装置。常见的几种定位装置形式如图 8-9 所示。

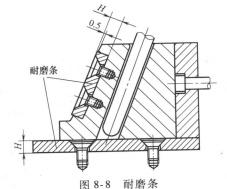

图 8-8　耐磨条

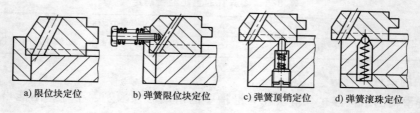

图 8-9　滑块的定位装置

（5）侧型芯在滑块上的固定　侧型芯滑块有整体式和组合式，采用组合式时侧型芯在滑块上的固定方式有堵头固定、螺钉固定、压板固定、横销固定等方式，如图 8-10 所示。

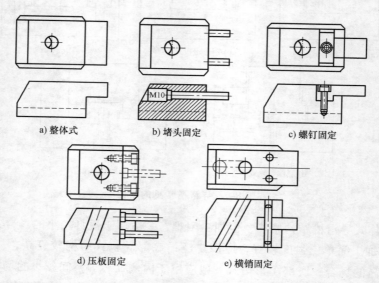

图 8-10　侧型芯的固定方式

整体式结构适用于型芯较大，强度较好的场合；堵头固定适合圆形小型芯；螺钉固定适合异形型芯；压板固定适合固定多型芯。

5. 锁紧块的设计

锁紧块又称楔紧块，其作用是模具注射时锁紧滑块，防止滑块在胀型力的作用下后退，同时合模时将滑块和侧型芯推回原位，恢复型腔原状。

（1）锁紧块的斜角 β　锁紧块的斜角 β 等于滑块斜面角度，应比导柱斜角 α 大 $2° \sim 3°$。其原因为开模时，滑块和锁紧块必须先分开，之后斜导柱才能拨动滑块实现侧向抽芯；合模时，如果 $\beta \leqslant \alpha$，则锁紧块和滑块就可能发生干涉。

（2）锁紧块的形式与固定　锁紧块的结构形式及固定方式如图 8-11 所示。

整体式是将锁紧块与模板制成一体，这种结构牢固可靠，刚性大，但加工费时费料，适用于侧向力较大的场合；当滑块在定模的深度超过其高度的 2/3 时宜采用整体式。侧面螺钉固定的方式结构简单，加工方便，但承受的侧向力较小，适用于小型模具。局部嵌入和整体嵌入方式的结构刚性比侧面固定式刚性要高，承受的侧向力更大。圆柱头螺钉固定方式在嵌

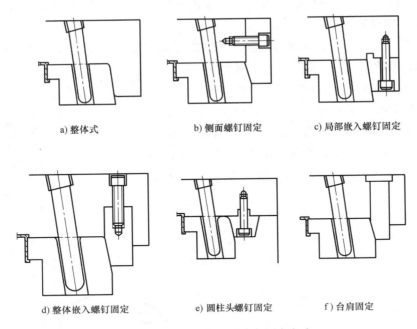

a) 整体式　　　　　　　b) 侧面螺钉固定　　　　　　c) 局部嵌入螺钉固定

d) 整体嵌入螺钉固定　　　e) 圆柱头螺钉固定　　　　　f) 台肩固定

图 8-11　锁紧块的形式与固定方式

入式的基础上采用双斜面楔紧，刚性较好，较为常用。台肩固定适用于较宽的滑块。

8.2.2　注射模结构件设计

1. 定模（A）板与动模（B）板

（1）A 板与 B 板的长、宽尺寸确定　A、B 板的长宽即模架的长宽，在实际设计工作中根据内模镶件尺寸选取。

如果内模镶件宽度 $B \leqslant 150mm$，则可确定该模具为小型模具，模架的长宽（即 A、B 板的长宽）分别在内模镶件长和宽的基础上加 80mm；如果 $150mm <$ 内模镶件宽度 $B \leqslant 250mm$，则该模具为中型模具，模架的长宽分别在内模镶件长和宽的基础上加 100mm；如果内模镶件宽度 $B \geqslant 250mm$，该模具为大型模具，模架的长宽分别在内模镶件长和宽的基础上加 120mm。然后选取尺寸相近的标准模架。

（2）A 板和 B 板的厚度确定

1）A 板的厚度。有定模座板（面板）时，A 板的厚度一般为定模镶件安装切口深度 a 加 $20 \sim 30mm$；无面板时，一般等于 a 加上 $30 \sim 40mm$，如图 8-12 所示。

A 板的厚度尽量取小些，原因有二：其一，减小主流道长度，减轻模具的排气负担，缩短成型周期；其二，定模安装在注射机上生产时，紧贴注射机定模板，无变形问题。

2）B 板的厚度。B 板厚度一般等于动

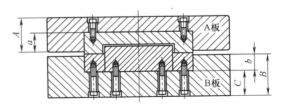

图 8-12　A、B 板厚度的确定

模镶件安装切口深度 b 加 30~60mm。B 板的厚度应尽量取大些，以增强模具的强度和刚度。

2. 浇口套与定位环

（1）浇口套　由于主流道与高温塑料及喷嘴接触和碰撞，所以模具的主流道部分通常设计成可拆卸更换的浇口套，也称主流道衬套或唧嘴。

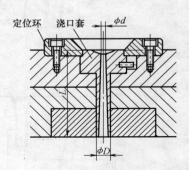

图 8-13　浇口套的尺寸及装配

浇口套已形成标准件，通常根据所成型塑件所需塑料多少，所需浇口套的长度来选用。一般情况下，浇口套的外径 D 根据模具大小选取，小型模具选用 $D = \phi 12mm$；中型模具选用 $D = \phi 16mm$；大型模具选用 $D = \phi 20mm$。浇口套的内径 d 一般取 $\phi 3 \sim \phi 5mm$。浇口套的装配如图 8-13所示。

（2）定位环　定位环又名法兰，如图 8-14。在将模具安装在注射机上时，定位环起初定位作用，保证注射机料筒喷嘴与模具浇口套同轴，同时还有压住浇口套的作用。

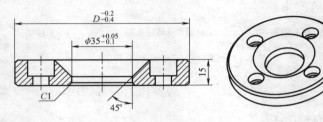

图 8-14　定位环

定位环的直径 D 一般为 100mm，另外还有 60mm、120mm 和 150mm 的规格。

标准件定位环常用规格为 $\phi 35mm \times \phi 100mm \times 15mm$，一般安装在定模座板表面，也可沉入定模座板 5mm（图 8-15）。连接螺钉 M6×20mm，数量 2~4 个。（EMX 调入的定位环一般设置了自动联接螺钉）

3. 其他结构件设计

（1）止动销的设计　止动销又称限位销，俗称垃圾钉，是在顶杆固定板和动模座板之间按模架大小或高度加设的小圆形支承柱，如图 8-16 所示，其作用是减少顶杆底板与动模座板的接触面积，防止因掉入垃圾或模板变形，导致顶杆复位不良。

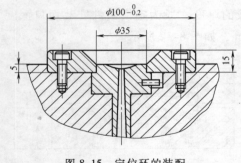

图 8-15　定位环的装配

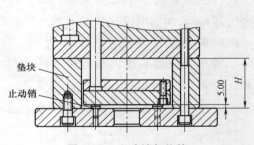

图 8-16　止动销与垫块

止动销头部直径一般取 ϕ10mm，ϕ15mm 和 ϕ20mm，头部高度一般为 5mm。止动销设置数量取决于模具大小。一般模长 350mm 以下时取四个，其位置就在复位杆下面；模长大于 350mm 时，取六至八个，除复位杆下四个外，其余尽量平均布置于顶杆底板下面。

（2）垫块的设计　垫块又称方铁，设置在动模座板与支承板或动模板之间的两侧，以垫出推出机构的运动空间，其高度 H 必须保证能顺利推出塑件，并使顶杆固定板距离动模板或托板之间有 10mm 左右的间隙。垫块高度顶杆固定板厚度+顶杆底板厚度+限位钉高度+顶出距离+（10~15）mm。其中，顶出距离＝制件顶出高度+（5~10）mm。

（3）顶棍孔　顶棍孔是开设在定模座板上的圆形通孔，其作用是在开模时，注射机顶棍经过顶棍孔推动顶杆固定板，将塑件推离模具。当注射机有顶杆固定板拉回功能时，在顶杆底板上要加工联接螺纹孔，如图 8-17 所示。

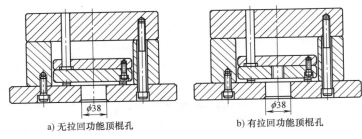

a) 无拉回功能顶棍孔　　　　b) 有拉回功能顶棍孔

图 8-17　顶棍孔

顶棍孔直径为 ϕ38mm，一般情况下设计一个在模具中心位置。当模具尺寸大，顶杆多；或者型腔或浇口套偏离模具中心时，可设置两个，以保持推出平稳可靠。

（4）紧固螺钉　模具中常用的紧固螺钉主要分内六角圆柱头螺钉、无头螺钉、沉头螺钉及六角头螺钉，而以内六角圆柱头螺钉和无头螺钉用得最多。

内六角圆柱头螺钉主要用于动、定模内模镶件、型芯、小镶件及其他结构件的联接。

1）螺钉规格。米制螺钉优先采用 M4、M6、M10、M12。

2）螺钉安装位置。螺钉尽量布置在模板或内模镶件的四个角上。螺钉中心模板或内模镶件侧边最小距离 $T_1 \geqslant$（1~1.5）d；螺钉孔与冷却水孔或顶杆孔之间的距离 $T_2 \geqslant$3mm，如图 8-18 所示。

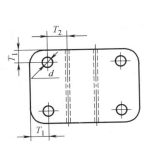

图 8-18　螺钉安装位置

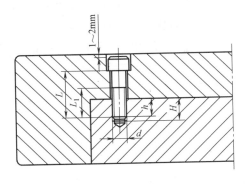

图 8-19　螺钉联接

3）螺钉长度及螺孔深度。如图 8-19，沉头螺钉头至孔面 1~2mm，螺孔深度 H 一般为 $(2~2.5)d$，标准螺钉螺纹部分的长度 $L_1 = 3d$，螺纹旋入螺孔的长度 h 要小于螺孔深 H，一般为 $(1.5~2)d$。

8.2.3 注射模脱模系统设计

在注射模中，将冷却固化后的塑件及浇注凝料从模具中安全无损坏地推出的机构称为脱模系统，也称为推出机构或顶出机构。

因受塑件材料及形状的影响，塑件的推出方法多种多样。按动力来源可分为手动脱模系统、机动脱模系统、液压和气动脱模系统；按模具结构特征分为一次脱模系统、定模脱模系统、二次或多次脱模系统等；按推出塑件的零件形状可分为顶杆推出、推管推出和推板推出。

1. 顶杆推出

顶杆包括圆顶杆、扁顶杆及异形顶杆。圆顶杆推出时运动阻力小，推出动作灵活可靠，损坏后便于更换，因此在生产中广泛应用。圆顶杆脱模系统是整个脱模系统中最简单、最常用的一种形式。

（1）圆顶杆基本结构　圆顶杆与顶杆孔都易于加工，因此已被作为标准件广泛使用。圆顶杆有无托顶杆和有托顶杆两种，顶杆固定在顶杆固定板上，开模后，注射机顶棍推动顶杆底板，由顶杆推出塑件，如图 8-20 所示。

顶杆装配注意事项：

1）顶杆上端应高出镶件表面 0.03~0.05mm。

2）顶杆与型芯的有效配合长度 L 应取顶杆直径的三倍左右，但最小不能小于 10mm，最大不宜大于 20mm。

3）非配合长度上的单边间隙为 0.5mm，有托顶杆小端单边间隙为 0.2mm。

4）顶杆与镶件的配合公差为 H7/f7。

（2）圆顶杆的位置设计

1）顶杆应布置在塑件承受力大的地方，布置顺序：角、四周、加强筋、螺柱。

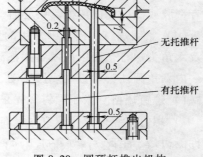

图 8-20　圆顶杆推出机构

2）顶杆不能太靠边，要保持 1~2mm 的距离，如图 8-21 所示。

3）对于表面不能有顶杆痕迹的塑件或细小塑件，可在塑件周边适当位置加辅助溢料槽推出，如图 8-22 所示。

图 8-21　顶杆靠边距离

图 8-22　顶溢料槽

4）顶杆尽可能避免设置在高低面过渡的地方，也避免放在镶件拼接处。

5）长度大于10mm的实心柱下面应加顶杆，一则推出，二则排气。如果有两边可设双顶杆时，实心柱下也应加顶杆，以方便排气，如图8-23所示。

6）顶杆可以顶螺柱。低于15mm以下的螺柱，如果旁边能设顶杆的话可以不用推管推出，而是在其附近对称加双顶杆，如图8-24所示。

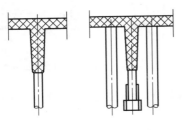

图 8-23　顶杆顶实心柱

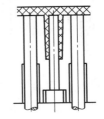

图 8-24　顶杆顶螺柱

7）顶杆可以顶边。当塑件壁厚>1.5mm，且边缘对顶杆迹无要求时，可在塑件边缘推出。当顶杆只顶部分边时，为防止顶杆磨损型腔，需将顶杆顶部磨低0.03～0.05mm，如图8-25所示。

8）顶杆推加强筋的方法如图8-26所示。图8-26a是在局部加厚圆顶杆顶出；图8-26b是侧圆顶杆顶出；图8-26c是侧矩形顶杆顶出；图8-26d是扁顶杆顶出；图8-26e是双侧对称圆顶杆顶出；图8-26f是圆顶杆底部顶出。在不影响产品装配和使用功能前提下，图8-26a局部加厚顶出的方法最好，而图8-26f圆顶杆直接推出的方法最差。

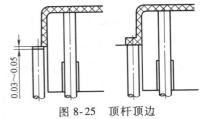

图 8-25　顶杆顶边

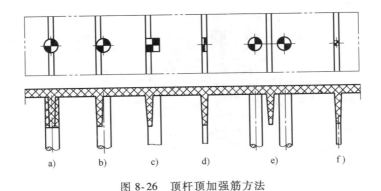

图 8-26　顶杆顶加强筋方法

9）尽量避免在斜面上布置顶杆，若必须在斜面上设置顶杆时，为防止顶杆推出时滑行，其上端面要磨"十"字形或平行台阶，如图8-27。并在其固定部位设置防止转销（俗称管位）防转，常用的三种防转结构如图8-28所示。

（3）圆顶杆大小及规格　在推出空间允许条件下，圆顶杆直径应尽量取大些，这样脱

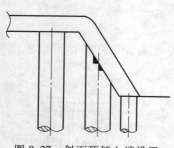

图 8-27　斜面顶杆上端设置

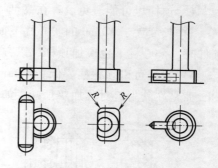

图 8-28　顶杆防转

模力平稳。常用的圆顶杆的直径取 $\phi4\sim\phi6mm$，除非特殊情况，否则避免使用 $\phi1.5mm$ 以下的顶杆。塑件特别大时可用 $\phi12mm$ 或更大的顶杆。

圆顶杆规格：顶杆直径×顶杆长度，如 $\phi5mm\times120mm$。

2. 推管推出

推管也称司筒，是一种空心顶杆，它适用于细长螺柱、环形或筒形塑件制品，而用于细长螺柱的推出最多。其特点是因周边与塑件接触，推出塑件的力量较大且均匀，塑件不易变形，也不会留下明显的推出痕迹；但推管制造与装配麻烦，成本高。

（1）推管基本结构　推管的基本结构如图 8-29 所示。推管推出件包括推管和推管型芯，推管与顶杆一样装配在顶杆固定板上，而推管型芯用于成型圆柱孔，装在模架底板（动模座板）上，有压板或无头螺钉压住。

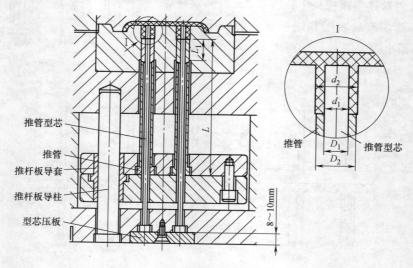

图 8-29　推管推出机构

（2）推管大小的设计　推管型芯的直径 D_1 要大于或等于螺柱内孔直径 d_1，推管外径 D_2 要小于或等于螺柱的外径 d_2，并取标准值。

推管长度 L 取决于模具大小和塑件的结构尺寸，外购时在装配图的基础上加 5mm 左右，并取整数。

推管规格：推管型芯直径×推管外径×推管长度，如 $\phi3mm×\phi6mm×150mm$；或推管外径×推管长度，如 $\phi6mm×150mm$。

（3）推管设计注意事项

1）推出速度快或柱子较长时，柱子易被挤缩，高度尺寸难以保证，要加辅助装置推出。

2）推管推出时，顶杆固定板应加工导柱，以减少推管与镶件和推管型芯的磨损。

3）对于流动性好的塑料，易出飞边，其推出尽量避免使用推管。

4）推管外侧不做倒角，一般螺柱外侧倒角做在镶件上，直身孔内侧倒角做在推管型芯上，如图8-30所示。

5）推管与内模镶件的配合长度 L_1 一般为推管直径的2.5~3倍。

6）对于柱高小于15mm或壁厚小于0.8mm的螺柱，则不宜采用推管，尽量采用双顶杆。

7）设计时，常遇到推管位于模架中心，通常解决方案是将塑件偏移，使顶棍孔与推管位置错开。

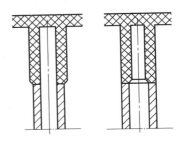

图 8-30　螺柱的倒角

3. 推板推出

推板推出是在型芯根部（塑件外形侧壁）安装与它密切配合的推板（也称推件板或脱模板），推板通过复位杆或顶杆固定在顶杆板上，以与开模相同的方向将塑件推离型芯。推板推出常用于薄壁容器、壳体及表面不允许带有顶出痕迹的塑件，其主要优点是推出脱模力大而均匀，运动平稳，不需另设复位装置。它的缺点是模具结构相对复杂，制造成本高，对于非圆形的复杂塑件，推板与型芯的配合部分加工困难。

推板推出常用的两种结构形式为整体式推板和埋入式推板，如图8-31所示。

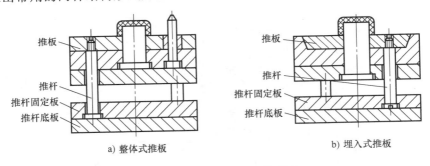

推板
推杆
推杆固定板
推杆底板

a) 整体式推板

推板
推杆
推杆固定板
推杆底板

b) 埋入式推板

图 8-31　推板推出常见结构形式

（1）整体式推板推出　整体式推板为模架上既有的模板，该种模架的型号有 B 型和 D 型。这种结构简单，模架为外购标准件，减少了加工工作量，制造方便，最为常用。

整体式推板推出结构如图8-32所示。

设计要点：

1）推板孔与型芯为锥面配合，锥面角度为5°～10°，锥面配合长度应不小于15mm；推

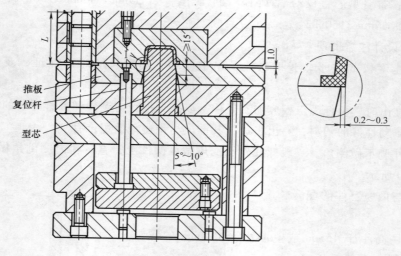

图 8-32　整体式推板推出结构

板内孔应比型芯成型部分大 0.2～0.3mm，可防止两者之间发生擦伤、磨花和卡死等现象。

2）推板推出必须有导柱导向，因此有推板的模架，一定要将导柱安装在动模侧，而且导柱高出分模面的高度 L 应大于推板推出距离，以保证推板复位可靠。

3）对于底部无通孔的大型壳体、深腔、薄壁等塑件，用推板推出时，必须在型芯顶端增加一个进气装置，以免塑件内形成真空，导致推出困难或损坏。

4）推板应与内模镶件采用相同材料。复杂推板要能线切割加工。

（2）埋入式推板推出　因为简化三板模模架的动、定模板之间无导柱导套，因此这种模架没有推板，如果要用推板推出，可用埋入式推板，其典型结构如图 8-33 所示。

为减少摩擦，以及复位可靠，埋入式推板四周要做成 5°的斜面，型芯与推板之间也要以斜面配合。

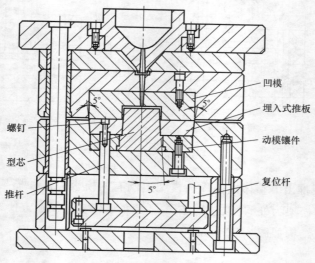

图 8-33　埋入式推板推出机构

8.3　项目实施

8.3.1　塑件造型设计

1）在计算机硬盘中创建一个文件夹，命名为"三通管注射模设计"。

2）新建塑件文件，命名为"STG"，根据图8-1完成该塑件的造型设计。塑件的造型设计基准方向如图8-34所示。

（提示：在造型设计时，先确定塑件的分型面，单通孔侧抽芯比双通孔侧芯距离更短，模具结构相对较简单，故选双通孔方向为开模方向——Z轴方向，单通孔方向为侧抽芯方向——X轴方向，分模面与【FRONT】基准面重合。）

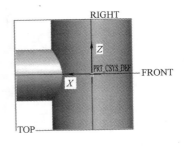

图8-34　塑件造型的方向

8.3.2　在 EMX 中加载参照模型

第一步：EMX 制造项目的创建

单击菜单栏【EMX4.1】→【项目】→【新建】，在弹出的【定义新项目】中输入本项目名称"STGZSM"，并勾选【模具基体类型】的【制造模型：PRT】，如图8-35所示。

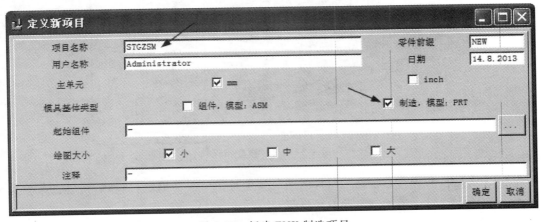

图8-35　新建 EMX 制造项目

单击【确定】后，完成一个 EMX 制造项目的新建，Pro/E 将自动创建一个"STGZSM"的制造文件，模型树中已经生成了一个名为"STGZSM_ WORKPIECE"的工件，它就是将用于分模成型零件的毛坯工件，如图8-36所示。

（提示：制造模型的工件分模后，其凹模即是定模板，凸模即是动模板，所以工件上已经预留了导柱孔和螺钉孔。至于毛坯工件的尺寸及其孔的位置和尺寸都在后续进行修改。）

第二步：定位参照零件

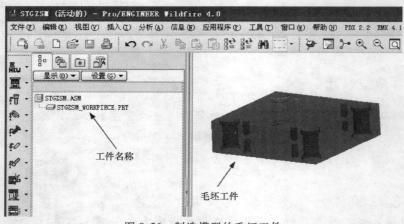

图 8-36　制造模型的毛坯工件

单击菜单管理器的【模具模型 | 定位参照零件】，调入参照零件"stg. prt"。先通过单击【参照模型起点与定向】打开【参照模型方向】对话框，将参照零件沿 Z 轴方向旋转 90°。再在【布局】中设置为【矩形布局】、【Y 对称】，X 方向为"2"，增量为"-90"（使单通孔开口朝外，以便外侧抽芯），参照模型布局如图 8-37 所示。

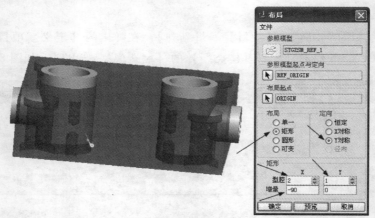

图 8-37　参照模型布局

单击【确定】后，当系统提示组件的绝对精度时，单击【确定】，然后再单击菜单管理器中的【完成/返回】，退出型腔的布局操作。

第三步：设置收缩

设置参照零件【按尺寸】收缩，收缩率为 0.006。

8.3.3　在 EMX 中设计成型零件

第一步：修改毛坯工件

由图 8-37 可知，毛坯工件尺寸过小，不能容纳两个参照模型，需进行尺寸修改。单击【EMX4.1 | 模具基体 | 组件定义】进入【模具组件定义】对话框。

1）首先将模板供应商类型选择"Futaba/mm"，再将模板长宽尺寸修改为

300mm×400mm。

2）在动态主视图区域，分别双击 A、B 板，将 A、B 板的厚度均修改为 60mm（查表 6-1 可知，型腔和型芯底部壁厚可设置为 30mm）。

完成后单击【确定】，退出【组件定义】对话框，修改尺寸后的工件如图 8-38 所示。

第二步：创建分型面

三通管一模两腔模具需要创建七个分型面：一个主分型面、两个定型芯分割面、两个动模型芯分割面、两个侧芯分割面。

1）创建主分型面。主分型面可直接为分型基准面上的拉伸平面。

2）创建定模型芯分割面。定模型芯分割面可通过旋转创建，其草绘如图 8-39 所示（旋转分割面以参照零件中间通孔边为参照，上端设置安装台肩）。

完成其中一个定模型芯分割面创建后，另一个定模型芯分割面通过镜像复制。

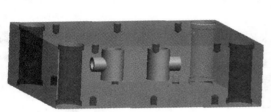

图 8-38　修改尺寸后的工件

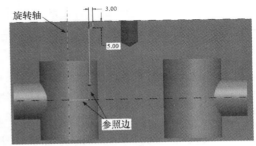

图 8-39　定模型芯分割面旋转草绘

3）创建动模型芯分割面。因三通管的贯穿通孔为上下对称，所以两个动模型芯分割面分别由对应的定模型芯分割面通过镜像复制。

4）创建两侧抽型芯分割面。侧抽型芯也通过旋转创建，其草绘如图 8-40 所示（旋转分割面以参照零件侧通孔边为参照，大端延伸出孔口 15mm）。完成其中一侧分割面创建后，另一侧通过镜像复制。

完成创建后的七个分型面（分割面）如图 8-41 所示。

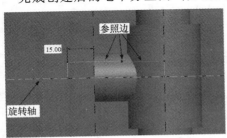

图 8-40　侧抽型芯分割面旋转草绘

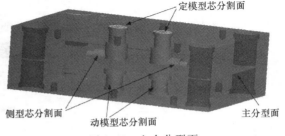

图 8-41　七个分型面

第三步：分割体积块并抽取模具元件

利用七个分型面进行七次分割，共分割出八个成型零件。

1）确定分割顺序。体积块分割顺序决定了最后的成型零件的形状和效果。

分析：两侧型芯分割面各有一半在主分型面上面和主分型面下面，如果先分定模与动模型腔，则每侧型芯将被分为上下两块，不符合要求，所以侧型芯分割必须在上下型腔分割之前进行；侧型芯分割面与定模、动模型芯分割面在中间部位有重叠，为了减小侧抽距离，中间重叠部分要放在定模、动模型芯，所以定模、动模型芯分割在侧型芯分割之前进行。最后得出的分割顺序为定模、动模型芯分割→侧型芯分割→上下型腔分割。

2）定模、动模型芯分割。定模、动模型芯要进行四次分割，第一次分割选【两个体积块】和【所有工件】，选择其中一个定模、动模型芯分割面为分型面，被分割的型芯命名为"CORE1"，剩余部分为"CAVITY1"。完成后遮蔽【模型树】中的【分割标识】，以便后续分割面的选取。

后面的三次分割全部选【一个体积块】和【模具体积块】，即从第一次分割的剩余部分体积块"CAVITY1"中陆续将其他三个定模、动模型芯逐一分割出来，分别命名为"CORE2"、"CORE3"和"CORE4"（注意【岛】的选取）。

3）侧型芯分割。侧型芯的分割也选【一个体积块】和【模具体积块】，继续从第一次分割的剩余部分体积块"CAVITY1"中将两个侧型芯逐一分割出来，分别命名为"SLIDER1"、"SLIDER2"。

4）上下型腔的分割。完成定模、动模型芯及侧型芯分割后，剩下的"CAVITY1"体积块为整体型腔。上下型腔的分割还是选【一个体积块】和【模具体积块】，即从"CAVITY1"中将另一侧型腔分割出来，并命名为"CAVITY2"。

5）模具元件的抽取。单击【菜单管理器】→【模具元件】→【抽取】，将八个体积块标识全选，一次抽取出来为各模具零件。

至此，完成了在 EMX 中的分模设计，即模具成型零件的设计，其分模效果如图 8-42 所示。

图 8-42　分模效果图

8.3.4　调入标准模架

第一步：EMX 项目准备

单击菜单栏【EMX4.1｜项目｜准备】，在弹出的【准备元件】对话框中定义各成型零件的属性，如图 8-43 所示。再单击【确定】。

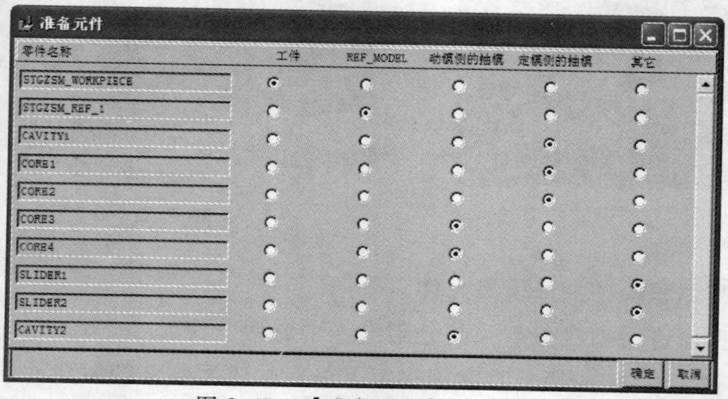

图 8-43　【准备元件】对话框

第二步：加载并定义模架

1）执行 EMX【组件定义】菜单命令，在【模具组件定义】对话框中，单击【载入/保存组件】，选择【Futaba_ 2P】的"SA"标准模架，单击载入后确定。

2）修改模板厚度。模架尺寸不需再修改，仍然是"300×400"，只需将 A 板和 B 板的厚度都修改为"60"，将垫块 C 的高度修改为"100"。

3）移除 A、B 板。在【模具组件定义】对话框中单击下方【功能】栏中的【型腔切口】，在弹出的【型腔嵌件】对话框中勾选【无插入切口】、【移除 B 板】和【移除 A 板】，如图 8-44 所示，再单击【确定】。

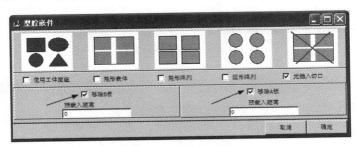

图 8-44　A、B 板的移除

（提示：因为前面分模中的模具成型零件"CAVITY1"和"CAVITY2"直接就是 A 板和 B 板，所以要将调入的 Futaba 标准模架所带的 A 板和 B 板移除。）

4）定义复位杆及止动销。复位杆及止动销的参数设置对话框分别如图 8-45 及图 8-46 所示。

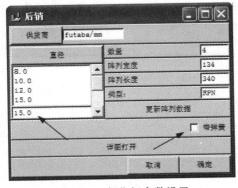

图 8-45　复位杆参数设置

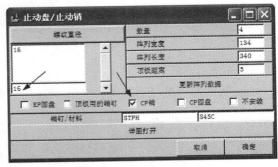

图 8-46　止动销参数设置

5）定义螺钉参数。在【模具组件定义】对话框中单击【动模】，则动态俯视图窗口显示动模元件的分布情况，单击动模的螺钉位置，在弹出的【夹持孔位置】对话框中设置如图 8-47 所示参数。再【模具组件定义】对话框中单击【定模】，单击定模的螺钉位置，设置与动模侧同样的参数。

完成标准模架调入及相关修改后，【模具组件定义】对话框动态窗口如图 8-48 所示。单击【模具组件定义】对话框的【确定】，返回"STGZSM"制造模式窗口。

6）装配元件。在"STGZSM"制造模式窗口中单击【EMX4.1 | 模具基体 | 装配元件】，

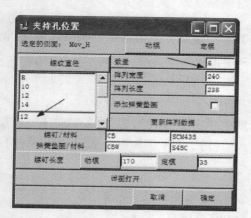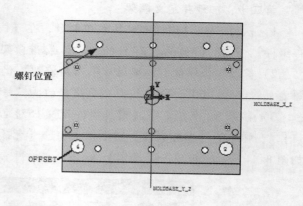

图 8-47　定义螺钉参数

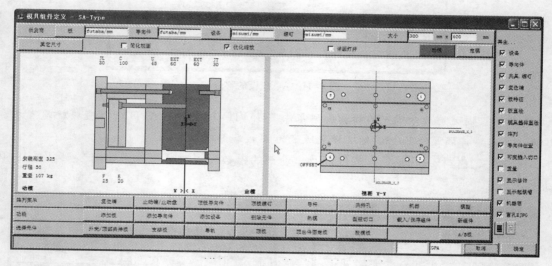

图 8-48　模架调入及修改后的动态窗口

选择全部项目，单击【确定】后，完成各设置的元件装配。

8.3.5　浇注系统设计

本模具采用潜伏式点浇口，能适应生产要求，浇口去除方便。

设置定位环和浇口套

1）设置定位环。单击菜单栏【EMX4.1｜模具基体｜组件定义】进入【模具组件定义】对话框，单击【添加设备】，在选择元件区域单击【定模侧定位环】，定位环参数设置如图8-49所示，完成后单击【确定】。

2）设置浇口套。在【模具组件定义】对话框中单击【添加设备】，在选择元件区域单击【浇口衬套】，浇口套参数设置如图8-50所示，完成后单击【确定】。

完成设置后，单击【模具组件定义】对话框的【确定】，返回"STGZSM"制造模式文件窗口，保存该制造文件。

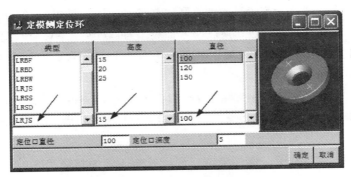

图 8-49　定位环参数设置

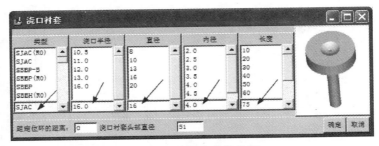

图 8-50　浇口套参数设置

3）创建冷料阱及浇口套安装孔。单击菜单管理器的【模具｜特征｜型腔组件｜实体｜切减材料｜旋转｜完成】，以"MOLDBASE_ X_ Z"面为草绘面，旋转切减材料截面草绘，如图 8-51 所示。单击旋转命令操控栏的【相交】，将默认的"自动更新"勾选去除，并在"相交的模型栏"中将除"CAVITY1"和"CAVITY2"之外的零件移除，在缺少显示级选取"零件级"，并勾选"在子模型中显示特征属性"，如图 8-52 所示。

（提示：直接在模具制造模式或模具装配模式下创建的特征，系统默认是顶级特征，即该特征与所有零件相交，这样就会切除浇口套。）

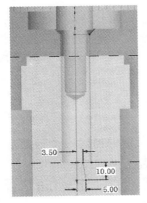

图 8-51　旋转切减材料截面草绘

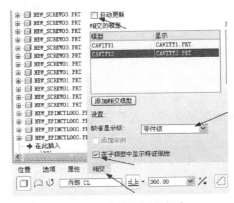

图 8-52　旋转特征的相交

4）创建分流道。单击菜单栏【插入｜流道｜倒圆角】，输入流道直径："6"，以 B 板

（即"CAVITY2"）的上平面为草绘平面，绘制左右对称，总长为30mm的分流道。完成后在弹出的【相交元件】对话框中将等级切换成"零件级"，再点选"CAVITY2"为相交元件。

（提示：倒圆角流道即圆截面流道，本模具中只在B板上切出半圆截面流道，而不在A板及浇口套上切分流道。）

5）创建潜伏式浇口。与创建冷料阱及浇口套安装孔方法相同，选择旋转切除命令，同样以"MOLDBASE_X_Z"面为草绘面，旋转草绘如图8-53所示，相交元件只选A板（即"CAVITY1"）。

采用镜像复制方法创建另一侧的浇口（同样只选A板为相交元件）。

完成后的浇注系统效果如图8-54所示。

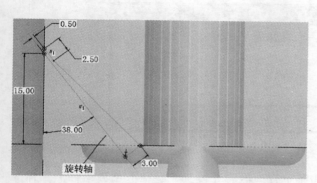

图 8-53　浇口旋转草绘

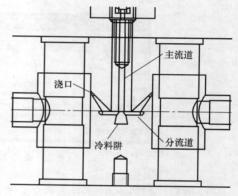

图 8-54　浇注系统效果图

8.3.6　侧抽芯机构设计

完成了浇注系统设计后，保存模具制造文件"STGZSM.mfg"并关闭或拭除，重新打开模具装配文件"STGZSM.asm"。

（提示：在完成了EMX制造项目创建后，系统同时创建了两个不同类型的模具组件文件：即制造模式文件"STGZSM.mfg"和装配模式文件"STGZSM.asm"，其区别是"STGZSM.mfg"模式下有进行分模操作的菜单管理器。涉及分模及流道创建等操作的一般要在制造模式下进行，后期只进行元件操作或EMX模架操作的话，则进入装配模式更为方便。）

第一步：建立侧抽芯滑块的参照坐标

装配侧抽芯滑块需要先创建一个将其定位的参照坐标。

1）因为滑块的参照坐标应建立在分型面以上20mm，所以要先创建一个辅助基准面，单击工具栏【平面】工具🔲，以MOLDBASE_X_Y面为基准往上平移20mm。

2）单击【坐标系】工具 ⅹ，弹出【坐标系】对话框，按住【Ctrl】键选择MOLDBASE_X_Z基准面、平移创建的基准面ADTM2及侧型芯的外侧面。再单击【坐标系】对话框中的【定向】，选择向上方向为Z，向外侧方向为X，如图8-55所示。完成后单击【确定】后完成了参照坐标ACS0的创建。

同理，建立另一侧抽芯滑块的参照坐标 ACS1，三个基准面一样，Z 向上，X 向外。

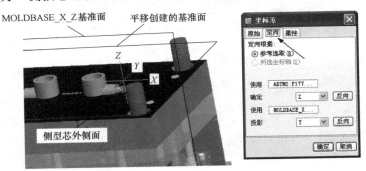

图 8-55 坐标系创建及定向

第二步：创建滑块抽芯机构

单击菜单栏【EMX4.1丨滑动装置丨定义】（或直接单击滑块工具按钮 ），根据提示，选择刚才创建的 ACS0 参照坐标作为滑块的定位坐标，借助鼠标右键切换选择 A 板的上平面为斜导柱的放置平面，选择 B 板的上平面为动模面。

在系统弹出的【滑块定义】图框中，单击选择第一个"SINGLE_ LOCKING"，进入【滑块定义】参数对话框，选取系统自带的实例"Z180/40×100×63"（其含义是滑块的高、长、宽分别为40mm，100mm，63mm）。将【销钉（斜导柱）长度】设为"150"，【销钉角度】设为"20"，【偏移孔】设为"20"，【凸轮（滑块）长度】设为"50"，勾选【有切口】选项。滑块机构的参数定义如图 8-56 所示。

单击【确定】后，模架将自动安装滑块机构。

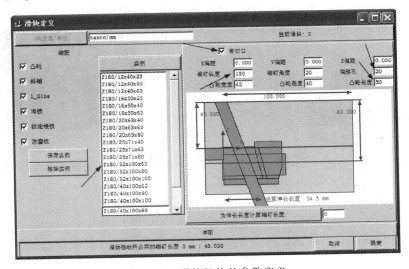

图 8-56 滑块机构的参数定义

（提示：目前，在 EMX4.1 中可用的侧抽芯滑块机构只有"hasco"供货商，如果弹出【未找到实例】，则单击确定后，在【滑块定义】对话框中，将【供货商/单位】选择"hasco/mm"，如图 8-57 所示。）

图 8-57 滑块【供货商/单位】选择

另一侧的滑块机构创建则更简便：单击单击菜单栏【EMX4.1丨滑动装置丨重新装置】，选择定位参照坐标 ACS1，再根据提示在模型树中选择刚创建的滑块机构组件，系统将自动在另一侧建立相同参数的滑块机构。

在屏幕左侧打开【显示丨层树】，将层"00_ BUW_ CUTQUILTS"隐藏，则滑块机构的切割曲面被隐藏起来。

第三步：对滑块和侧型芯进行合并处理

本模具中侧型芯尺寸较大，可设计为整体式滑块侧型芯，即侧型芯和滑块合并为一个整体零件。具体操作如下：单击组件菜单栏【编辑丨元件操作丨合并】命令，选取为其中一侧滑块为"执行合并处理零件"，选取对应的侧型芯作为"合并参照零件"，单击【完成】后，侧型芯和滑块合并为一个整体，执行合并处理后的滑块零件如图 8-58 所示。

第四步：装配滑块抽芯机构的自动螺钉与销钉

单击菜单栏【EMX4.1丨螺钉丨装配自动螺钉】，根据提示，选择侧抽机构中的左、右侧压块及滑块斜面上的耐磨块，即完成其紧固螺钉的自动装配。

完成后侧抽滑块机构效果如图 8-59 所示。

图 8-58 执行合并处理后的滑块零件

图 8-59 侧抽滑块机构效果

8.3.7 推出机构设计

三通管注射模的推出机构包括两个直接推出塑件的推管和一个用于推出浇注凝料系统的顶杆。

第一步：创建顶杆和推管的基准点

1) 创建顶杆基准点。凝料系统顶杆的基准点设置为冷料阱底圆边的中心点。单击【基准点】工具 $\times_\times^\times$，选择冷料阱底部圆边为参照，并设置点"居中"，如图 8-60 所示。

2) 创建推管基准点。推管的两个基准点设置为两个参照零件（塑件）底部圆边的中心

图 8-60 顶杆基准点创建

点，创建方法同上，如图 8-61 所示。

第二步：定义顶杆

单击【EMX4.1 | 顶杆 | 定义 | 在现有点上】，选取顶杆参照点，在弹出的【顶杆】对话框中选取"hasco/mm"供货商的圆柱头 Z41，直径 6mm，如图 8-62 所示。单击【确定】后自动生成模型中的顶杆及其通过孔。

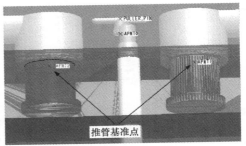

图 8-61 推管基准点创建

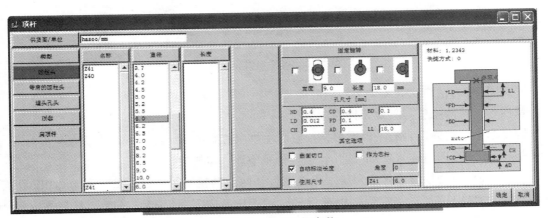

图 8-62 定义顶杆参数

第三步：定义并编辑推管

EMX 中无单独的推管标准件，只能通过先调出实心顶杆，再将其进行编辑修改。

1）调用 EMX 顶杆。先调出直径为 ϕ32mm 的"hasco/mm"的圆柱头 Z41，单击【确定】后自动生成模型中的顶杆及其通过孔。

2）打开零件修改顶杆旋转草绘。在模型组件右击刚装配上的顶杆零件并选择【打开】，在零件窗口中双击零件外形，窗口会显示可编辑的尺寸，将推管外径改为 ϕ42mm，台肩直径修改为 ϕ50mm，如图 8-63 所示。再单击再生模型按钮 🖳，推管将按修改尺寸发生变化。

3）通过拉伸切除的方法在推管中心切出一个 ϕ31mm 的通孔，如图 8-64 所示。

4）通过拉伸切除在推管顶端面建立三个环形槽，槽深 70mm，拉伸草绘及效果如图 8-65 所示。

（提示：推管顶部切槽的目的是为了便于动模侧两个型芯的台肩固定，如果不切槽，必

255

须将动模的两个型芯固定到动模座底板上。）

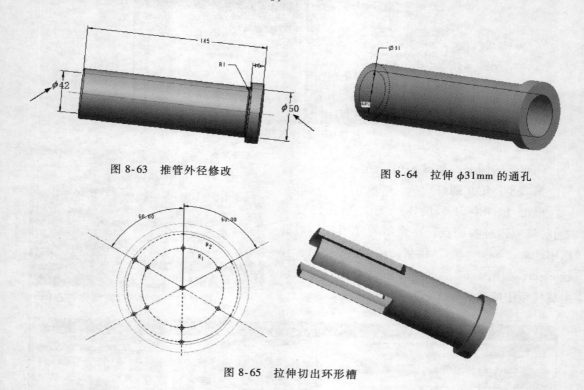

图 8-63　推管外径修改　　　　　　图 8-64　拉伸 φ31mm 的通孔

图 8-65　拉伸切出环形槽

5）用同样方法定义并编辑另一侧的推管。

第四步：消除推管与其他元件的体积干涉

因动模型芯的固定台肩是整圆形，推管与动模型芯有体积干涉。同时推管在各板的通过孔还是先从 EMX 调出的 φ32mm 的孔，也有体积干涉，需要进行修改。

1）切除修改动模型芯固定台阶。先分别打开两个动模型芯"CORE3"和"CORE4"零件和 B 板"CAVITY2"，将模型树中最后的"组 EJP_ CB_ ANGLE_ ALL"特征删除（为 EMXφ32mm 推杆通过孔切除特征）。然后再执行组件菜单栏【编辑 | 元件操作 | 切除】命令，按住【Ctrl】选择两个动模型芯、B 板为"执行切除处理零件"，再按住【Ctrl】选择两个推管作为"切除参照零件"。执行切除处理后的动模型芯如图 8-66 所示。

2）旋转切出各板上的推管通过孔。在组件模式下，创建旋转特征，以【MOLDBASE_ X_ Z】面为草绘面，以推管中心轴为旋转轴，参照推管的外径边（包括台肩边）绘制封闭旋转截面，如图 8-67 所示。在旋转操控栏的【相交】对话框，选择"零件级"，并移除推管、B 板"CAVITY2"及动模型芯"CORE3"和"CORE4"。

用同样方法切出另侧推管在各板上的通过孔。

8.3.8　铸模仿真

打开"STGZSM. mfg"文件，在制造模式下铸模，命名为"molding"。再进入组件装配模式下，执行【编辑 | 元件操作 | 切除】命令，用推管、推杆和浇口套切除铸模零件的多

余部分，得到的铸模零件如图 8-68 所示。

图 8-66　执行切除处理后的动模型芯

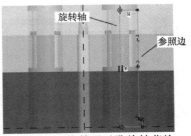

图 8-67　推管通过孔旋转草绘

（提示：最后的铸模仿真可检查成型零件有没有在设计过程中被误切除或修改。一般铸模后底部推杆和推管处有多余部分，这是因为在 EMX 调入顶杆时设置了顶杆通过孔与顶杆微小的间隙，在实际生产中不会影响注塑件。）

图 8-68　铸模零件

8.3.9　模具各零件检查和完善

模具中各零部件有无体积干涉可通过【分析｜模型｜全局干涉】进行检查，如发现非正常体积干涉（各螺钉与模板的体积干涉是正常的），可应用元件切除或打开零件进行修改。

最后完成的三通管斜导柱外侧抽芯注射模整体效果如图 8-69 所示。

图 8-69　斜导柱外侧抽芯注射模整体效果

8.4　拓展练习

8.4.1　端盖注射模设计

图 8-70 所示为端盖塑件，材料为尼龙 1010，中等批量生产，未注公差为 MT5 级精度。利用 Pro/E 软件完成该塑件的一模一腔注射料模整体三维设计。

关键步骤操作提示如下。

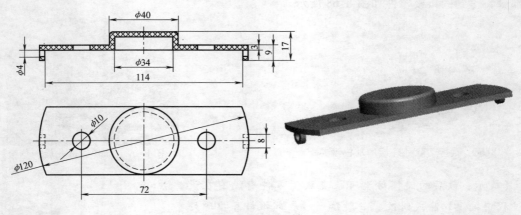

图 8-70 端盖塑件

第一步：塑件造型设计

塑件造型时注意使分型面在【FRONT】基准面上，Z 轴方向向上。

第二步：分模设计

1）模具布局。模具布局为一模一腔，X 轴方向为侧孔方向。

2）工件尺寸。采用自动工件，长度 X 方向总体尺寸 140mm，宽度 Y 方向总体尺寸 60mm。

3）分型面设计。主分型面采用裙边曲面创建，即创建侧面影像曲线→建立裙边曲面。三个动模型芯及两个侧抽小型芯的分割面都采用拉伸创建。

4）体积块的分割。经六次分割，分成七个模具成型零件。因型芯全部在动模侧，故先用主分型面进行上下分割，分割为定模型腔镶件 "CAVITY1" 和动模型腔镶件 "CAVITY2"，再依次从动模型腔镶件 "CAVITY2" 中将动模型芯及侧型芯逐一分割出来。

5）成型零件的修改。抽取各模具零件后，将定模型腔镶件顶部切出浇口套安装孔；三个动模型芯创建固定台肩；动模型腔镶件切出型芯固定台肩；两个侧型芯创建固定台肩（后面将固定到滑块上），完成效果如图 8-71 所示。

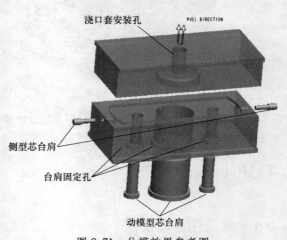

图 8-71 分模效果参考图

第三步：模架设计

可采用 "Futaba_ 2P" 的 "SA_ Type" 标准模架，模架尺寸为 270mm×300mm。根据内模镶件确定好 A、B 板厚度及垫块高度，并设置好其他零部件，完成后的 "模具组件定义" 动态窗口如图 8-72 所示。

第四步：斜导柱外侧抽芯机构设计

在 EMX 中调用 "hasco" 供货商的【single_ locking】侧抽机构，【滑块定义】参数设置

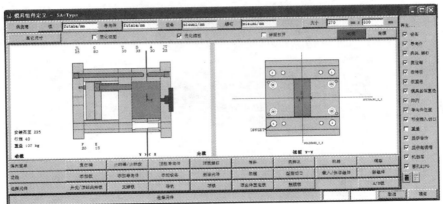

图 8-72　模具组件定义

对话框如图 8-73 所示。

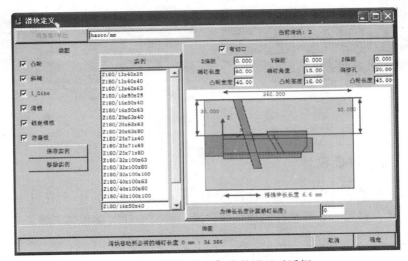

图 8-73　【滑块定义】参数设置对话框

侧型芯与滑块的连接采用横销固定，如图 8-74 所示。

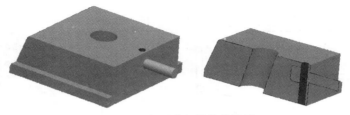

图 8-74　侧型芯与滑块的连接

第五步：推出机构设计

在塑件的对角部位采用四根顶杆推出，顶杆基准点草绘如图 8-75 所示。

第六步：零件的修改，体积干涉切除

完成后的模具效果如图 8-76 所示。

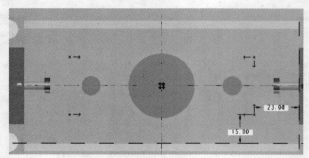

图 8-75   顶杆基准点草绘

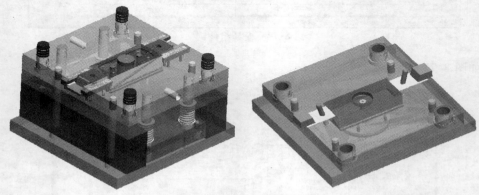

图 8-76   端盖模具效果图

8.4.2   阶梯盒注射模设计

图 8-77 所示为阶梯盒塑件，塑件材料为 ABS ，收缩率 0.5% ，大批量生产，未注公差尺寸取 MT7 精度。利用 Pro/E 软件完成该塑件的一模两腔注射模整体三维设计。

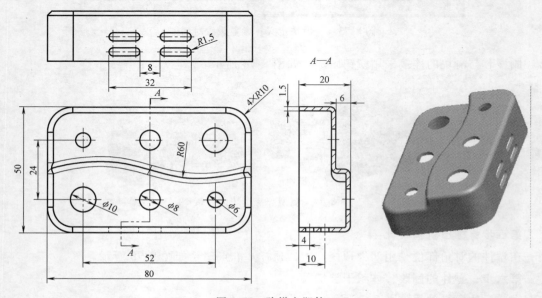

图 8-77   阶梯盒塑件

第一步：塑件造型及分模设计

一模两腔布局，分型面包括：主分型面、动模型芯分割面、侧型芯分割面。因侧型芯在主分型面之上，为保证侧型芯在动模侧，能随动模开模，不能简单地只将成型侧型芯从型腔中分割，而必须连同它至主分型面之间的体积块一起分割出来，其分割面的创建可采用两次拉伸，最后合并的方法创建，侧型芯分割面的合并其效果如图 8-78 所示。模具分割顺序为先分割成一个侧型芯和型腔→从型腔分割出另一个侧型芯→利用主分型面将从型腔分割出凸模→从凸模里分割出动模小型芯。

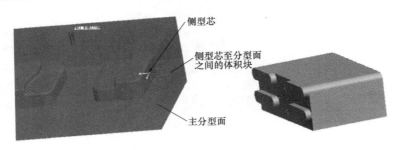

图 8-78　侧型芯分割面

浇注系统采用侧浇口，为了避免从塑件孔位置进料，熔体冲击型芯杆，采用双侧浇口进料，浇口系统设计如图 8-79 所示。

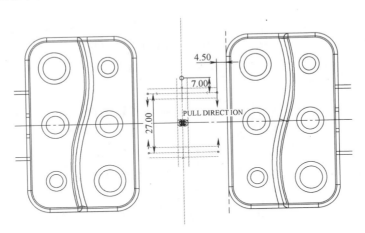

图 8-79　浇注系统设计

内模镶件采用台肩固定，分模效果如图 8-80 所示。

第二步：模架及斜导柱滑块侧抽机构设计

采用带支承板的"A"型模架。因侧型芯尺寸较大，可将侧型芯与滑块合并为整体式。

第三步：推出机构设计

推出可采用顶杆或埋入式推板推出，埋入式推板设计在动模镶块上，具体设计要点见图 8-33 所示。

第四步：冷却系统设计

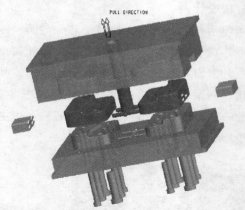

图 8-80　阶梯盒分模效果

　　塑件为大批量生产，要求成型周期短，且为一模多腔，故要设置冷却系统。冷却水路的设计可参考图 7-79。

8.5　项目小结

　　1）模具是否需设置侧抽芯机构是塑件的结构工艺性优劣的一个重要方面，故产品和模具设计时，应尽量避免。

　　2）斜导柱滑块是最常见的侧抽芯机构，广泛应用于塑件的外侧抽芯。

　　3）斜导柱滑块侧抽芯机构应尽量设置在动模侧，以简化模具结构。在分模时需注意如果侧型芯在主分型面上面，需将型芯与分型面之间的型腔部分一起单独分割出来，使其和侧型芯一起在开模时能随动模移动。

　　4）对于型腔形状较规则简单的模具，可不设计内模镶件，直接以 A、B 板作为型腔零件，但凸模型芯一般要设计成单独镶件，这种模具也称无框模具。具体设计时可在 EMX 中创建制造项目，在 EMX 中直接分模，调用模架时移除 A、B 板。

　　5）分模设计过程中，各分型面的创建方法要灵活多变，体积块多次分割的先后顺序很重要，同时注意分割时【岛】的选取。

　　6）EMX 作为拓展模块，其功能有限，设计使用 EMX 模具零件库时，需灵活应用编辑修改功能，以充分满足设计意图。

项目9 折页盒斜推内侧抽芯三板模设计

9.1 项目引入

9.1.1 项目任务

图 9-1 所示为塑料折页盒塑件，材料为聚丙烯 PP1340，未注公差为 MT5 级精度，未注脱模斜度为 5°，产品生产批量大，成型模具要求自动化程度较高。利用 Pro/E 软件完成折页盒注射模的整体三维设计、二维装配工程图设计及成型零件的二维工程图设计。

9.1.2 项目目标

◇ 熟悉三板模的基本结构及模架类型。
◇ 掌握三板模的主要结构零件设计。
◇ 掌握斜推杆侧抽芯机构的特点及应用场合。
◇ 掌握斜推杆侧抽芯机构的设计要点。
◇ 能根据塑件的特点选择合适的侧抽机构。
◇ 掌握注射模冷却系统的各种回路及设计要点。
◇ 熟练掌握 EMX 制造项目中的分模步骤及操作。
◇ 熟练掌握 EMX 模架库中各类模架的选用。
◇ 熟练掌握 EMX 中各冷却装置的安装和编辑。

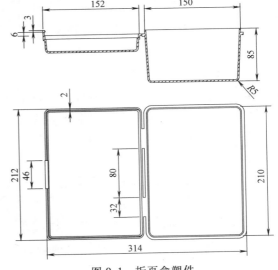

图 9-1 折页盒塑件

9.2 项目知识

9.2.1 三板模结构设计

1. 三板模的基本结构

三板模也称双分型面注射模或细水口模，该模具的典型特点是浇注系统和塑件由不同的分型面取出。与二板模相比，模具增加了一个可移动的中间板（也称型腔板、流道板或浇口板）。它适用于点浇口进料的单型腔或多型腔注射。

如图 9-2 所示为单点浇口三板模。开模时，首先打开是中间板和固定模板之间的第一分型面；当动模运动到一定位置后，定距装置限制中间板移动，中间板与动模板从第二分型面打开，同时将塑件和浇口凝料拉断；最后取出中间板与定模板之间的浇注系统凝料。

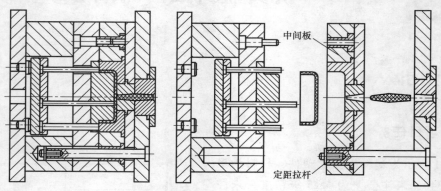

图 9-2　单点浇口三板模

对于多型腔或多点浇口三板模，其分流道设在中间板上，故也称流道板。模具在第一次分型时即通过定模侧的凝料拉杆将凝料系统与塑件拉断，最后借助设置在定模侧的流道推板推出浇注凝料，多点浇口三板模如图9-3所示。

2. 三板模与二板模的主要区别

（1）模具结构不同　相对于二板模，三模板结构较复杂，一般多出中间板、流道推板、定模凝料拉杆、定距分型机构等零部件。

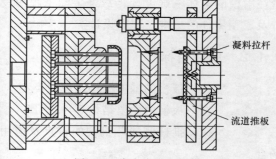

图 9-3　多点浇口三板模

（2）模具的浇注系统不同　三板模可从型腔内任一点进料，常采用点浇口，在生产过程中通过模具工作运动能实现浇注凝料与塑件自动切断分离；而二板模大多从型腔外侧面进料，常采用侧浇口，浇注系统凝料通常要人工切除（潜伏式浇口除外）。

（3）分型面不同　三板模生产时至少有两个面要打开，塑件和凝料从不同分型面内取出；而二板模生产时一般只有一个面打开，塑件和凝料从同一分型面内取出。

（4）制造成本不同　相对二板模而言，三板模模架较贵、制造周期较长，成本较高。

（5）应用特点不同　三板模在生产过程中可以实现自动切断浇口，模具可以进行全自动化生产，塑件质量也较好；因结构较复杂，模具故障率也较高。

3. 三板模标准模架

（1）三板模模架结构特点　标准型三板模模架简称三板模模架，俗称细水口模架。三板模模架也由动模部分和定模部分组成，定模部分包括定模座板、流道推板和定模板，比二板模模架多一块流道推板和四根长导柱；动模部分与二板模的动模部分的组成相同。三板模模架如图 9-4 所示。

简化型三板模模架俗称简化细水口模架，它由三板模模架演变而来，比三板模模架少四根动定模之间的短导柱，动模部分少一块推板，简化三板模模架如图9-5所示。

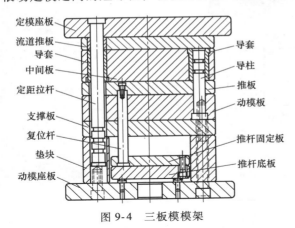

定模座板
流道推板
导套
中间板
定距拉杆
支撑板
复位杆
垫块
动模座板

导套
导柱
推板
动模板
推杆固定板
推杆底板

图9-4 三板模模架

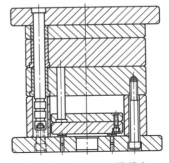

图9-5 简化三板模模架

（2）三板模模架规格　Futaba_3P 三板模标准模架如图9-6所示。第一字母"D"表示有流道推板，"E"表示无流道推板。第二字母"A""B""C""D"与二板模相类似，分别表示有支撑板，无推板；有支撑板，有推板；无支撑板，无推板；无支撑板，有推板。

龙记三板模标准模架如图9-7所示，其中 FAI 与 FCI 为简化三板模模架。

4. 三板模定距分型机构的设计

三板模的开模顺序如图9-8所示。在弹簧和凝料拉料杆的作用下，模具首先从分型面 I 处打开，流道凝料与塑件分离；接着在拉杆或定模侧弹簧作用下，模具从流道推板与定模座

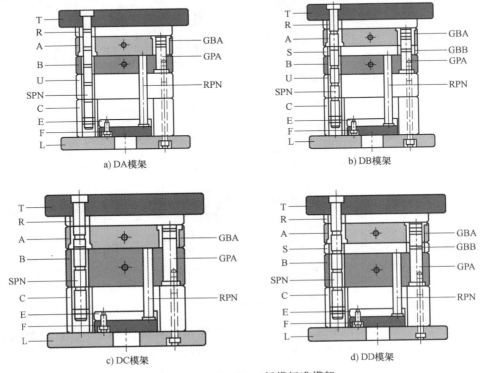

a) DA模架　　　　　　　　　　　b) DB模架

c) DC模架　　　　　　　　　　　d) DD模架

图9-6 Futaba_3P 三板模标准模架

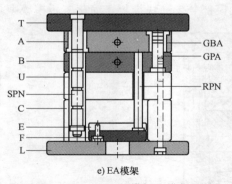

e) EA模架

图 9-6　Futaba_3P 三板模标准模架（续）

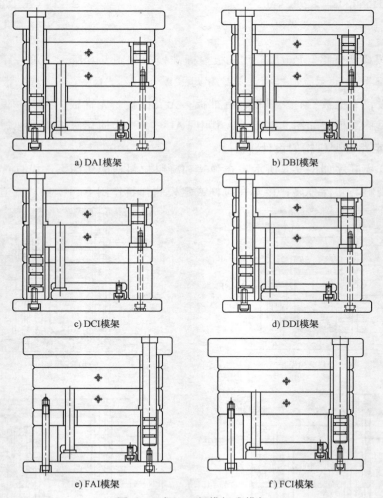

a) DAI模架　　　　　　　　　　b) DBI模架

c) DCI模架　　　　　　　　　　d) DDI模架

e) FAI模架　　　　　　　　　　f) FCI模架

图 9-7　龙记三板模标准模架

板之间的Ⅱ处打开；流道凝料被推出，凝料拉杆从流道凝料中强行脱出，流道凝料自动脱落；最后模具从中间板与动模板之间的Ⅲ处打开，推杆将塑件推出。

　　要实现三板模的以上的开模顺序，需要设计限位拉杆或拉板、推出弹簧等定距分型机构。

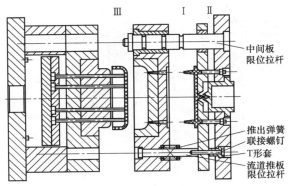

图 9-8　三板模的开模顺序

定距分型机构一般分为内置式与外置式。内置式定距分型机构常采用拉杆，外置式定距分型机构常采用拉板或拉钩。

（1）内置式限位拉杆　内置式限位拉杆安装于模具内部，其中中间板限位拉杆（大拉杆）为标准模架自带。而流道推板限位拉杆（小拉杆）需自行设计，其工作原理如图 9-9所示。

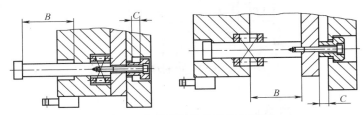

图 9-9　内置式限位拉杆工作原理

内置式小拉杆设计要点如下。

1）小拉杆直径确定。小拉杆是定距分型机构中限制流道推板和定模之间开模距离的零件，它用螺钉固定在流道推板上，其直径可按表 9-1 选取。

表 9-1　小拉杆直径设计 （单位：mm）

模架宽度	300 以下	300~450	450~600	600 以上
小拉杆直径	16	20	25	30

2）小拉杆数量的确定。模宽小于或等 250mm 时取两支，模宽大于 250mm 时取四支。小拉杆的安装位置不能影响流道凝料的取出。

3）小拉杆行程 $B=$ 浇注系统凝料总长 $+(20~35)$ mm。

4）T 形套行程 $C=6~10$ mm。

5）在流道推板和中间板之间加弹簧，弹簧压缩量取 20mm 左右，以保证流道推板和中间板首先开模。

（2）外置式限位拉板　外置式限位拉板如图 9-10 所示，设置在模具左右两侧，对角布置，一般用于中间板的定距限位。图 9-11 为拉板限位中间板，拉杆拉出流道推板的模具结构。

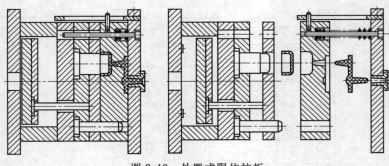

图 9-10　外置式限位拉板

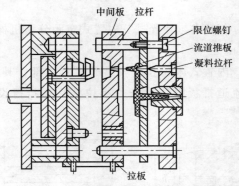

图 9-11　拉板限位中间板的模具结构

9.2.2　斜推杆侧抽芯机构设计

斜推杆是常见的侧向抽芯机构之一，是一种侧抽斜滑块，同时起顶出作用，一般包括成型部分、定位部分和导向部分，斜推杆如图 9-12 所示。

斜推杆常用于塑件内侧面存在凹陷或凸起结构、强行推出会损坏塑件的场合。它将侧向凹凸部分的成型镶件固定在推杆板上，在推出过程中，成型镶件作斜向运动，斜向运动分解为一个垂直运动和一个侧向运动，侧向运动即实现侧向抽芯，斜推杆的工作原理如图 9-13 所示。

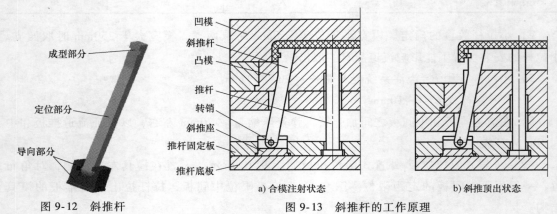

图 9-12　斜推杆　　　　图 9-13　斜推杆的工作原理

1. 斜推杆的分类

斜推杆有整体式（图9-14）和二段式（图9-15），二段式主要用于倾斜角较大，或细长的斜推杆，此时采用整体式斜推杆易弯曲变形。

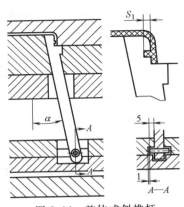

图 9-14　整体式斜推杆

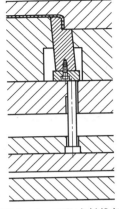

图 9-15　二段式斜推杆

2. 斜推杆倾斜角的确定

斜推杆的倾斜角度取决于侧向抽芯距离和推杆板推出的距离 H。它们的关系如图9-16所示，计算公式为

$$\tan\alpha = S/H$$

式中，S = 侧向凸凹深度 S_1 + $(2 \sim 3)$ mm。

斜推杆的倾斜角不能太大，否则，在推出过程中斜推杆会受到较大的扭矩作用，从而导致斜推杆磨损，甚至卡死和断裂。倾斜角 α 一般为 $3° \sim 15°$，最常用为 $8° \sim 10°$。

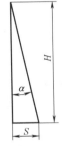

图 9-16　倾斜角几何关系

3. 斜推杆的设计要点

1）在合模时，要保证斜推杆复位可靠。斜推杆的常用复位方式有台肩复位、碰穿孔复位、复位杆复位，斜推杆的复位方式如图9-17所示。其中台肩复位较为常用，特别是对于细长的斜推杆，可在台肩处整体将斜推杆尺寸加粗，既可进行台肩复位，又可提高斜推杆的强度。

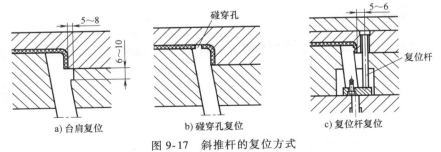

a) 台肩复位　　　　b) 碰穿孔复位　　　　c) 复位杆复位

图 9-17　斜推杆的复位方式

2）斜推杆端面应比动模镶件低 $0.05 \sim 0.1$mm，以保证推出时不损坏制件，如图9-18所示。

3）斜推杆上端面侧向移动时，不能与塑件内部的结构或其他模具零件（如圆柱、加强筋、型芯等）发生干涉。如图 9-19 所示，斜推杆到塑件侧壁或加强筋的距离 $W \geqslant S + 2$mm，同时应保证斜推杆在推出时不会撞到型芯上。

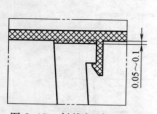

图 9-18　斜推杆端面尺寸

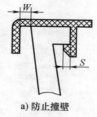

a）防止撞壁

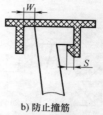

b）防止撞筋

型芯干涉无法装配

c）防止撞芯

图 9-19　斜推杆防止干涉

4）如斜推杆上端面与镶件接触，侧应保证推出时不碰到另一侧塑件，如图 9-20 所示。

5）斜推杆在推杆固定板上的固定方式如图 9-13 和图 9-14 所示。

6）当斜推杆较长或较细时，需在动模 B 板上加导向块，以提高顶出及回位时的稳定性，如图 9-21 所示。加装导向块时其动模必须和内模镶件组合一起切割斜推杆通过孔。

7）斜推杆与内模的配合公差为 H7/f6，斜推杆与模架接触处避免悬空。过孔优先为圆孔，其次为"腰形孔"，最后是方孔。斜推杆过孔的大小与位置用双截面法检查（图 9-22），尺寸往大取整数。过孔应检查与密封圈、水管、推杆、螺钉等是否干涉。

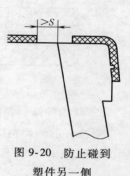

图 9-20　防止碰到塑件另一侧

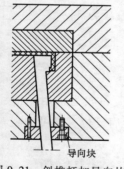

导向块

图 9-21　斜推杆加导向块

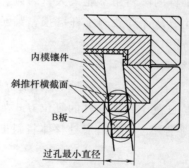

内模镶件

斜推杆横截面

B板

过孔最小直径

图 9-22　斜推杆过孔尺寸与位置

8）斜推杆材料应不同于与之摩擦的镶件材料，否则易磨损粘连。斜推杆材料可以用铍青铜。

9）为增强斜推杆的刚性，在结构允许情况下，尽量加大斜推杆的横截面尺寸；在满足侧向抽芯前提下，尽量选用较小的倾斜角。

9.2.3　注射模冷却系统设计

在塑料注射成型中，注入模腔中熔体的温度一般在 $200 \sim 300$℃ 之间，熔体在模腔中成型、冷却、固化成塑件，当塑件从模具中取出时，温度一般在 60℃ 左右，熔体释放的热量都传递给了模具。为保证正常生产，使模具的温度始终控制在合理的范围内，大多数模具需要设置冷却系统，它适用于黏度低、流动性好的塑料，如 PE、PP、PS、ABS、POM 等。

模具可以用水、压缩空气和冷凝水冷却，但用水冷却最为普遍，因为水的热容量大，传热系数大，成本低廉。所谓水冷，即在模具成型镶件周围或内部开设冷却管道回路，使水或冷凝水在其中循环，带走热量，模具水管冷却如图 9-23 所示。

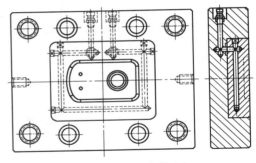

图 9-23 模具水管冷却

1. 冷却水孔直径设计

根据牛顿冷却定律，冷却水孔的直径越大，则冷却效果越好。但事实上，冷却水孔的直径太大会导致水的流动出现层流，降低冷却效果，因此冷却水孔直径不能太大。冷却水孔的直径一般为 5~13mm，无论多大的模具，水孔直径也不能大于 14mm。冷却水孔直径通常凭经验根据模具大小确定，见表 9-2。常用的水孔直径规格为 5mm、6mm、8mm、10mm 和 12mm。

表 9-2 根据模具大小确定冷却管道直径 （单位：mm）

模宽	冷却管道直径	模宽	冷却管道直径
200 以下	5	400~500	8~10
200~300	6	大于 500	10~13
300~400	6~8		

2. 型腔冷却水路设计

（1）直通串联回路 直通串联回路是最简单的一种冷却水回路，是在模板或成型镶件上直接钻对通孔，利用软管将直通的水道连接起来。这种单层的冷却回路通常用于冷却要求不高、塑件形状简单，型腔较浅的模具型腔及型芯的冷却。

直通串联回路的一种方式是将水道设置在 A 板和 B 板中，如图 9-24 所示。这种冷却方式便于模具的加工和安装，但冷却水道离型腔较远，冷却效果较差，只用于塑件尺寸较小，内模镶件壁薄的模具，水孔到内模镶件的距离为 5~10mm。

直通串联回路的另一种方式是将水道设置在内模镶件中，如图 9-25 所示。这种回路的冷却效果不受离内模镶件的壁厚影响，冷却水离型腔近，但在内模镶件和模板之间要安装密封圈，加工和装配相对较复杂。

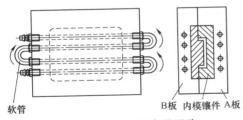

软管　　　　　　　　　　B板 内模镶件 A板

图 9-24 模板中的直通回路

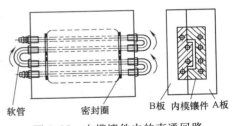

软管　　　　　密封圈　　　B板 内模镶件 A板

图 9-25 内模镶件中的直通回路

　　直通串联回路的缺点是水流在出入口处温差大，使模具温度分布不均。通常可通过改变冷却水道排列形式、减少冷却回路长度来降低出入口水流的温差。如图 9-26 所示大型注射模冷却方式中，采用图 9-26b 所示方式相对于图 9-26a 所示方式的冷却效果要好。

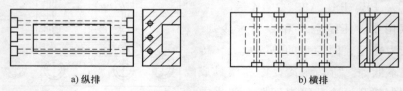

图 9-26　冷却水道的排列

　　对于大面积的浅型腔模具，若采用单一的冷却回路，则型腔的左右两侧会产生明显的偏差，因为冷却水从型腔一侧流向另一侧时温度会逐渐增加。改进的方法是采用两条左右对称的冷却回路，冷却水道之间采用内部钻孔的方法沟通，非出入口均用管塞堵住，并用管塞或隔板使冷却水沿规定的回路流动，且两条冷却回路的入口均靠近浇口处，以保证型腔表面的温度分布均匀，隔板导流对称回路如图 9-27 所示。图 9-28 所示为一模多腔模具隔板导流对称冷却回路。

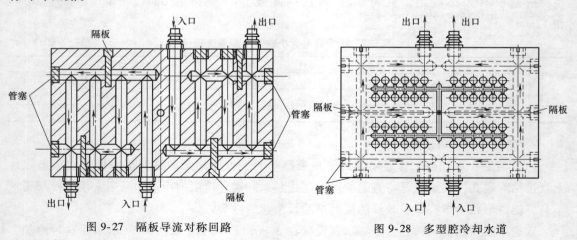

图 9-27　隔板导流对称回路　　　　　　图 9-28　多型腔冷却水道

　　（2）"井"字并联回路　串联回路的水流在出入口的温差较大，采用并联回路可得到更好的冷却效果。并联回路是从入口至出口，设置多条水道，以缩短冷却回路的长度。

　　图 9-29 所示在内模镶件里开设的"井"字并联回路，可避免设置外部接头，冷却水道之间采用内部钻孔的方法沟通，非出入口均用管塞堵住，出入口可设在同侧或对角侧。

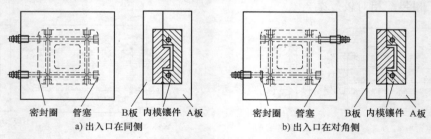

图 9-29　内模镶件中的"井"字回路

　　如果内模镶件尺寸较小，"井"字回路也可开设在模板内，如图9-30所示。

　　设计并联冷却水路时，进、出水的主流道的横截面面积要比并联各支流道的横截面面积总和要大，这样可保证有足够的冷却水经过各支流道。否则冷却水抄捷径，会导致阻力较大、路径较长的分支流道中出现死水，而使模具一部分得不到冷却。

3. 型芯冷却水路设计

　　（1）直通冷却回路　对于低矮的型芯，型芯直径大于40mm，高度小于40mm，其冷却水路设计与型芯冷却相似，即将冷却回路设置可在型芯下的一个单层面上，如图9-31所示。对于中等高度的型芯，可在型芯上开出一排冷却沟槽，构成冷却回路，如图9-32所示。

　　（2）斜交叉冷却回路　对于宽度较大的型芯，也可采用几组斜交叉冷却水道串接的回路，如图9-33所示。但此种冷却方式不易获得均匀的冷却效果。

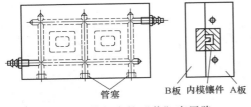

图9-30　模板中的"井"字回路

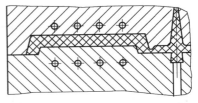

图9-31　低矮型芯单层冷却回路

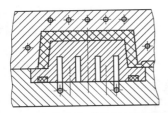

图9-32　中等高度型芯单层冷却回路

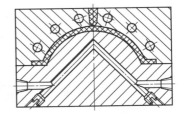

图9-33　斜交叉冷却回路

　　（3）水阱冷却回路　对于直径为30~40mm，高度较高的型芯，可直接在型芯中间开设直径为$\phi12~\phi25$mm的水阱，并利用隔片让冷却水在水阱内形成冷却回路，如图9-34所示。

　　将隔板设计成螺旋水槽，其冷却效果更佳，如图9-35所示。

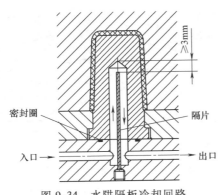

图9-34　水阱隔板冷却回路

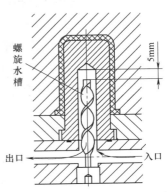

图9-35　水阱螺旋水槽冷却回路

（4）喷流式冷却回路　对于较长的型芯，不能进行常规冷却时，可在型芯中间装设一个喷水管。冷却水从喷水管中喷出，分别流向周围的冷却型芯壁，如图9-36所示。这种回路冷却效果好，但需注意水管顶部不能离型腔太近，且冷却水的进出有方向性，否则冷却效果不佳。

4. 冷却水孔的位置设计

1）冷却水孔的布置要根据塑件形状而定。当塑件壁厚基本均匀时，冷却水路离塑件表面距离最好相等，分布与轮廓相吻合，如图9-37所示；当塑件壁厚不均时，则在壁厚尺寸较大的地方加强冷却，如图9-38所示。

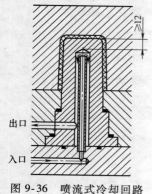

图9-36　喷流式冷却回路

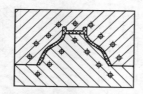

图9-37　均匀布置

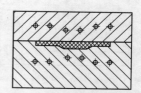

图9-38　壁厚处加强冷却

2）塑料熔体在充填时，一般浇口附近温度最高，因而要加强浇口附件的冷却，且冷却水入口应靠近浇口，使冷却水从浇口附近开始向其他地方流，以提高冷却效果，如图9-39所示。

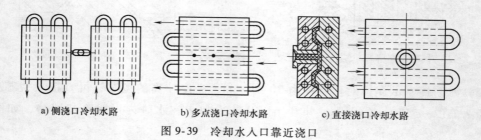

a) 侧浇口冷却水路　　　b) 多点浇口冷却水路　　　c) 直接浇口冷却水路

图9-39　冷却水入口靠近浇口

3）冷却水的作用是将熔体传给内模镶件的热量带走。布置冷却水孔时要注意是否能让型芯的每一部分都是均衡的冷却，即冷却水至型腔表面的距离尽可能相等。冷却水到型腔的距离 $B = 10 \sim 15mm$ 较为合适，如果冷却水孔的直径为 D，则冷却水孔的中心距离 $A = 5D \sim 8D$，如图9-40所示。

4）冷却水管应避免与模具上的其他机构（如推杆、型孔、定距分型机构、螺钉、滑块等）发生干涉。

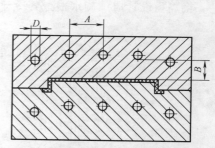

图9-40　冷却水孔的孔间距与中心距

5）冷却水孔通常采用钻孔或镗孔的方法加工。钻孔越长，孔偏斜度就可能越大，因此在设计水路时，冷却水管与其他结构孔之间的壁厚至少要3mm，而对于长冷却孔（$L \geqslant$

$20d$），建议壁厚至少要 5mm。

5. 冷却系统其他零件设计

（1）密封圈的设计　常用"O"形密封圈如图 9-41 所示。材料为橡胶，用于贯穿多个模具镶件的水孔周边，防止冷却水泄漏。

常用密封胶圈的外径 D 为 13mm、16mm 和 19mm 三种，横截面直径 d 为 2.5mm 和 3mm。

密封圈最好安装在镶件装配的正方向，而不要安装在侧面，以保证有足够的正压力而达到良好的密封效果，如图 9-42 所示。

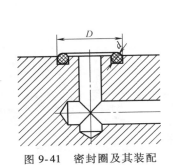

图 9-41　密封圈及其装配

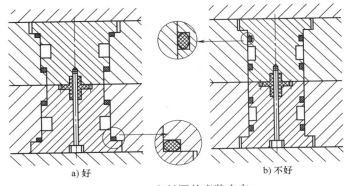

a) 好　　　　　　　　　b) 不好

图 9-42　密封圈的安装方向

（2）水管接头与水管塞　水管接头又称水嘴或喉嘴，材料为黄铜或结构钢，连接处为锥管螺纹，标准锥度为 3.5°。水管接头缠密封胶带密封，规格有 PT 1/8[⊖]，PT 1/4，PT 3/8 三种，其中 PT 1/4 较为常用。

水管塞用于塞堵冷却介质，起截流作用，常用 PT 1/4 无头锥管螺纹。

常用水管直径及水管塞与水管接头见表 9-3。

表 9-3　常用水管直径及水管塞与水管接头

水管直径/mm	6	8	10	12
水管接头	PT 1/8	PT 1/8	PT 1/4	PT 1/4
水管接头螺纹	$\phi 6.00$ PT 1/8	$\phi 8.00$ PT 1/8	$\phi 10.00$ PT 1/4	$\phi 12.00$ PT 1/4
水管塞	PT 1/8	PT 1/8	PT 1/4	PT 1/4

⊖　PT 为日本管螺纹标准。对应我国的标准为 GB/T 7306—2000。

水管接头尽量不要设置在模架上端面，因为水管接头要经常拆卸，装拆冷却水管时冷却水容易流进型腔。水管接头也尽量不要设置在模架下端面，因为这样装拆冷却水胶管时会非常不方便。水管接头最好设置在模架两侧面，最好是不影响操作的一侧，即在注射机的背面，这样不影响操作工人作业。

9.3   项目实施

9.3.1   塑件造型设计

第一步：创建文件夹

在计算机硬盘中创建一个文件夹，命名为"折页盒注射模设计"。

第二步：新建塑件文件

新建塑件文件，命名为"ZYH"，根据图 9-1 完成该塑件的造型设计。基本步骤：主体拉伸特征→拔模→倒圆角→抽壳→拉伸特征。完成造型后的塑件如图 9-43 所示。

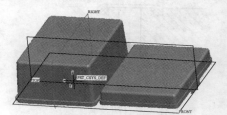

图 9-43   折页盒塑件造型

9.3.2   成型零件设计

本塑件尺寸较大，且为一模一腔，故设计为整体式型腔。即在 EMX 制造模式中进行分模设计。

第一步：新建 EMX 制造项目

单击菜单栏【EMX4.1】→【项目】→【新建】，在弹出的【定义新项目】中输入本项目名称"ZYHZSM"，并勾选【模具基体类型】的【制造模型：PRT】，单击【确定】后，完成一个 EMX 制造项目的新建。

单击菜单栏【EMX4.1】→【模具基体】→【组件定义】，在组件定义窗口中将模架设置为"Futaba"的"450×550"规格。

第二步：定位参照零件

单击菜单管理器的【模具模型 | 定位参照零件】，调入参照零件"XYH.PRT"。先通过单击【参照模型起点与定向】打开【参照模型方向】对话框，将参照零件围绕 Z 轴方向旋转 90°，再沿 X 轴方向移动−60mm，然后沿 Y 轴移动 6mm。使基准坐标靠近塑件折页处，并位于主分型面上，如图 9-44 所示。

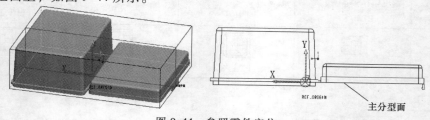

主分型面

图 9-44   参照零件定位

（提示：参照零件的具体定位方式与塑件造型时的方向有位置有关，如果在塑件造型时就考虑好分模时参照坐标的方向和位置，则在定位参照零件时就不需旋转和移动。）

第三步：修改 A、B 板厚度

单击【EMX4.1｜模具基体｜组件定义】进入【模具组件定义】对话框。在动态主视图区域，分别双击 A、B 板，将 A 板的厚度修改为 120mm，B 板的厚度修改为 40mm。修改后的 EMX 工件如图 9-45 所示。

第四步：创建分型面

本模具分模的分型面包括主分型面、斜推杆分割面和盒底成型凸模分割面。

1）主分型面的创建。首先复制折页盒上下盒的内表面，再参照上下盒的合盖面（即止口底面）作为拉伸平面，将两者合并，即完成了主分型面的创建，如图 9-46 所示。

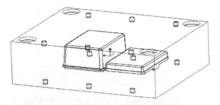

图 9-45　修改 A、B 板后的 EMX 工件

图 9-46　主分型面的创建

2）斜推杆分割面创建。斜推杆分割面通过拉伸创建，以"MOLDBASE_X_Z"面为草绘面，绘制如图 9-47 所示封闭截面，对称拉伸高度为"46"，并在"选项"中勾选【封闭端】。

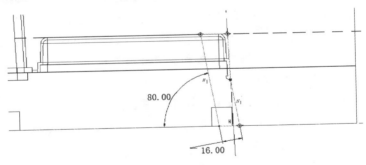

图 9-47　斜推杆分割面截面草绘

3）盒底成型凸模分割面。因为盒底凸模较高，需单独分割。分割面创建也采用拉伸，以参照零件底面为草绘面，通过草绘工具栏的【使用】命令▢，复制盒底开口的内边，如图 9-48 所示。拉伸至参照零件上端面。

第五步：模具体积块的分割及抽取

体积块的分割顺序为用主分型面分割动、定模镶件（此模具为整体式，故即分割为 A、B 板），然后再利用斜推杆分割面和盒底成型凸模分割面分别将斜推杆和凸模从 B 板中单独分割出来。A、B 板分别命名为"A_PLATE"和"B_PLATE"，斜推杆和凸模分别命名为"SLIDER"和"CORE"。

模具体积块抽取后的分解如图 9-49 所示，保存分模文件。

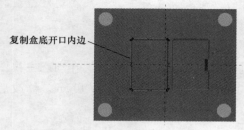

图 9-48 凸模分割面截面草绘

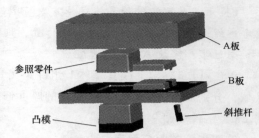

图 9-49 模具体积块抽取后的分解图

第六步：创建凸模安装台肩

单独打开凸模，在其两短边侧拉伸创建 5mm×5mm 的安装台肩。再单独打开 B 板，在对应位置拉伸切出凸模安装台阶孔。

9.3.3 浇注系统设计

第一步：创建流道推板

打开装配模式组件"ZYHZSM.asm"，新建零件命名为"LDTB.prt"，通过拉伸在 A 板上创建一个 550mm×240mm×20mm 流道推板，如图 9-50 所示。

图 9-50 创建流道推板

第二步：创建分流道

在 A 板和流道推板中间创建分流道。打开制造模式组件"ZYHZSM.asm"，单击菜单栏【插入|流道|梯形】，输入流道宽度为"8"，深度为"6"，侧角度为"12"，拐角半径为"2"。以 A 板的上平面为草绘平面，绘制左右对称，总长为 130mm 的分流道，如图 9-51 所示。完成后在弹出的【相交元件】选择 A 板和流道推板为相交元件。

第三步：创建点浇口及冷料阱

点浇口和冷料阱都是在 A 板上，故单独打开 A 板创建。

1）在组件中单独打开"A_PLATE"，单击菜单栏【插入|模型基准|偏移平面】，在 X、Y、Z 方向都偏移"0"，从而创建三个基准平面。

2）单击【旋转工具】，以分流道中心轴所在的中间基准平面为草绘面，在分流道的一端绘制如图 9-52 所示旋转草绘截面，并选择去除材料，从而创建一侧的点浇口。再利用镜像创建另一侧的点浇口。

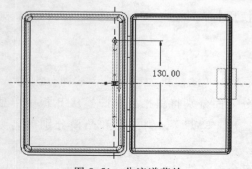

图 9-51 分流道草绘

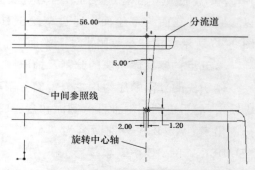

图 9-52 点浇口旋转截面草绘

3）创建冷料阱。单击【旋转工具】，以分流道中心轴所在的中间基准平面为草绘面，在分流道的中间绘制如图9-53所示旋转草绘截面，并选择去除材料。

第四步：铸模仿真

铸模命名为"molding"得到仿真铸模塑件如图9-54所示。

图9-53　冷料阱旋转截面草绘

图9-54　仿真铸模塑件

9.3.4　模架及相关零件设计

第一步：EMX项目准备

单击菜单栏【EMX4.1|项目|准备】，在弹出的【准备元件】对话框中定义各成型零件的属性，再单击【确定】。

第二步：加载并定义模架

1）执行EMX【组件定义】菜单命令，在【模具组件定义】对话框中，单击【载入/保存组件】，选择【Futaba_ 3P】的"DA"标准模架，单击【载入】后【确定】。

2）定义模具尺寸及模板厚度。

将模架定义为450mm×550mm。将定模座板"JT"和定模板"R"厚度分别定义为35mm和30mm；A板和B板的厚度分别为114mm和46mm；支承板"U"和垫块"C"的厚度分别为40mm和110mm；推杆固定板"E"和推杆底板"F"的厚度分别为20mm和25mm；动模座板"JL"为35mm。

（提示：A板和B板原来的厚度分别为120mm和40mm。）

3）定义导套及导柱尺寸。将R板中的"定位导向衬套"长度定义为40mm；将A板中的"导向衬套"长度定义为120mm；将"支撑销钉"（即导柱）的"长度L_1"和"长度L_2"分别定义为30mm和300mm。

4）定义复位杆及止动销。先定义复位杆的直径为25mm，再根据复位杆的阵列尺寸，将止动销设置为螺纹直径为16mm的"CP销"。

5）移除A、B板。在【模具组件定义】对话框中单击下方【功能】栏中的【型腔切口】，在弹出的【型腔嵌件】对话框中勾选【无插入切口】、【移除B板】和【移除A板】，再单击【确定】。

6）添加定位环及浇口衬套。在【模具组件定义】对话框中单击【添加设备】，在选择元件区域单击【定模侧定位环】，定位环参数设置如图9-55所示，完成后单击【确定】。

再单击【添加设备】，在选择元件区域单击【浇口衬套】，浇口套参数设置如图9-56所示，完成后单击【确定】。

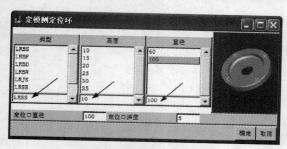

图 9-55　定位环参数设置

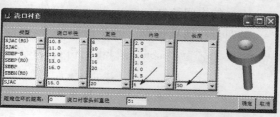

图 9-56　浇口套参数设置

完成后的动态窗口主视图如图 9-57 所示。

7）装配元件。在"STGZSM"制造模式窗口中单击【EMX4.1|模具基体|装配元件】，选择全部项目，单击【确定】后，完成各设置的元件装配。

第三步：设计导向机构

本模具导向机构设计包括定距拉杆机构及动、模之间导柱导套的设计。

1）修改工件的导套导柱安装孔。A 板和 B 板上的导套导柱安装孔是原来调入的分模工件的导套导柱孔，其尺寸必须根据实际定义的导套导柱尺寸进行修改。

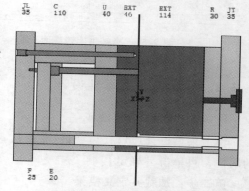

图 9-57　动态窗口主视图

单击打开"ZYHZSM_WORKPIECE.prt"，将其导套和导柱安装孔的阵列树中第一个特征分别按照 A 板导套的外径尺寸和 B 板导柱的外径尺寸进行修改，如图 9-58 所示。

完成工件原始的导套导柱安装孔尺寸修改后，通过再生就可以使 A 板和 B 板中对应的导套导柱安装孔与 EMX 模架实际调用的导套导柱尺寸相符。

2）在定距拉杆下端安装限位垫圈和螺钉。打开装配模式组件"ZYHZSM.asm"，新建零件命名为"dianquan.prt"，通过拉伸在定距拉杆下端面创建一个 $\phi52mm\times8mm$ 的垫圈，如图 9-59 所示。保存后，再复制装配到其他三根定距拉杆底部。

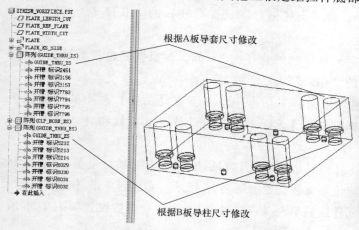

图 9-58　修改工件导套导柱安装孔尺寸

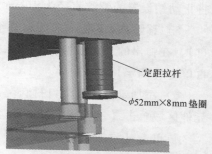

图 9-59　创建垫圈

3）在限位垫圈上安装紧固螺钉。在四个垫圈上安装上紧固螺钉，螺钉参数定义如图9-60所示。

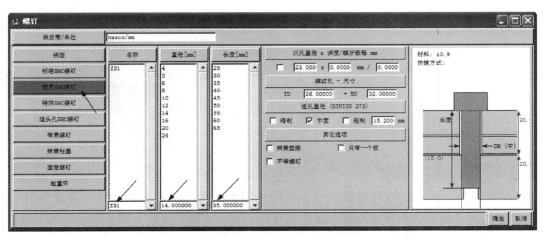

图 9-60　螺钉参数定义

4）在 B 板、支承板及垫块中创建限位垫圈通过孔。装配模式组件模式下，以 B 板上平面为起始面，垫块下平面为终止面，在四根定距拉杆处通过拉伸切除材料创建四个 $\phi54$mm 的通孔，相交零件为 B 板、支承板及垫块。

9.3.5　推出机构设计

第一步：斜推机构设计

1）加长斜推杆。先测量出 B 板下平面至推杆固定板下平面的距离为120mm，再在组件装配模式下激活斜推杆“SLIDER.prt”，选择斜推杆底面实体偏移130mm，如图9-61所示。

2）创建斜推导滑槽。在组件中激活推杆固定板，创建拉伸特征，以推杆固定板底面为草绘面，绘制滑槽拉深草绘如图9-62所示，切除材料拉深高度8mm。

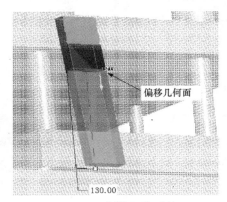

图 9-61　斜推杆的延长

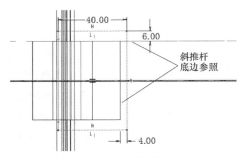

图 9-62　滑槽拉深草绘

3）创建滑销。在组件中新建零件命名为“huaxiao.prt”，创建拉伸特征，以 MOLDBASE_X_Z 面为拉伸草绘面，绘制滑销拉伸草绘如图9-63所示，对称拉伸总高56mm。

再隐藏推杆固定板，分别激活滑销和斜推杆，将滑销两端倒 $R1mm$ 的圆角，斜推杆底部倒 $R10mm$ 的圆角。然后在组件中通过元件切除操作，在斜推杆中切出滑销孔。完成后效果如图 9-64 所示。

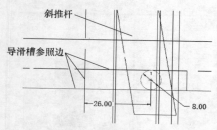

图 9-63　滑销拉伸草绘

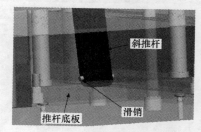

图 9-64　滑销创建效果

4）创建斜"腰形"推杆过孔。以双截面法的方式在支承板上创建斜"腰形"推杆过孔。首先在组件模式下创建基准轴以确定斜推杆与支承板的相交位置。单击基准轴工具 ，以斜推杆外侧面和支承板下平面为参照面，创建第一根基准轴，如图 9-65 所示；再以斜推杆内侧面和支承板上平面为参照面，创建第二根基准轴，如图 9-66 所示。

图 9-65　第一根基准轴图

图 9-66　第二根基准轴

然后激活支承板，以其下平面为草绘平面，切材料拉伸创建如图 9-67 所示"腰形"过孔。

用同样的方法分别在推杆固定板及推杆底板上创建"腰形"过孔。

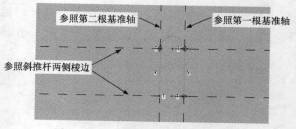

图 9-67　支承板"腰形"过孔草绘

第二步：推杆设计

1）创建推杆基准点。因为盒底的推杆与盒盖的推杆长度不一样，故基准点分两次草绘。盒底推杆基准点以盒底凸模上平面为草绘面，绘制八个基准点，如图 9-68 所示；盒盖推杆基准点以盒盖凸模上平面为草绘面，参照盒底推杆基准点的水平位置，绘制六个基准点，如图 9-69 所示。

2）创建 EMX 推杆。利用已绘制的基准点分两次安装 $\phi 8mm$ 的"Z41"型推杆。

第三步：凝料推出机构设计

1）在定模板 R 上切出流道推板槽。在装配组件模式下激活 R 板，参照流道推板的尺寸，通过拉伸切出流道推板槽。

2）创建凝料拉杆。在装配组件模式下新建零件"NLLG"，创建旋转特征，以"MOLD-

BASE_Y_Z"面为草绘面绘制如图 9-70 所示草绘，完成后单击保存。再在组件中将凝料拉杆零件装配至另一侧点浇口上方。

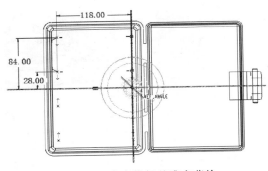

图 9-68 盒底推杆基准点草绘

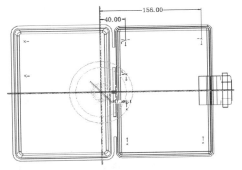

图 9-69 盒盖推杆基准点草绘图

第四步：流道推板限位机构设计

流道推板限位机构如图 9-9 所示，包括限位小拉杆、推出弹簧、T 形套及螺钉。

1）旋转切出限位机构各安装孔。在装配组件模式下，创建如图 9-71 所示截面的组件旋转，相交零件为定模座板、定模板、A 板、B 板及支承板。完成后将旋转特征镜像至模具另一侧。

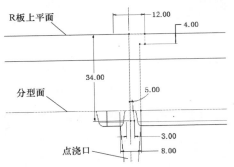

图 9-70 凝料拉杆旋转草绘

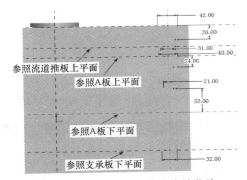

图 9-71 限位机构安装孔旋转草绘

2）创建限位小拉杆。在装配组件模式下新建零件"XWXLG"，创建旋转特征，以"MOLDBASE_X_Z"基准面为旋转草绘面，截面草绘如图 9-72 所示。完成创建后保存零件，再在组件中将小拉杆装配至另一侧。

3）创建并安装推出弹簧。单击菜单栏，新建零件文件，命名为"Spring"，创建一个长度为 30mm，外径为 36mm，截面为 2mm×4mm，螺距为 4mm 的螺纹扫描特征。再创建旋转切材料特征，将弹簧两端切平，长度为 24mm。

保存弹簧零件后，回到模具装配组件下，将弹簧装配至模具两侧小拉杆上部，装配关系为弹簧一端平面与流道推板下平面匹配、旋转特征中心轴与安装孔（或限位小拉杆）中心轴对齐，如图 9-73 所示。

4）创建并安装 T 形套。在装配组件模式下新建零件"TXT"，以"MOLDBASE_X_Z"基准面为旋转草绘面创建旋转特征，截面草绘如图 9-74 所示。

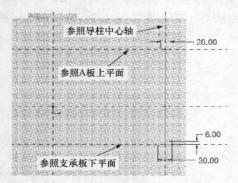

图 9-72　限位小拉杆旋转草绘

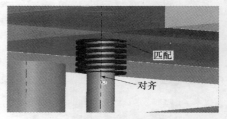

图 9-73　弹簧的装配关系

完成零件创建后保存，在组件下将 T 形套装配到模具中，装配关系为 T 形套下端面与流道推板上平面匹配、T 形套中心轴与小拉杆中心轴对齐，如图 9-75 所示。

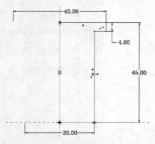

图 9-74　T 形套截面草绘图

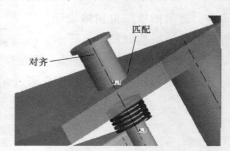

图 9-75　T 形套的装配关系

5）创建联接螺钉。在两侧的 T 形套上端面分别创建两个基准点，安装联接螺钉，以 T 形套上端面为螺钉头参照曲面，小拉杆上端面为螺纹曲面，其参数设置如图 9-76 所示。

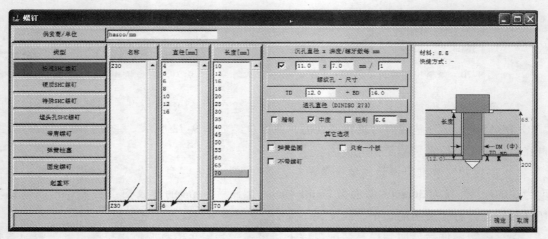

图 9-76　联接螺钉参数设置

9.3.6　冷却系统设计

本塑件材料为聚丙烯，且为深腔型塑件，故对冷却要求较高。结合塑件形状及模具结构特点，定模的冷却水道采用多支直通串联回路，动模则采用水阱隔板冷却回路。

第一步：定模冷却系统设计

1）基准面创建。分别由"MOLDBASE_X_Z"往一边偏移 40mm、80mm、120mm 创建三个基准面。

2）水线路径绘制。偏移 40mm 和 80mm 的基准面水线路径草绘如图 9-77 所示；偏移 120mm 的基准面水线路径草绘如图 9-78 所示。

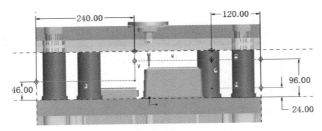

图 9-77　定模水线路径草绘一

完成一侧三条水线路径草绘后，再通过"MOLDBASE_X_Z"面镜像至另一侧。

3）创建冷却孔、管塞及水嘴。单击菜单栏【EMX4.1|水线|创建冷却孔】，在冷却装置窗口中，先单击"盲孔"，将所有水线路线草绘线条设置成 φ10mm 的水孔；再分别单击"水嘴"，将出水口和入水口处全部安装水嘴；再单击"管塞"，将 A 板上平面水孔开口处及一侧端面上方水孔开口处全部安装管塞。水嘴和管塞的参数设置分别如图 9-79 和图 9-80 所示。

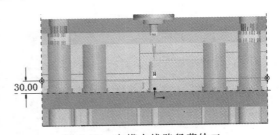

图 9-78　定模水线路径草绘二

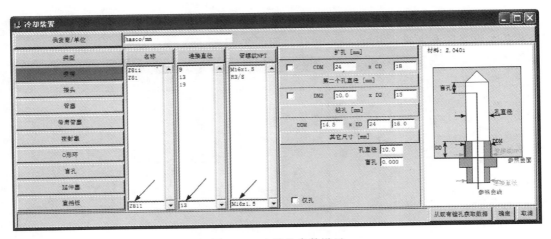

图 9-79　水嘴的参数设置

完成后的定模冷却系统如图 9-81 所示。

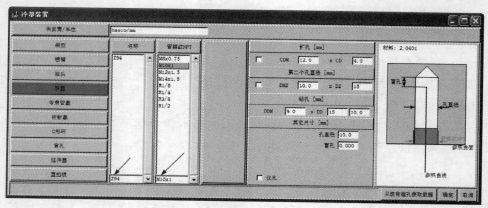

图 9-80　管塞的参数设置

第二步：动模冷却系统设计

在组件模式下将定模侧所有零件隐藏。

1）水阱水线路径绘制。以"MOLDBASE_X_Z"面往一侧偏移 60mm 创建一个基准面，以此基准面绘制如图 9-82 所示水阱路径草绘。完成后将此草绘通过"MOLDBASE_X_Z"面镜像至另一侧。

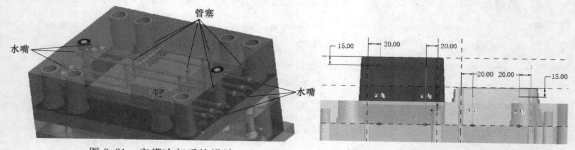

图 9-81　定模冷却系统设计

图 9-82　偏移基准面上水阱路径草绘

2）创建水阱冷却孔。单击菜单栏【EMX4.1 | 水线 | 创建冷却孔】，在冷却装置窗口中，先将八条水阱路径设置成 φ20mm 的不通孔，如图 9-83 所示。

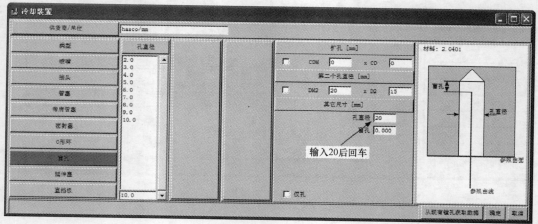

图 9-83　水阱盲孔设置

3）创建水井隔板。单击菜单栏【EMX4.1|水线|创建冷却孔】，在冷却装置窗口中，单击"直挡板"，采用默认的标准件尺寸，选择八条水阱路径及下端面进行安装。

因为默认的标准件尺寸不符合本模具要求，故安装后回到组件装配模式下，打开安装好的隔板零件进行修改。将盒底凸模内的水阱隔板管塞旋转特征的截面直径修改为 $\phi20mm$，隔板的拉伸特征高度修改为 85mm；将盒盖凸模内的水阱隔板管塞旋转特征的截面直径修改为 $\phi20mm$，隔板的拉伸特征高度修改为 30mm。

（提示：在修改标准库零件时，要注意模型树中，是否所有的标准库零件为同一零件。在同一次 EMX 冷却装置设计中，所调用的 EMX 标准库零件为同一零件，修改其中一个零件，其他零件随之修改。因盒底凸模内的水阱隔板与盒盖凸模内的水阱隔板高度并不一样，不是同一零件，所以要分两次进行设计。）

4）水阱连接回路设计。以"MOLDBASE_X_Z"偏移 60mm 创建的基准面为草绘面，绘制如图 9-84 所示水线路径，再将此草绘以"MOLDBASE_X_Z"为镜像面镜像至另一侧。

单击【EMX4.1|水线|创建冷却孔|盲孔】，创建 $\phi8mm$ 的直通水路。

图 9-84　水阱连接回路水线设计

5）安装密封圈。有八个水阱的下端及直通水路贯穿独立凸模的两端，都需要安装密封圈。因水阱孔尺寸比直通水路孔尺寸大，故需分两次安装密封圈。单击【EMX4.1|水线|创建冷却孔|O形环】，八个水阱孔的下端选择名称为"Z98"、截面直径为"3.0"、外径为"28.0"的 O 形环；凸模的两端选择名称为"Z98"、截面直径为"3.0"、外径为"14.0"的 O 形环。

6）安装水嘴。【EMX4.1|水线|创建冷却孔|喷嘴】，在两条直通水路的两端安装名称为"Z811"、直径为"9"、管螺纹为"M14×1.5"的水嘴。

完成后的动模冷却系统如图 9-85 所示。

9.3.7　零件完善及检查

第一步：切出顶棍孔

将动模座板底部拉伸切出 $\phi38mm$ 的顶棍孔。

第二步：安装定位环自动螺钉

第三步：干涉检查

通过【分析|模型|全局干涉】对模具中各零部件进行检查。

最后完成的折页盒斜推内侧抽芯三板模整体效果如图 9-86 所示。

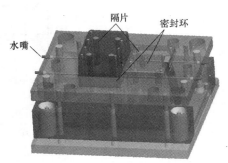

图 9-85　定模冷却系统设计

图 9-86　折页盒斜推内侧抽芯三板模整体效果

9.4　拓展练习

9.4.1　组合开关盒盖注射模设计

图 9-87 所示为某电器上组合开关盒盖塑件，材料为 ABS，中等批量生产，未注公差采取 MT5 级精度，盒盖下方内侧有六个 8mm×1mm×0.6mm 的凸台，经分析计算不能采用强制脱模，必须采用内侧抽芯机构。利用 Pro/E 软件进行该塑件一模一腔注射模分模设计，完成模具成型零件（型腔和型芯）的三维及二维工程图设计。

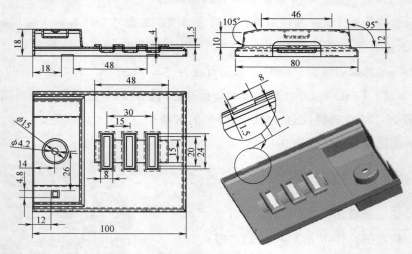

图 9-87　组合开关盒盖塑件

关键步骤操作提示如下。

第一步：注塑成型方案设计

根据组合开关盒盖塑件的特点，有两种成型方案。第一种方案：一模两腔，采用侧浇口的两板模，如图 9-88a 所示。其优点是一模多腔，注塑生产率较高，模具结构较紧凑。但缺

a) 一模两腔侧浇口　　　　　　　　　　b) 一模一腔多点浇口

图 9-88　注塑成型方案

点是因为塑件形状复杂，侧浇口影响塑件外观，且边角上充型困难。同时一个塑件上有 6 处侧抽，采用一模多腔使模具零件装配更复杂。第二种方案：一模一腔，采用多点浇口三板模，浇口位置分别在从塑件方形通孔边角及最右端矩形孔台阶边缘处，如图 9-88b 所示。这种方案充型较好，塑件质量和外观不受影响，点浇口可自动切断凝料，不会因为一模一腔而降低生产率。同时侧抽机构便于安装和调整。

经分析采用第二种方案较合理。

第二步：分模设计

模具成型零件包括：定模镶件、动模镶件、定模侧圆形型芯、动模侧方形型芯，六根成型斜推，分模后效果如图 9-89 所示。

第三步：调用 EMX 模架

本注射模模架选用 Futaba_3P 的 350mm×350mm 型标准三板模模架，设置好各板的厚度，A、B 板厚度要与相应成型零件的厚度一致。然后进行定位环及浇口套、导向零件、斜推杆内侧抽芯机构、开模弹簧的设计和螺钉、销钉和弹簧等元件装配。

第四步：冷却系统设计

该塑件体积中等，一模一腔，冷却要求不高，故采用单层围绕冷却的水路设计。

完成后的模具结构如图 9-90 所示。

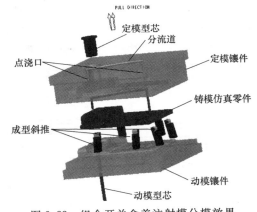

图 9-89　组合开关盒盖注射模分模效果

9.4.2　手机电池后盖注射模设计

图 9-91 为某款手机电池后盖塑件，材料为 ABS（丙烯腈-丁二烯-苯乙烯共聚物），大批量生产，未注公差采取 MT5 级精度。该塑件侧边有加强筋，且有六处内扣。其中侧面加强筋处，四个内扣深度为 0.9mm；圆弧端面处两个内扣深度为 1.6mm。经分析计算不能采用强制脱模，必须采用内侧抽芯机构。塑件主体壁厚为 0.9mm，总体尺寸大小适中，但塑件尺寸精度要求较高，且要求表面无浇口痕迹及熔接痕，平板要求平整光滑无飞边。总之，该产品对注塑成型工艺及模具结构要求较高。利用 Pro/E 软件进行该塑件一模四腔注射模分模设计，完成模具成型零件（型腔和型芯）的三维及二维工程图设计。

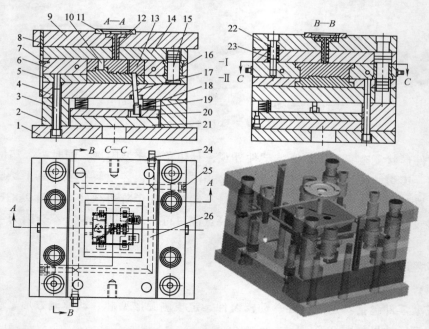

图 9-90　组合开关盒盖注射模整体结构

1—动模座板　2—垫块　3—螺钉　4—支撑板　5—动模板　6—中间板　7—限位销　8—定距拉板
9—定模座板　10—型芯　11—定位环　12—浇口衬套　13—定模仁　14—定模垫板　15、22—导柱
16—导套　17—斜推杆　18—斜推杆滑块　19、23—弹簧　20—推杆固定板　21—推板　24—水嘴

25—管塞　26—冷却水道

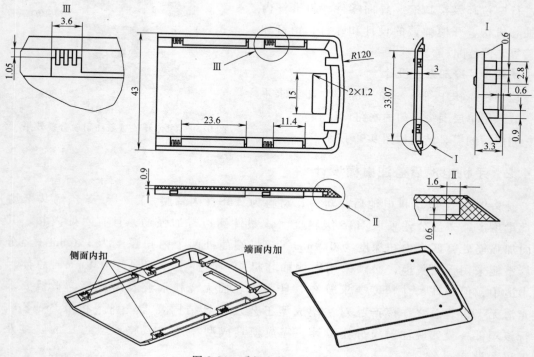

图 9-91　手机电池后盖塑件

关键步骤操作提示如下。

第一步：注塑成型方案设计

该塑件为大批量生产，同时塑件总体尺寸较小，为提高生产率，降低生产成本，设计为一模四腔，采用矩形对称布局。为了保证塑件上表面无明显凝料疤痕，不影响手机外观，浇口易去除，采用圆弧弯曲潜伏式点浇口，浇口设计在塑件底部。为了提高塑件充型能力，同时避免单处点浇口容易引起塑件平板冷却时应力集中而翘曲变形，每个型腔设计两处对称的点浇口，浇口采用电火花成形加工，手机后盖注塑成型方案如图9-92所示。

第二步：分模设计

根据塑件的整体高度只有3mm，且无细长凸芯，可将型腔和型芯设计成整体式。成型零件的安装固定采用螺钉固定。分模效果如图9-93所示。成型斜推抽芯在分模时可不单独分割出来，而借助EMX调出并编辑修改。

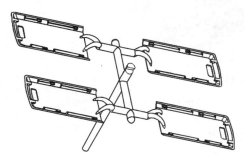

图9-92 手机后盖注塑成型方案

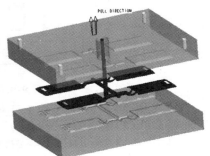

图9-93 分模效果

第三步：模架及推出机构设计

每个塑件都有六个内扣需内侧抽芯，且内扣尺寸小，抽芯距离短，故可采用斜推杆内侧抽芯机构，可通过EMX自动调入后进行修整，利用提升机构的运动，即可以实现内侧抽芯动作。由于塑件的两侧的四个内扣形状大小一致，而端部的两个内扣一致，故斜推杆提升机构选用两种规格即可。由于电池盖板较薄，为了平衡顶出塑件并保证其质量，每个塑件设置八根 ϕ4mm 的直顶杆。如图9-94所示。

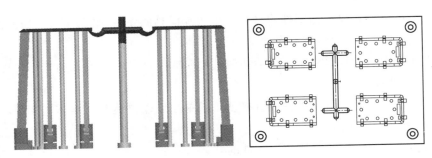

图9-94 推出机构

本模具冷却要求不高，在定模板上采用单层直流式冷却的水路设计。

完成整体设计后的模具如图9-95所示。

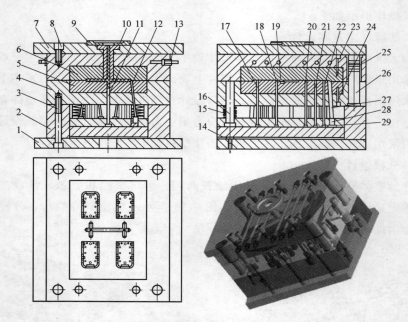

图 9-95　手机电池后盖注射模整体结构

1—动模座板　2—垫块　3,8,23,24—固定螺钉　4—动模板　5—型芯　6—型腔　7—定模座板
9—定位环　10—浇口衬套　11—拉料杆　12,27—斜推杆　13—水管接头　14—止动销　15—复位杆　16—复位弹簧
17,18,20,21,22—直顶杆　19—潜伏式浇口　25—导套　26—导柱　28—斜推滑块　29—斜推滑槽块

9.5　项目小结

1）相对二板模而言，三板模模架较贵、制造周期较长，成本较高，故确定模具成型方案时要慎重，重点考虑经济性与可行性。

2）在设计三板模时，定距分型机构和凝料推出机构的设计需要计算与验证。

3）斜推杆是常用的侧向抽芯机构之一，对于较大尺寸可较小尺寸的塑件的内侧抽芯，都可优先考虑使用斜推抽芯。

4）冷却系统的设计要根据制件的材料、形状及模具的结构而定，在保证冷却效果的同时，要重点考虑加工与装配的难易程度。

5）在 Pro/E 模具设计过程中，灵活切换装配模式组件和制造模式组件，可方便模具设计操作，提高设计效率。

6）在添加新零件时，可在组件中直接创建或单独创建再装配，具体采用何种方法，要根据零件需要参照的尺寸而定。

7）在具体设计过程中，灵活应用零件的"遮蔽"或"隐藏"功能，以及模具的着色模式，以方便草绘设计，提高工作效率。

8）设计软件只是一个工具，设计时必须理解模具的整体结构和零部件布局，并采用最合适的方法设计。

项目 10　线圈骨架侧分型哈夫模设计

10.1　项目引入

10.1.1　项目任务

图 10-1 所示为线圈骨架塑件，材料为 ABS，大批量生产，未注公差为 MT5 级精度。利用 Pro/E 软件进行一模两腔注射模分模设计，并完成侧分型哈夫模的整体三维设计。

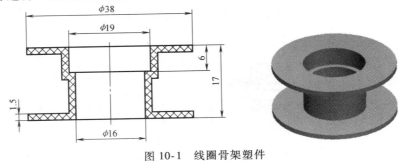

图 10-1　线圈骨架塑件

10.1.2　项目目标

◇　进一步熟悉注射模侧分型机构的应用特点。
◇　掌握哈夫模的结构特点及应用。
◇　掌握哈夫块的组合形式、导滑形式等结构设计要点。
◇　系统掌握各类导向机构的类型、作用及其结构设计。
◇　熟悉注射机的类型、规格及技术参数。
◇　掌握模具与注射机的关系并能合理选用注射机。
◇　熟练掌握 Pro/E 各类分型面的创建方法及体积分割。
◇　熟练掌握 EMX 模架及其他零部件的应用。
◇　能根据不同类型的塑件选择合理的模具结构。

10.2　项目知识

10.2.1　哈夫模的结构设计

1. 哈夫模的结构特点及分类
哈夫是英文"HALF"的译音，就是一半的意思。哈夫模就是将模具的型腔设计成两个

（或多个）对称的模块，故也称瓣合模，是一种典型的侧向分型结构的模具。

哈夫模根据哈夫滑块的安装位置不同分为定模侧哈夫模（也称前模哈夫模）、动模侧哈夫模（也称后模哈夫模）；根据哈夫滑块的导向方向分为斜滑块哈夫模、斜导柱哈夫模。图10-2为斜滑块动模侧哈夫模，图10-3为斜导柱定模侧哈夫模。因斜滑块侧向分型比斜导柱侧向分型机构简单得多，故更为常用，特别是斜滑块动模侧哈夫模最典型的哈夫模。

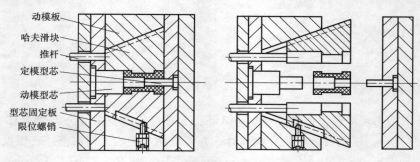

动模板
哈夫滑块
推杆
定模型芯
动模型芯
型芯固定板
限位螺销

图10-2　斜滑块动模侧哈夫模

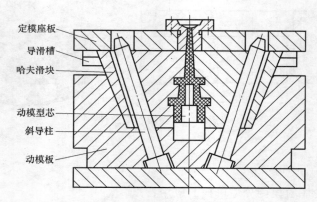

定模座板
导滑槽
哈夫滑块
动模型芯
斜导柱
动模板

图10-3　斜导柱定模侧哈夫模

2. 哈夫模的应用

哈夫侧分型结构常用于侧成型面积大，侧孔或侧凹较浅且抽拔距较小的塑件，如图10-4所示的管接头、线圈骨架、绕线轮、带柄口杯、外螺纹零件等。分型时将抽芯较长的内孔型芯设在开模方向，而将面积较大、分型距离较短的外形型腔分型设在侧方向，如图10-5所示。这种结构的优点是结构更紧凑，强度和刚性较好，抽拔力大。

图10-4　常用哈夫模成型的塑件

3. 哈夫滑块的结构设计

（1）哈夫滑块的组合形式　根据塑件要求，哈夫滑块通常由2～6块组合而成，在某些

特殊情况下，还可以分得更多。设计哈夫
滑块的组合形式时应考虑分型与抽芯方向
的要求，并尽量保证塑件具有较好的外观
质量，不要使塑件表面留有明显的镶拼飞
边痕迹，另外还应使哈夫滑块具有足够的
强度。一般来说哈夫滑块的镶拼线应与塑
料制品的棱线或切线重合。常用的组合形
式如图 10-6 所示。

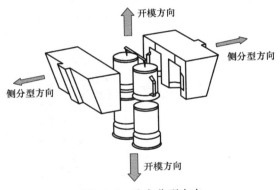

图 10-5　哈夫分型方向

（2）斜滑块的导滑形式　斜滑块的导
滑形式按导滑部分形状可分为矩形、半圆
形和燕尾形，如图 10-7 所示。当斜滑块宽度小于 60mm 时，应设计成矩形扣、半圆形扣和
燕尾形扣；当斜滑块宽度大于 60mm 时，应设计成矩形槽、半圆形槽和燕尾形槽；当斜滑块
宽度大于 120mm 时，为增加滑块的稳定性，应设置两个导向槽。

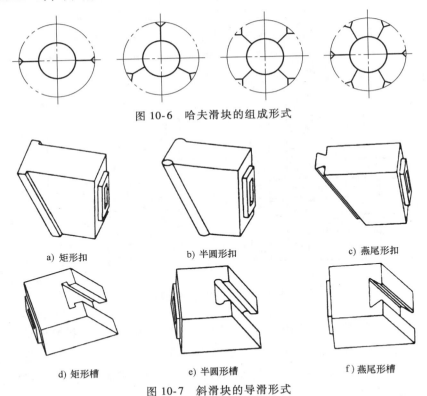

图 10-6　哈夫滑块的组成形式

a) 矩形扣　　　　　　b) 半圆形扣　　　　　　c) 燕尾形扣

d) 矩形槽　　　　　　e) 半圆形槽　　　　　　f) 燕尾形槽

图 10-7　斜滑块的导滑形式

（3）主型芯位置的选择　主型芯位置的选择直接关系到塑件能否顺利脱模。如图 10-8
所示哈夫滑块成型模中，如果将主型芯设置在动模侧，开模后，主型芯立即从塑件中抽出，
斜滑块侧向分型时，塑件易在斜滑块上黏附于某处收缩较大的部位，从而影响塑件的顺利脱
模，如图 10-8a 所示。

反之，将主型芯设置在动模侧，则在脱模过程中，主型芯与塑件虽已松动，但在侧向分

型时对塑件仍有限制侧向移动的作用，塑件不会黏附在斜滑块上，脱模更顺利，如图 10-8b 所示。

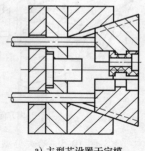

a) 主型芯设置于定模   b) 主型芯设置于动模

图 10-8   主型芯位置的选择

（4）斜滑块的止动   斜滑块通常设置在动模侧，没有拉料装置，当塑件对定模部分包紧力大于对动模部分包紧力时，如果没有滑块止动装置，则斜滑块在开模动作刚刚开始便有可能与动模产生相对运动，导到塑件损坏或滞留在定模无法取出，如图 10-9a 所示。

为了避免这种情况发生，可设置弹簧顶销止动装置，如图 10-9b 所示。开模后，弹簧顶销紧压斜滑块防止其与动模分离，使定模型芯先从塑件中抽出，继续开模时，塑件留在动模侧，然后由推杆推动斜滑块侧向分型并推出塑件。

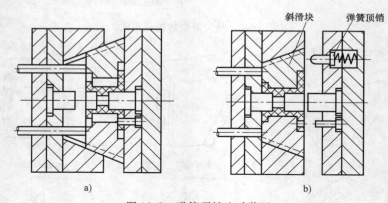

斜滑块   弹簧顶销

a)   b)

图 10-9   弹簧顶销止动装置

斜滑块的止动还可采用如图 10-10 所示的导销机构，即固定于定模侧的导销与斜滑块在开模方向有一段配合（H8/f8）。开模后，在导销的约束下，斜滑块不能进行侧向运动，故模动作也就无法使斜滑块与动模之间产生相对滑动，继续开模时，导销与斜滑块脱离配合，动模的推出机构推动斜滑块侧向分型并推出塑件。

（5）斜滑块的倾斜角   由于斜滑块的强度较高，斜滑块的倾斜角可比斜导柱的倾斜角大一些，一般不超过 26°~30°。在同一模具中，如果塑件各处的侧凹深浅不同，所需的斜滑块推出行程也不相同，为了解决这一问题，使斜滑块运动保持一致，可将各处的斜滑块设计成不同的倾斜角。

（6）斜滑块的装配要求   为了保证斜滑块在合模时其拼合面密合，避免注射成型时产生飞边，斜滑块装配后必须使其底面离导滑模板有 0.2～0.5mm 的间隙，上面高出导向模板 0.4～0.6mm（应比底面的间隙略大），如图 10-11 所示，其目的在于当斜滑块与导滑槽之间有磨损之后，可通过修磨斜滑块的下端面使其继续保持与导滑模板的密合性。

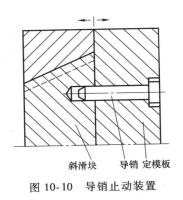

图 10-10　导销止动装置

图 10-11　斜滑块的装配要求

（7）推杆位置选择　抽芯距较大的斜滑块注意防止在侧抽芯过程中斜滑块移出推杆顶端的位置，造成斜滑块无法完成预期侧向成型或抽芯的工作，所以在设计时，选择推杆的位置应予以重视。

（8）斜滑块的推出行程及限位　斜滑块推出行程，立式模具不大于斜滑块高度的 1/2，卧式模具不大于斜滑块高度的 1/3，如果必须使用更大的推出距离，可使用加长斜滑块。斜滑块机构应用于卧式注射机时，为了防止斜滑块在工作时滑出导滑模板，可在斜滑块上开一长槽，导滑模板（动模板）上加一限位螺销进行定位，如图 10-2 所示。

10.2.2　导向机构设计

注射模在进行开合模或推出等运动时，对活动的零部件进行运动导向，使其按照既定的轨迹运动的机构称为模具的导向系统。

1. 导向机构的类型

导向系统主要为导柱导套类导向机构，注射模上的导向机构按其作用不同一般包括三种，如图 10-12 所示。

（1）合模导向机构　合模导向机构在保证模具开合模时，动模和定模准确复位，并且在注射过程中不会错位变形。其导柱导套一般分别安装于 A、B 板上。

（2）塑件推出导向机构　导柱导套分别安装于动模座板和推杆固定板上，在推出机构进行推出和复位时对推杆固定板及推杆底板起导向作用。

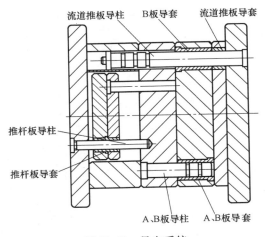

图 10-12　导向系统

（3）流道推出导向机构　导柱导套安装于流道推板及定模板上，在点浇口模架中，对定模中的流道推板及定模板等起导向作用，在简化点浇口模架中，它对动模板也起导向作用。

2. 导柱导套的结构

（1）导柱的结构形式　导柱的典型结构如图 10-13 所示。

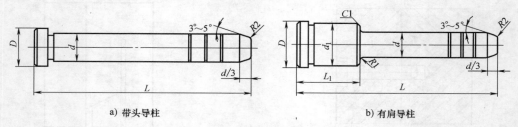

a) 带头导柱　　　　　　　　　　　b) 有肩导柱

图 10-13　导柱的结构形式

带头导柱结构简单，加工方便，用于简单模具。小批量生产一般不需要用导套，而是导柱直接与模板导向孔配合，大批量生产时，一般要与导套配合使用。有肩导柱结构较复杂，用于精度要求高，生产批量大的模具。

导柱前端应倒圆角、半球形或做成锥台形，以便导柱能顺利进入导套。导柱表面有多个环形油槽，用于储存润滑油，减小导柱与导套表面的摩擦力。

导柱多采用 20 钢经表面渗碳淬火处理，或者 T8、T10 钢经淬火处理棒料。

（2）导套的结构形式　导套的典型结构形式如图 10-14 所示。

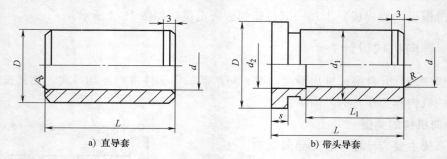

a) 直导套　　　　　　　　　　　b) 带头导套

图 10-14　导套的典型结构形式

直导套结构简单，加工方便，用于简单模具或导套后面没有垫板的场合；带头导套结构较复杂，用于精度较高的场合。

导套的前端应倒圆角，导向孔一般为通孔，以便于排气。

导套的材料与导柱相同，或采用铜合金等耐磨材料，其硬度应略低于导柱硬度，有利于减轻磨损，以防止导柱或导套拉毛。

3. 合模导向机构设计

（1）导柱导套的装配方式　合模导向机构的导柱安装一般有如图 10-15 所示四种方式。一般情况下常用 a 型；定模板较厚时，为减小导套的配合长度，则常用 b 型；动模板较厚及大型模具，为增加模具强度用 c 型；定模镶件落差大，塑件较大，为了便于取出塑件，常采用 d 型。

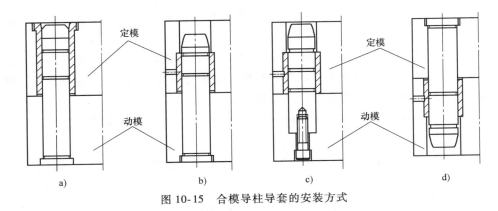

图 10-15　合模导柱导套的安装方式

（2）导柱的长度设计　定模板、动模板之间导柱的长度一般应比型芯端面高出 $A = 15 \sim 25mm$，如图 10-16 所示。当有侧向抽芯机构或斜滑块时，导柱的长度应满足 $B = 10 \sim 15mm$，如图 10-17 所示。当模具动模部分有推板时，导柱必须安装在动模侧，导柱导向部分的长度应保证推板在推出塑件时，自始至终不能离开导柱，如图 10-18 所示。

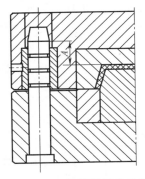

图 10-16　一般情况导柱长度

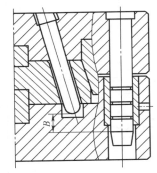

图 10-17　有侧抽芯时的导柱长度

（3）导柱导套的数量及布置　定模板、动模板之间导柱导套数量一般为四根，合理均布在模具的四角，导柱中心至模具边缘应留有足够的距离（通常为导柱直径的 $1 \sim 1.5$ 倍），以保证模具强度。为确保模具安装的方向性，可采用等直径不对称布置或不等直径对称布置的方法，以防止动、定模方向装错。

4. 塑件推出导向机构设计

塑件推出导向机构的导柱安装在推杆板上，主要作用是对推杆固定板和推杆底板起导向定位作用，终极作用是减少复位杆、推杆、推管或斜推杆等零件和动模内模镶件的摩擦。

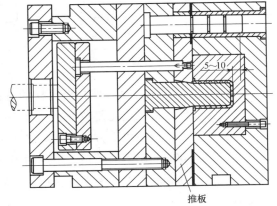

图 10-18　推板模导柱的长度

（1）使用场合　很多情况下，模具上不加推杆板导柱导套，但下列情况必须加推杆板导柱导套。

1）模具浇口套偏离模具中心。如图 10-19 所示，主流道偏心会导致注射机推杆板的顶棍相对于模具偏心，在顶棍推出推杆板时，推杆板会承受扭力作用，采用推杆板导柱导套可以分担这一扭力，以提高复位杆和推杆的使用寿命。

2）直径小于 2mm 的推杆数量较多时。推杆直径越小，承受推杆板重量后越易变形，甚至折断。

3）有斜推杆的模具。斜推杆和动模的摩擦阻力较大，推出塑件时推杆板会受到较大的扭力作用，需要用导柱导向。

4）有推管的模具。推管中间的推管型芯通常较细，难以承受推杆板的重量。

5）塑件推出距离大，力臂加长，导致复位杆和推杆承受较大扭力，必须增加导柱导向。

6）模架较大。一般情况下，模架大于 350mm 时，应加推杆板导柱。

7）精密模具和塑件生产批量大，寿命要求高的模具。

（2）导柱导套的装配　推杆板导柱导套的最常见的装配方式如图 10-20 所示，导柱固定于动模座板上，穿过推杆板、插入动模支承板或动模板，导柱的长度以伸入支承板或动模板，$H = 10 \sim 15mm$ 为宜。

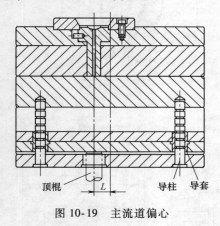

图 10-19　主流道偏心　　　　　　　图 10-20　推杆板导柱导套的安装

（3）导柱的直径与数量　推杆板导柱的直径一般与标准模架的复位杆直径相同，如果推出距离较长，导柱直径应比复位杆直径大 5～10mm。

推杆板导柱的数量按以下方式确定（图 10-21）：

1）对于宽 400mm 以下的模架，采用两根导柱即可，B_1 = 复位杆导柱间距；

2）对于宽 400mm 以上的模架，采用四根导柱，A_1 = 复位杆导柱至模具中心的距离，B_2 参考表 10-1。

5. 流道推出导向机构设计

流道推板及定模板的导柱又称水口边或拉杆，它安装在点浇口的面板上，导套安装在流道推板及定模板上，只用于点浇口模架及简化点浇口模架，如图 10-22 所示。

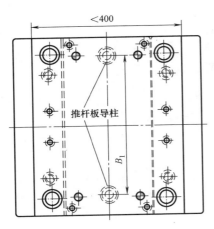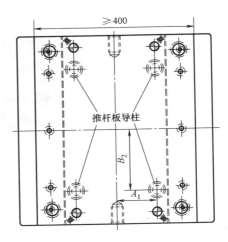

图 10-21　推杆板导柱的数量和位置

表 10-1　推杆导板位置

模架	4040	4045	4050	4055	4060	4545	4550	4555	4560	5050	5060	5070
B_2/mm	252	302	352	402	452	286	336	386	436	336	436	536

注：模架 4050 是指模具宽 400mm，长 500mm，其余类推。

（1）流道推板导柱长度　导柱长度＝面板（定模座板）厚度＋流道推板厚度＋定模板厚度＋面板和流道推板的开模距离 C＋流道推板和定模板的开模距离 A。其中，面板和流道推板的开模距离 C 一般取 6~10mm；流道推板和定模板的开模距离 A＝流道凝料总高度＋30mm（安全距离）。最后导柱长度往上取 10 的倍数。

（2）流道推板导柱直径　流道推板导柱的直径随模架已经标准化，一般情况下无须更改。

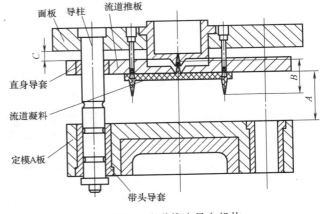

图 10-22　流道推出导向机构

但是当定模板很厚，或者定模板在导柱上的滑动距离很大时，导柱应加粗 5mm 或 10mm，以防止导柱变形。

10.2.3　注射机的结构及选用

注射是目前应用最普遍的塑料成型方法，注射机是注射成型的主要设备，注射模的工作是在注射机上实现的，故必须了解注射机的结构及与注射模的关系。

1. 注射机的类型及基本结构

（1）按外形特征分类　注射机按外形特征可分为卧式、立式和角式三种，其中应用最广的为卧式注射机，其结构如图 10-23 所示。立式和角式注射机简化结构如图 10-24 所示。

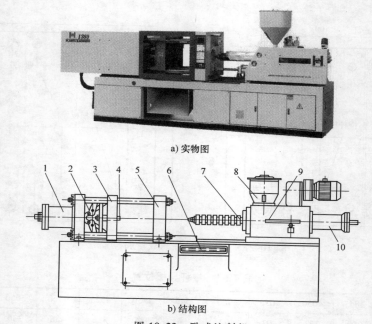

a) 实物图

b) 结构图

图 10-23 卧式注射机

1—锁模液压缸 2—锁模机构 3—移动模板 4—顶棍 5—固定模板 6—控制台
7—料筒及加热器 8—料斗 9—定量供料装置 10—注射液压缸

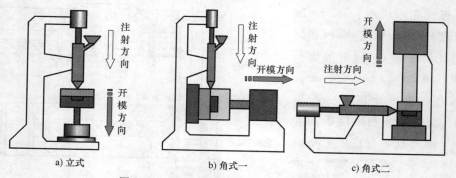

a) 立式   b) 角式一   c) 角式二

图 10-24 立式和角式注射机简化结构图

三类注射机的优缺点如表 10-2 所列。

表 10-2 各类注射机的优缺点

注射机类型	优　点	缺　点
卧式注射机	塑件推出后可自行落下,适合自动化生产;模具拆装及调整方便;设备重心低,稳定,原料供应及操作维修方便	占地面积大
立式注射机	占地面积小;模具拆装方便,嵌件和活动型芯安装简便可靠	设备重心高,不稳定;加料困难,塑件需人工取出,不易自动化
角式注射机	结构简单;可利用开模时丝杠转动对螺纹塑件进行自动脱卸;适用生产形状不对称及使用侧浇口的模具	加料困难;嵌件和活动型芯安装不便;模具受冲击振动较大

（2）**按塑化方式分类**　注射机按塑料的塑化方式分为柱塞式注射机和螺杆式注射机，

如图 10-25 所示。

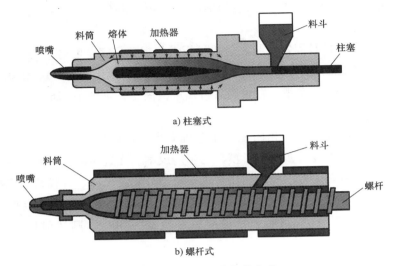

a) 柱塞式

b) 螺杆式

图 10-25　注射机的塑化方式

柱塞式注射机是利用柱塞压缩并推动塑料熔体通过料筒前端的喷嘴以很快的速度注射到模具型腔内。螺杆式注射机是利用旋转的螺杆通过其螺旋槽将塑料熔体输送至喷嘴，螺杆的转动使塑料进一步塑化，料温在剪切摩擦作用下进一步提高，塑料得以均匀塑化。所以螺杆式注射机的塑料塑化能力更好。

2. 注射机的规格和技术参数

注射机的规格主要用机器吨位或锁模力表示，另一种是用注射量表示。

注射机的主要技术参数包括注射、合模和综合性能三个方面，如额定注射量、额定注射压力、额定锁模力、模具安装尺寸及开模行程等。

注射机的规格目前世界上尚无统一的标准，我国常采用额定注射量来表示注射机的规格。如 XS-ZY-125 注射机即表示额定注射量为 $125 cm^3$，其他字母的意义：X 指成型、S 指塑料、Z 指注射、Y 指螺杆式注射机。该机为具有两侧双顶杆机械推出装置的螺杆式卧式注射机，锁模力 900kN，模具的最大合模行程 300mm，模具的最大厚度 300mm，最小厚度 200mm，喷嘴直径 4mm，动、定模固定板尺寸 428mm×458mm。

附录 E 为部分国产注射机技术参数。

3. 模具在注射机上的安装

注射模的动模座板和定模座板分别通过定位圈、双头螺钉、螺母、压模铁、螺钉装配在注射机的移动模板和固定模板上，如图 10-26 所示。

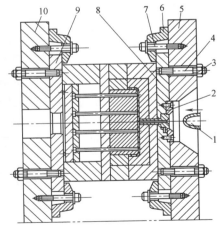

图 10-26　模具在注射机上的安装

1—注射机喷嘴　2—模具定位环　3—螺母
4—双头螺钉（通常 8 个）5—注射机固定模板
6—压模铁（8 块）　7—螺钉　8—定模座板
9—动模座板　10—注射机移动模板

模具在注射机上的安装方法有三种。

（1）用压块固定　只要在模具固定板需安放压板的外侧附近有螺孔就能固定，因此，压块固定具有较大的灵活性。

（2）用螺钉固定　模具固定板与注射机模板上的螺孔应完全吻合。

（3）用压块和螺钉固定　对于尺寸较大的模具（模宽大于250mm），仅采用压块或螺钉直接固定还不够安全，必须在用螺钉紧固后再加压板固定，见图10-26。

4. 注射机的选用

注射机大小必须与模具大小相匹配。注射机太小，难以生产出合格的塑件，注射机太大，运转费用高，且动作缓慢，增加了模具的生产成本。在选用注射机时，一般要校核其额定注射量、锁模力、注射压力、模具在注射机安装部分相关尺寸、开模行程和推出装置等。

（1）根据最大注射量选用　模具成型的塑料制品和流道凝料总质量应小于注射机的额定注射量的80%。例如：塑料制品和流道凝料总质量为300g，则注射机的额定注射量≥300/80% = 375g。

每一次注射量的最大值，计算式如下：

$$V = \pi D^2 S / 4$$

式中，V 是注射量（cm^3）；D 是螺杆直径（cm）；S 是螺杆行程（cm）。

注射量可分为由喷嘴射出的最大质量及可以成型的最大质量来计算，塑料的密度因温度不同而不同，所以即使注射的体积不变，但质量也会因料温的不同而变化。如以质量计算，通常以聚苯乙烯 PS 在常温下的密度 $1.055g/cm^3$ 为标准。

（2）根据最大锁模力选用　当高压的塑料熔体充满模具型腔时，会产生使模具分型面胀开的力，即胀型力。胀型力的大小等于塑件和浇注系统在分型面上的投影面积之和乘以型腔的压强，它应小于注射机的额定锁模力，通常取额定锁模力的80%左右，以保证注射时不发生溢料现象。

胀型力的计算公式如下：

$$胀型力 = 塑件投影面积 A \times 型腔压强 p$$

$$锁模力 F \geq 胀型力 / 80\%$$

常用塑料注射成型时选用的型腔压强见表10-3。

表 10-3　常用塑料的型腔压强

塑料代号	型腔压强/MPa	塑料代号	型腔压强/MPa
LDPE	15~30	PA	42
HDPE	23~39	POM	45
PP	20	PMMA	30
PS	25	PC	50
ABS	40		

（3）根据注射机安装部分的相关尺寸选用　为了使注射模能顺利地安装在注射机上并生产出合格的塑料制品，在选用注射机时，必须校核注射机与模具安装有关的尺寸。首先，模具的宽度必须小于注射机的拉杆间距，即 $A > C$，这样模具才可以进入注射机，如图10-27

所示。其次，还应校核注射机喷嘴尺寸与模具的定位环尺寸是否匹配。

（4）根据开模行程来选用　各种型号注射机的推出装置和最大推出距离不尽相同，选用注射机时，应使注射机动模板的开模行程与模具的开模行程相适应。二板模和三板模的开模行程计算方法如下。

1）二板模开模行程（见图10-28）　二板模最小开模行程 $= H_1 + H_2 + (5 \sim 10)\text{mm}$

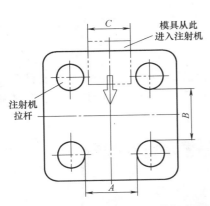

图 10-27　模具宽度必须小于拉杆间距

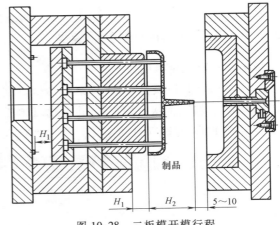

图 10-28　二板模开模行程

2）三板模开模行程（见图10-29）　三板模最小开模行程 $= H_1 + H_2 + A + C + (5 \sim 10)\text{mm}$

式中，H_1 是塑件推出需要的最小距离；H_2 是塑件及浇注凝料的总高度；A 是三板模浇注系统凝料高度 $B + 30\text{mm}$，且 $A > 100\text{mm}$，以方便取出流道凝料；C 是流道推板推出距离（6~10mm）。

3）选用原则　所选注射机的移动模板最大行程必须大于模具的最大开模行程，以保证开模；所选注射机的移动模板和固定模板之间的最小间距必须小于模具的最小厚度，以保证合模。

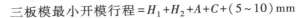
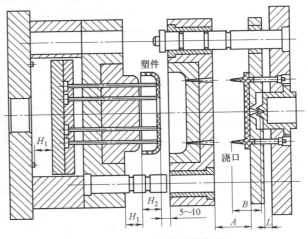

图 10-29　三板模开模行程

10.3　项目实施

10.3.1　塑件造型设计

第一步：设置工作目录

新建一个文件夹，命名为"线圈骨架侧分型哈夫模设计"。

第二步：新建零件文件

命名为"XQGJ"，根据图 10-1 塑件图利用旋转工具完成该塑件的造型设计。为避免在参照塑件定位时进行旋转和移动操作，塑件造型参照如图 10-30 所示方向和位置。

图 10-30　塑件造型的方向和位置

10.3.2　在 EMX 中加载参照模型

第一步：新建模具项目

执行【EMX4.1|项目|新建】菜单命令，在弹出的【定义新项目】中输入本项目名称"XQGJZSM"，输入前缀：XQGJ，并勾选【制造模型：PRT】，如图 10-31 所示，单击【确定】后完成 EMX 制造项目的定义，进入"XQGJZSM"制造模式窗口。

图 10-31　EMX 制造项目新建

第二步：定位参照零件

单击菜单管理器中的【模具|模具模型|定位参照零件】，设置为一模两腔矩形布局（X 方向为 2mm，增量 70mm），布局参照模型如图 10-32 所示。

单击【确定】后，在系统提示组件的绝对精度值时，单击【确定】，再单击菜单管理器中的【完成/返回】，完成参照零件布局。

图 10-32　布局参照模型

10.3.3　在 EMX 中进行分模设计

第一步：设置收缩

设置参照零件收缩率为 0.005。

第二步：修改毛坯尺寸

由于毛坯工件偏小，不足以容纳模具的型芯和两个哈夫块（型腔），需要修改尺寸。单击【EMX4.1|模具基体|组件定义】进入【模具组件定义】对话框。

1）首先将模板供应商类型选择"Futaba/mm"，再将模板长宽尺寸修改为230mm×300mm。

2）在动态主视图区域，分别双击A、B板，将A板的厚度修改为25mm，B板的厚度修改为60mm（因哈夫块在B板），如图10-33所示。

完成后单击【确定】后，毛坯工件将再生成设定的尺寸。

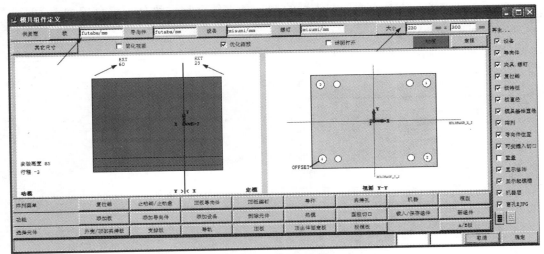

图10-33 工件尺寸的修改

第三步：分型面设计

线圈骨架哈夫模的分型面（分割面）共有七个，其中一个主分型面（分割定模与动模）、1个型腔分割面（将型腔镶件整体从动模中分割出来）、一个哈夫块分割面（将整体型腔镶件分割成两个对半分的哈夫块）、两个定模侧的型芯分割面（将定模侧两个 ϕ19mm的型芯从定模中分割出来）、两个动模侧的型芯分割面（分割动模侧两个 ϕ16mm的型芯）。

1）创建主分型面。主分型面通过阴影曲面方法创建，创建的分型面如图10-34所示。

2）创建型芯分割面。因定模型芯与动模型芯同轴，故每个参照零件的定模型芯与动模型芯分割面可整体创建，在分割时应用两次，分别分割定模体积块和动模体积块。

型芯分割面通过旋转创建，选择【MOLDBASE_X_Z】为草绘面，绘制如图10-35所示型芯分割旋转草绘（参照模型内孔边的点，截面在中心线处不需封闭）。

图10-34 阴影曲面创建的主分型面

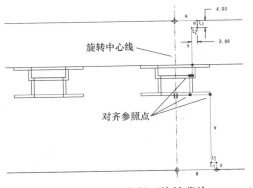

图10-35 型芯分割面旋转草绘

3）创建滑块型腔分割面。滑块型腔分割面也通过拉伸创建，以【MOLDBASE_Y_Z】面为草绘面，绘制如图10-36所示滑块型腔分割面草绘，对称拉伸高度160mm，并在操控栏【选项】中勾选"封闭端"。

4）创建哈夫块分割面。哈夫块分割面与【MOLDBASE_X_Z】面重合，可通过拉伸创建。以毛坯工件顶平面为草绘面，在中间绘制一条直线，哈夫块分割面草绘如图10-37所示，选择拉伸至毛坯工件底平面。

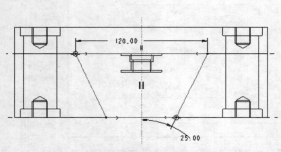

图10-36　滑块型腔分割面草绘

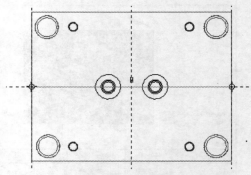

图10-37　哈夫块分割面草绘

再通过镜像复制创建另一侧参照模型的型芯分割面。

第四步：体积块分割和抽取

1）先用主分型面将毛坯工件分割为定模型腔和动模型腔，分别命名为"CAVITY1"和"CAVITY2"。

2）用型芯分割面分别将两个定模型芯从定模型腔"CAVITY1"中分割出来，分别命名为"CORE1"和"CORE2"。

3）再用型芯分割面分别将两个动模型芯从动模型腔"CAVITY2"中分割出来，分别命名为"CORE3"和"CORE4"。

4）用滑块型腔分割面将滑块型腔从动模型腔块"CAVITY2"单独分割出来，命名为"SLIDER1"。

5）用哈夫块分割面将另一侧滑块从"SLIDER1"中分割出来，命名为"SLIDER2"。

6）抽取所有模具体积块。

（提示：经前面的分割后，生成的体积块标识可能遮住了后面分割所要选用的分割曲面，故在进行后续分割时需将这些体积块标识遮蔽。）

完成体积块分割和抽取后的模具成型零件分解效果如图10-38所示。

第五步：哈夫滑块导滑机构创建

1）在两个哈夫块上创建矩形导滑扣。单独打开"SLIDER1"，通过【插入|模型

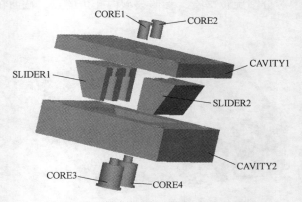

图10-38　模具体积块分割与抽取后效果

基准|偏移平面】创建基准面，单击【拉伸】工具，以滑块的一侧端面为草绘面，绘制如图10-39所示草绘，往外侧拉伸深度8mm。再通过镜像创建另一侧的导滑扣。

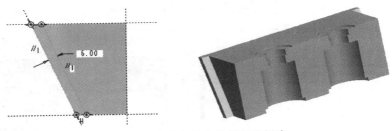

图10-39 哈夫块上导滑扣的创建

同理创建"SLIDER2"两侧的导滑扣。

2）在动模型腔板上创建相应的矩形导滑槽。动模型腔板上的导滑槽可单独打开"CAVITY2"通过拉伸特征创建，也可打开模具组件的装配文件"XQGJZSM.asm"，在装配模式下通过【编辑|元件操作|切除】命令，以两个哈夫滑块为参照零件在动模腔型板上切出，完成后效果如图10-40所示。

10.3.4 加载并定义 EMX 模架

第一步：加载标准模架

执行【EMX4.1|模具基体|组件定义】菜单命令，在【模具组件定义】对话框中，单击【载入/保存组件】，选择【Futaba_2P】的"SA"标准模架，单击载入后确定。

图10-40 动模型腔板的导滑槽

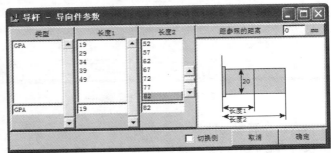

图10-41 定义导柱参数

第二步：定义 A、B 板的参数

在【模具组件定义】的主视图区域中，双击 A 板，将其厚度修改为25mm，B 板厚度修改为60mm，垫块（C 板）的厚度修改为80mm，以形成足够的推出空间。

第三步：定义导柱与导套

导柱与导套参数定义分别如图10-41和图10-42所示。

第四步：定义止动销，移除复位杆

定义止动销的参数如图10-43所示。

因哈夫模可利用滑块复位，不需另外设置复位杆，故将复位杆删除，即在复位销参数窗口中将其数量设置为0，再单击【确定】即可。

第五步：移除 A、B 板

在【模具组件定义】对话框中单击下方功能区域中的【型腔切口】，在弹出的【型腔嵌件】对话框中勾选【无插入切口】、【移除 B 板】和【移除 A 板】，并输入预载距离 0.2mm，如图 10-44 所示，再单击【确定】。

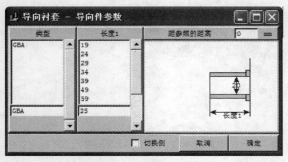

图 10-42　定义导套参数

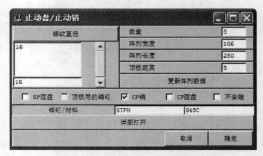

图 10-43　定义止动销的参数

完成模具组件定义后的模架状态主视图如图 10-45 所示。单击【模具组件定义】对话框的【确定】，定义好的模架将自动加载到模具组件中。

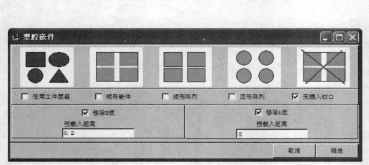

图 10-44　A、B 板的移除

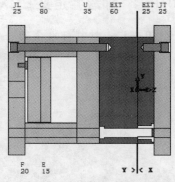

图 10-45　模架状态主视图

第六步：装配元件

执行【EMX4.1|模具基体|装配元件】命令，选取全部项目，并单击【确定】。

10.3.5　浇注系统的设计

浇注系统的设计包括添加并定义定位环、浇口套、设计梯形侧浇口，半圆形分流道等。

第一步：添加定位环和浇口套

1）添加定位环。单击菜单栏【EMX4.1|模具基体|组件定义】进入【模具组件定义】对话框，单击【添加设备】，在选择元件区域单击【定模侧定位环】，定位环类型选择"LRSS"，其高度和直径分别选择 10mm 和 60mm，完成后单击【确定】。

2）添加浇口套。同理添加浇口套，其参数设置如图 10-46 所示。

完成后单击【模具组件定义】对话框的【确定】，返回模具组件窗口。

3）在 A 板（即"CAVITY1"）上切出浇口套通过孔。单独打开零件"CAVITY1"，利

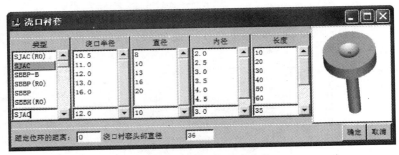

图 10-46 定义浇口套参数

用拉伸切除材料在其中间位置创建一个 $\phi 10mm$ 的通孔。

第二步：创建分流道

单击菜单栏的【插入|流道|倒圆角】，输入流道半径 5mm，以 B 板（即动模型腔板）上平面为草绘面，绘制长为 24mm 流道线，分流道草绘如图 10-47 所示。完成草绘，进入【相交元件】对话框后，选择【零件级】，再点选 "SLIDER1" 和 "SLIDER2" 作为相交元件。

第三步：创建梯形浇口

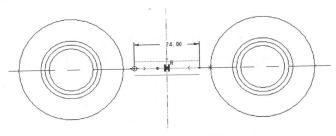

图 10-47 分流道草绘

可采用创建分流道同样方法创建，单击菜单栏的【插入|流道|梯形】，将梯形截面宽度设为 3mm，深度为 0.8mm，倾角为 10°，底部倒角为 0.2mm。以 B 板（即动模型腔板）上平面为草绘面，绘制长为 32mm 流道线，浇口草绘如图 10-48 所示。同样选取 "SLIDER1" 和 "SLIDER2" 作为相交元件。

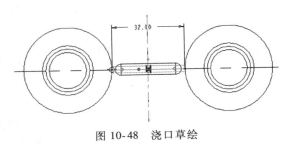

图 10-48 浇口草绘

10.3.6 推出机构的设计

本模具通过六根推杆顶出两个哈夫块，哈夫块在向上运动的同时，沿导滑斜面从中间打开，达到推出塑件的目的。

第一步：绘制顶杆基准点

以 B 板（或哈夫块）的底平面为基准点草绘面，绘制六个基准点（四角对称分布四个，中间对称线上对称分布两个），顶杆基准点草绘如图 10-49 所示。

第二步：定义顶杆

EMX 顶杆参数设置："Futaba|圆柱头|EH"（或 Hasco|圆柱头|Z41），直径为 6mm。

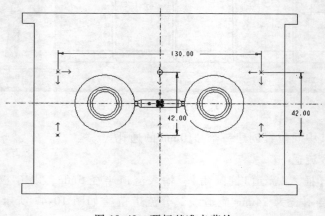

图 10-49　顶杆基准点草绘

10.3.7　铸模仿真及检查修改

第一步：铸模仿真

1）在 EMX 制造模式下，创建铸模零件"molding"。

2）在组件装配模式下，通过【编辑|元件操作|切除】命令切除铸模零件与浇口套的体积重叠部分。

3）激活铸模零件，用旋转特征将其主流道凝料延伸至浇口套口。

最后得到的铸模仿真零件如图 10-50 所示。

第二步：体积干涉检查及修改

通过【分析|模型|全局干涉】进行检查有无非正常体积干涉，并应用元件切除或打开零件进行修改。

完成设计后的线圈骨架侧分型哈夫模三维效果如图 10-51 所示。

<table>
<tr><td style="text-align:center">图 10-50　铸模仿真零件</td><td style="text-align:center">图 10-51　线圈骨架侧分型哈夫模三维效果</td></tr>
</table>

10.4   拓展练习

10.4.1   塑料杯哈夫模设计

如图 10-52 所示为塑料杯塑件，材料为 PP（聚丙烯），大批量生产。利用 Pro/E 软件进行该塑件一模二腔哈夫模分模设计，并完成模具成型零件（型腔和型芯）的三维及二维工程图设计。

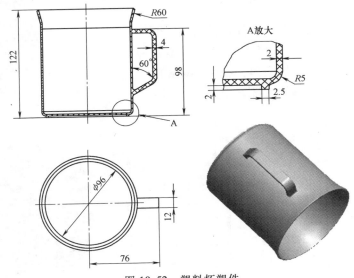

图 10-52   塑料杯塑件

关键步骤操作提示如下。

第一步：注塑成型方案设计

一模两腔布局有两种方案，如图 10-53 所示。方案一是杯子与开模方向垂直，杯口通过侧抽芯成型，这样的侧抽芯距离较长，可能需单独的气动或液压侧抽芯装置；方案二是杯子与开模方向平行，杯口通过动模侧凸模成型，其外形通过哈夫模成型，抽芯距离相对较短，故更合适开模时的机动侧抽芯。

a) 方案一   b) 方案二

图 10-53   塑料杯注塑成型方案

第二步：分模设计

成型零件主要为哈夫型腔与成型凸模，塑料杯哈夫模分模设计如图 10-54 所示。

第三步：EMX 模架及推出机构设计

为保证制件质量，宜采用推板推出机构，选用含推板的 B 形模架。

第四步：冷却系统设计

制件为深腔件，型腔冷却水路采用串联直通水路，设计在 A 板中。型芯冷却采用冷却水井进行冷却。

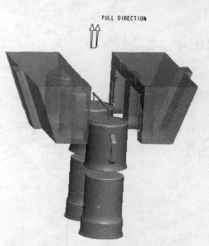

图 10-54　塑料杯哈夫模分模设计

10.4.2　椭圆护罩注射模设计

图 10-55 为某电机塑料护罩塑件，材料为 ABS，中等批量生产，未注公差采取 MT5 级精度。该塑件形状较简单，但其横截面呈中空椭圆形，利用 Pro/E 软件完成该塑件一模一腔注射模整体三维设计。

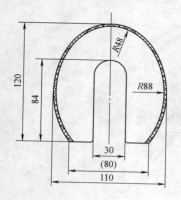
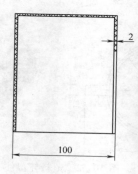

图 10-55　椭圆护罩塑件图

关键步骤操作提示如下。

第一步：分模设计

塑件外形和中空都为椭圆，不能简单地进行上下分模。为了使塑件从型腔中脱出，采用侧分型哈夫型腔；为了使塑件从型芯中脱出，将型芯设计成中间的斜面型芯及两侧的成型滑块型芯，斜面的斜角大小既要保证塑件能顺利脱出，又不能造成滑块干涉。成型零件分模状态如图 10-56 所示。

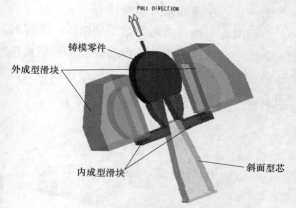

图 10-56　椭圆护罩注射模分模设计

第二步：抽芯与推出机构设计

塑件外形型腔设计为侧分型的两个滑块，并与定模侧两斜导柱完成外侧分型，为了保证两型腔滑块在开模后先随动模移动并侧向移动，在滑块移开了足够距离后再限制滑块移动以实现内芯的侧抽，所以在定模侧再设计四根斜拉杆，并在拉杆上设计型腔滑块的推动弹簧限位螺钉。塑件内腔型芯也设计为两侧分滑块，并与中间斜面型芯及推动弹簧完成内侧抽芯。推动弹簧固定在推板上，推板的开模限位利用外侧的拉板和限位销钉完成，如图 10-57 所示。

第三步：冷却系统

该塑件为椭圆中空形式，冷却要求较高，型腔的冷却水路即在型腔滑块上下各设计两条 $\phi10mm$ 的直流式冷却水路，滑块与定模板的水路连接处采用密封环。型芯的冷却系统设计在斜面型芯中，为了保证冷却效果，水路设计成 U 形，从型芯下部支撑板上开设横水路，如图 10-58 所示。

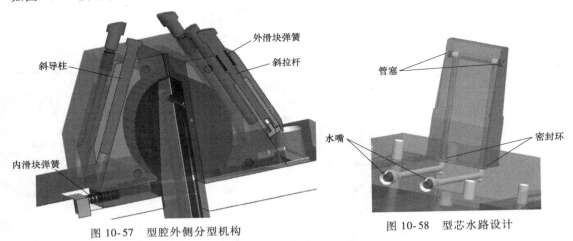

图 10-57 型腔外侧分型机构　　　　图 10-58 型芯水路设计

完成设计后的模具效果如图 10-59 所示。

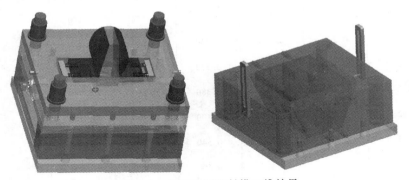

图 10-59 椭圆护罩注射模三维效果

10.5 项目小结

1）哈夫侧分型结构常用于侧成型面积大，侧孔或侧凹较浅且抽拔距较小的塑件。分型时将抽芯较长的内孔型芯设在开模方向，而将面积较大、分型距离较短的外形型腔分型设在侧方向。

2）哈夫模分模过程中，要注意主型芯位置的选择，以保证塑件能顺利脱模。

3）哈夫块的侧分型常采用侧滑块机构，有时也可采用斜导柱机构。

附　　录

附录 A　冲裁表初始双面间隙（汽车、机电行业）

（单位：mm）

板料厚度 t	08、10、35、09Mn、Q235		16Mn		40、50		65Mn	
	Z_{min}	Z_{max}	Z_{min}	Z_{max}	Z_{min}	Z_{max}	Z_{min}	Z_{max}
<0.5	极小间隙							
0.5	0.040	0.060	0.040	0.060	0.040	0.060	0.040	0.060
0.6	0.048	0.072	0.048	0.072	0.048	0.072	0.048	0.072
0.7	0.064	0.092	0.064	0.092	0.064	0.092	0.064	0.092
0.8	0.072	0.104	0.072	0.104	0.072	0.104	0.064	0.092
0.9	0.090	0.120	0.090	0.120	0.090	0.120	0.090	0.126
1.0	0.100	0.140	0.100	0.140	0.100	0.140	0.090	0.126
1.2	0.126	0.180	0.132	0.180	0.132	0.180		
1.5	0.132	0.240	0.170	0.240	0.170	0.230		
1.75	0.220	0.320	0.220	0.320	0.220	0.320		
2.0	0.246	0.360	0.260	0.380	0.260	0.380		
2.1	0.260	0.380	0.280	0.400	0.280	0.400		
2.5	0.360	0.500	0.380	0.540	0.380	0.540		
2.75	0.400	0.560	0.420	0.600	0.420	0.600		
3.0	0.460	0.640	0.480	0.660	0.480	0.660		
3.5	0.540	0.740	0.580	0.780	0.580	0.780		
4.0	0.640	0.880	0.680	0.920	0.680	0.920		
4.5	0.720	1.000	0.680	0.960	0.780	1.040		
5.5	0.940	1.280	0.780	1.100	0.980	1.320		
6.0	1.080	1.440	0.840	1.200	1.140	1.500		
6.5			0.940	1.300				
8.0			1.200	1.600				

附录 B 冲裁表初始双面间隙（电器、仪表行业）

（单位：mm）

板料厚度 t	软铝合金		纯铜、黄铜、低碳钢		硬铝合金、中碳钢		高碳钢	
	Z_{min}	Z_{max}	Z_{min}	Z_{max}	Z_{min}	Z_{max}	Z_{min}	Z_{max}
0.2	0.008	0.012	0.010	0.014	0.012	0.016	0.014	0.018
0.3	0.012	0.018	0.015	0.021	0.018	0.024	0.021	0.027
0.4	0.016	0.024	0.020	0.028	0.024	0.032	0.028	0.036
0.5	0.020	0.030	0.025	0.035	0.030	0.040	0.035	0.045
0.6	0.024	0.036	0.030	0.042	0.036	0.048	0.042	0.054
0.7	0.028	0.042	0.035	0.048	0.042	0.056	0.049	0.063
0.8	0.032	0.048	0.040	0.056	0.048	0.064	0.056	0.072
0.9	0.036	0.054	0.045	0.063	0.054	0.072	0.063	0.081
1.0	0.040	0.060	0.050	0.070	0.060	0.080	0.070	0.090
1.2	0.050	0.084	0.072	0.096	0.084	0.108	0.096	0.120
1.5	0.075	0.105	0.090	0.120	0.105	0.135	0.120	0.150
1.8	0.090	0.126	0.108	0.144	0.126	0.162	0.144	0.180
2.0	0.100	0.140	0.120	0.160	0.140	0.180	0.160	0.200
2.2	0.132	0.176	0.154	0.198	0.176	0.220	0.198	0.242
2.5	0.150	0.200	0.175	0.225	0.200	0.250	0.225	0.275
2.8	0.168	0.224	0.196	0.252	0.224	0.280	0.252	0.308
3.0	0.180	0.240	0.210	0.270	0.240	0.300	0.270	0.330
3.5	0.245	0.315	0.280	0.350	0.315	0.385	0.350	0.420
4.0	0.280	0.360	0.320	0.400	0.360	0.440	0.400	0.480
4.5	0.315	0.405	0.360	0.450	0.405	0.490	0.450	0.540
5.0	0.350	0.450	0.400	0.500	0.450	0.550	0.500	0.600
6.0	0.380	0.600	0.540	0.660	0.600	0.720	0.660	0.780
7.0	0.056	0.700	0.630	0.770	0.700	0.840	0.770	0.910
8.0	0.720	0.880	0.800	0.960	0.880	1.040	0.960	1.120
9.0	0.870	0.990	0.900	1.080	0.990	1.170	1.080	1.260
10.0	0.900	1.100	1.000	1.200	1.100	1.300	1.200	1.400

附录 C   标准公差表

公称尺寸/mm		公差值															
大于	至	IT4	IT5	IT6	IT7	IT8	IT9	IT10	IT11	IT12	IT13	IT14	IT15	IT16	IT17	IT18
		μm								mm						
—	3	3	4	6	10	14	25	40	60	0.10	0.14	0.25	0.40	0.60	1.0	1.4
3	6	4	5	8	12	18	30	48	75	0.12	0.18	0.30	0.48	0.75	1.2	1.8
6	10	4	6	9	15	22	36	58	90	0.15	0.22	0.36	0.58	0.90	1.5	2.2
10	18	5	8	11	18	27	43	70	110	0.18	0.27	0.43	0.70	1.10	1.8	2.7
18	30	6	9	13	21	33	52	84	130	0.21	0.33	0.52	0.84	1.30	2.1	3.3
30	50	7	11	16	25	39	62	100	160	0.25	0.39	0.62	1.00	1.60	2.5	3.9
50	80	8	13	19	30	46	74	120	190	0.30	0.46	0.74	1.20	1.90	3.0	4.6
80	120	10	15	22	35	54	87	140	220	0.35	0.54	0.87	1.40	2.20	3.5	5.4
120	180	12	18	25	40	63	100	160	250	0.40	0.63	1.00	1.60	2.50	4.0	6.3
180	250	14	20	29	46	72	115	185	290	0.46	0.72	1.15	1.85	2.90	4.6	7.2
250	315	16	23	32	52	81	130	210	320	0.52	0.81	1.30	2.10	3.20	5.2	8.1
315	400	18	25	36	57	89	140	230	360	0.57	0.89	1.40	2.30	3.60	5.7	8.9
400	500	20	27	40	63	97	155	250	400	0.63	0.97	1.55	2.50	4.00	6.3	9.7

附录 D   最小搭边经验值

（单位：mm）

材料厚度 t	圆形或圆角 r>2t 的制件		矩形件连长 L<50		矩形件连长 L≥50 或圆角 r≤2t	
	工件间 a_1	侧面 a	工件间 a_1	侧面 a	工件间 a_1	侧面 a
0.25 以下	1.8	2.0	2.2	2.5	2.8	3.0
0.25~0.5	1.2	1.5	1.8	2.0	2.2	2.5
0.5~0.8	1.0	1.2	1.5	1.8	1.8	2.0
0.8~1.2	0.8	1.0	1.2	1.5	1.5	1.8
1.2~1.6	1.0	1.2	1.5	1.8	1.8	2.0
1.6~2.0	1.2	1.5	1.8	2.5	2.0	2.2
2.0~2.5	1.5	1.8	2.0	2.2	2.2	2.5
2.5~3.0	1.8	2.2	2.2	2.5	2.5	2.8
3.0~3.5	2.2	2.5	2.5	2.8	2.8	3.2
3.5~4.0	2.5	2.8	2.5	3.2	3.2	3.5
4.0~5.0	3.0	3.5	3.5	4.0	4.0	4.5
5.0~12	0.6t	0.7t	0.7t	0.8t	0.8t	0.9t

附录 E 部分国产注射机技术参数

型 号	额定注射量/cm³	注射压力/MPa	注射行程/mm	注射方式	锁模力/kN	最大成型面积/cm²	最大开模行程/mm	模具最大厚度/mm	模具最小厚度/mm	模板尺寸/mm
XS-ZS-22	30、20	75、117	130	双柱塞式	250	90	160	180	60	250×280
XS-Z-30	30	119	130	柱塞式	250	90	160	180	60	250×280
XS-Z-60	60	122	170	柱塞式	500	130	180	200	70	330×440
XS-ZY-125	125	120	115	螺杆式	900	320	300	300	200	428×458
XS-ZY-250	250	130	160	螺杆式	1800	500	500	350	200	598×520
SZY-300	320	77.5	150	螺杆式	1500		340	355	285	620×520
XS-ZY-500	500	145	200	螺杆式	3500	1000	500	450	300	700×850
XS-ZY-1000	1000	121	260	螺杆式	4500	1800	700	700	300	900×1000
XS-ZY-2000	2000	90	280	螺杆式	6000	2600	750	800	500	1180×1180
XS-ZY-3000	3000	90、115	340	螺杆式	6300	2520	1120	960		1350×1250
XS-ZY-4000	4000	106	370	螺杆式	10000	3800	1100	1000	700	
XS-ZY-6000	6000	110	400	螺杆式	18000	5000	1400	1000	700	

参 考 文 献

[1] 王孝培. 冲压手册[M]. 2 版. 北京：机械工业出版社，1990.

[2] 徐政坤. 冲压模具设计与制造[M]. 北京：化学工业出版社，2003.

[3] 成虹. 冲压工艺与模具设计[M]. 2 版. 北京：高等教育出版社，2006.

[4] 王信友. 冲压工艺与模具设计[M]. 北京：清华大学出版社，2010.

[5] 陈炎嗣. 多工位级进模设计与制造[M]. 北京：机械工业出版社，2006.

[6] 欧阳波仪. 多工位级进模设计标准教程[M]. 北京：化学工业出版社，2008.

[7] 欧阳波仪，彭广威. Pro/ENGINEER Wildfire 4.0 项目实例教程[M]. 北京：清华大学出版社，2010.

[8] 毛卫平. Pro/E 冲压模具设计与制造[M]. 北京：化学工业出版社，2008.

[9] 屈华昌. 塑料成型工艺与模具设计[M]. 2 版. 北京：机械工业出版社，2007.

[10] 申开智. 塑料成型模具[M]. 2 版. 北京：中国轻工业出版社，2010.

[11] 张维合. 注塑模具设计实用教程[M]. 2 版. 北京：化学工业出版社，2011.

[12] 詹友刚. Pro/ENGINEER 中文野火版 4.0 模具设计教程[M]. 北京：机械工业出版社，2009.

[13] 李军. 精通 Pro/ENGINEER 中文野火版模具设计篇[M]. 北京：中国青年出版社，2004.

[14] 彭广威. 盖板落料冲孔弯曲复合模设计[J]. 锻压装备与制造技术，2007（03）.

[15] 彭广威. 轴盖落料拉深冲孔翻边修边复合模设计[J]. 模具技术，2007（06）.

[16] 彭广威. 基于 PDX 的电器接线卡多工位级进模设计[J]. 制造技术与机床，2009（07）.

[17] 刘占军. 侧弯支座多工位级进模设计[J]. 模具工业，2004（04）.

[18] 彭广威. 基于 Pro/E 电器支架多工位级进模设计[J]. 模具技术，2010（03）.

[19] 彭广威. 基于 PDX 的显卡固定架多工位级进模设计[J]. 金属加工，2011（05）.

[20] 彭广威. 基于 Pro/E 的支撑架多工位级进模设计[J]. 模具制造，2011（11）.

[21] 彭广威. 基于 Pro/E 的连接套筒注射模设计[J]. 模具制造，2008（10）.

[22] 彭广威. 手机电池后盖注射模设计[J]. 模具制造，2010（06）.

[23] 彭广威. 基于 Pro/E 塑料滚轮注射模设计[J]. 塑料制造，2010（05）.

[24] 彭广威. 折页盒注塑模设计[J]. 模具技术，2011（06）.

[25] 彭广威. 椭圆护罩注塑模设计[J]. 铸造技术，2011（06）.

[26] 彭广威. 基于 3D 软件应用的冲模设计课程改革探讨[J]. 模具制造，2012（11）.

[27] 彭广威. 汽车斜线管复合侧抽注塑模设计[J]. 模具技术，2013（03）.